Springers
Angewandte Informatik
Herausgegeben von Helmut Schauer

Computerunterstütztes Konstruieren

Gert Reinauer

Springer-Verlag Wien New York

Univ.-Doz. Dipl.-Ing. Dr. techn. Gert Reinauer
Canum, Bundesrepublik Deutschland

Das Werk ist urheberrechtlich geschützt.
Die dadurch begründeten Rechte, insbesondere die der Übersetzung, des Nachdruckes, der Entnahme von Abbildungen, der Funksendung, der Wiedergabe auf photomechanischem oder ähnlichem Wege und der Speicherung in Datenverarbeitungsanlagen, bleiben, auch bei nur auszugsweiser Verwertung, vorbehalten.

© 1985 by Springer-Verlag/Wien

Printed in Austria

Mit 30 Abbildungen

CIP-Kurztitelaufnahme der Deutschen Bibliothek

Reinauer, Gert:
Computerunterstütztes Konstruieren / Gert Reinauer. – Wien ; New York : Springer, 1985.
  (Springers angewandte Informatik)
  ISBN 3-211-81873-1 (Wien);
  ISBN 0-387-81873-1 (New York)

ISSN 0178-0069
ISBN 3-211-81873-1 Springer-Verlag Wien - New York
ISBN 0-387-81873-1 Springer-Verlag New York - Wien

Vorwort

Als ich vor etwa fünf Jahren als frischgebackener Universitätsdozent für CAD mein erstes Buch über „Rechnergestützte Konstruktion" verfaßte, ahnte ich nicht, daß ich so bald ein weiteres Werk über das Thema CAD erstellen würde. Was mich selbst in Erstaunen versetzte, war die Tatsache, daß das Wissen und die Information, die ich weitergeben wollte, selbst in diesem doch eher kurzen Zeitraum eine völlig andere, neue war. Dies hängt mit dem explosiven Wachstum und den stets immer größer werdenden Möglichkeiten der modernsten Technologie im Ingenieurwesen zusammen. War damals ein echter industrieller Einsatz noch kaum gegeben, finden heute auch mittelständische Betriebe in immer größerer Zahl zu CAD. Damit wächst die Anwendererfahrung, mit ihr entsteht aber auch eine Reihe von Problemen verschiedenster Art.

Durch meinen Abgang von der Universität zur industriemäßigen Anwendung wuchs auch meine Erfahrung über den praktischen Einsatz von CAD/CAM. Ziel meines Buches war es, gerade diese dem Leser zu vermitteln. Sollte mir dies gelungen sein, würde es mich mit besonderer Freude erfüllen.

Dem Springer-Verlag möchte ich danken, daß er mir die Möglichkeit bot, diese meine neuen Erkenntnisse und Erfahrungen als Buch dem interessierten Leser näherbringen zu können. Seine Mitarbeiter haben mich nicht nur bestens unterstützt, sondern viel Verständnis für meine Situation nach der Übersiedlung in die Bundesrepublik Deutschland gezeigt.

Meinen ehemaligen Wiener Mitarbeitern, den Ingenieuren Ljuhar und Müller, bin ich für die tatkräftige Unterstützung ebenfalls zu großem Dank verpflichtet. Vor allem Herr Ing. Müller hat mir durch die Ausarbeitung der Bilder einen besonderen Dienst erwiesen. Die beiden Herren Cerni und Dr. Kulnigg von der Geschäftsführung der Fa. Datamed in Wien möchte ich wegen der besonders guten Zusammenarbeit ebenfalls an dieser Stelle erwähnen.

Meine neuen Partner in der Bundesrepublik Deutschland, die Herrn Lösing und Stöcker, ermöglichten mir, ebenso wie mein ehemaliger Geschäftsführer, Herr Ing. Hochreiter, die Realisierung einiger meiner Ideen, die ebenfalls in dem vorliegenden Buch ihren Niederschlag fanden.

Mein langjähriger Freund, selbst Fachmann auf dem Gebiet des CAD, Herr Ing. Wilhelm, übernahm die mühevolle Aufgabe des Korrekturlesens.

Vor allem und nicht zuletzt gilt aber mein besonderer Dank meiner Frau, die nicht nur alle Konzepte und die Reinschrift erstellte, sondern diese auch korrigierte und mir beim Überarbeiten half. Sie übernahm auch alle organisatorischen Aufgaben, die mit der Erstellung des Buches zusammenhingen. Ohne ihre tatkräftige Unterstützung wäre es in dieser Form nicht zustande gekommen.

Abschließend bleibt mir nur noch der Wunsch, meinen geschätzten Lesern bei ihren Problemen eine wertvolle und hilfreiche Unterstützung geboten zu haben.

Canum/Wien, im November 1985

Gert Reinauer

Inhalt

1. Einführung
   1.1 Allgemeiner Überblick 1
   1.2 Begriffsbestimmung 7

2. Geräte (Hardware)
   2.1 Allgemeiner Überblick 15
   2.2 Arbeitsplatzgeräte 17
       2.2.1 Graphische Bildschirmterminals 18
       2.2.2 Alphanumerische Bildschirmterminals 21
       2.2.3 Graphisches Tablett 22
       2.2.4 Sonstige Geräte 22
   2.3 Computersysteme 25
   2.4 Sonstige Peripheriegeräte 32
       2.4.1 Plotter 32
       2.4.2 Drucker 35
   2.5 Rechnerverbund 36

3. Praktisches Arbeiten mit integrierten CAD-Systemen
   3.1 Grundsätzliche Vorgehensweisen und Philosophien von CAD-Systemen 39
   3.2 Erstellung von Konstruktionen mit Hilfe von zweidimensionalen Systemen 41
       3.2.1 Basismanipulationen 42
       3.2.2 Menütechnik 46
   3.3 Probleme der Variantenkonstruktion 49
       3.3.1 Sprachorientierte Systeme 51
       3.3.2 Graphikorientierte Systeme 53
   3.4 Erstellung von Konstruktionen mit Hilfe von dreidimensionalen Systemen 59
       3.4.1 Unterschiedliche Vorgehensweisen von dreidimensionalen Systemen 62
       3.4.2 Bewertung der Vorgehensweisen aus Anwendersicht 66

3.5 Informationseinbringung und Informationsweiterleitung 72
    3.5.1 Notwendigkeit des computerunterstützten Informationsaustausches. Konstruktion anderer Abteilungen 73
    3.5.2 Weiterleitung von Informationen 75
    3.5.3 Einbringung von Informationen 81
3.6 Arbeiten mit CAM-Systemen 83
    3.6.1 Einführung in CAM-Systeme 83
    3.6.2 Arbeitsweisen 87
    3.6.3 Kopplung zwischen CAD- und CAM-Systemen 91
    3.6.4 Vorgehensweisen beim Arbeiten mit CAD/CAM-gekoppelten Systemen 96

4. Organisatorische Maßnahmen bei Verwendung von integrierten CAD-Systemen

4.1 Veränderung im Konstruktionsbüro 105
4.2 Die Kopplung zur automatischen Fertigung 112
4.3 Maßnahmen für die Kommunikation zu anderen Abteilungen 115

5. Auswahl von Systemen

5.1 Kriterien aus technischer Sicht 121
5.2 Kriterien aus wirtschaftlicher Sicht 128
5.3 Erstellung firmenspezifischer Bewertungen 133

6. Einführung von Systemen

6.1 Einführungsmodelle 137
6.2 Praktische Vorgehensweise von Anwendern: „Fallbeispiele" 145

7. Programmtechnischer Systemaufbau

7.1 Überblick über Möglichkeiten des Systemaufbaues 153
7.2 Der Systemkern 159
7.3 Datenstrukturen 166
7.4 Funktionalität im zweidimensionalen Bereich 173
7.5 Funktionalität im dreidimensionalen Bereich 179
    7.5.1 Interaktive Modellgenerierung 179
    7.5.2 Batchorientierte Modellgenerierung 182
    7.5.3 Modellarten 183

7.5.4 Analytische und iterative Modellbeschreibung 185
 7.5.5 Mathematische Probleme bei der Modellverknüpfung und Darstellung 187
 7.5.6 Vergleich verschiedener Realisierungsformen 188
7.6 Kommunikation mit Fremdsystemen 189
 7.6.1 Allgemeine Schnittstellen 189
 7.6.2 Spezielle Schnittstellen 191
7.7 CAM-Kopplung 193
 7.7.1 Anforderungen 193
 7.7.2 Lösungsmöglichkeiten 197
7.8 Ausblicke auf zukünftige Entwicklungen 201
 7.8.1 Das Gesamtsystem im Hinblick auf intelligente Arbeitsplätze und Rechnernetze 201
 7.8.2 Spezielle Funktionsprozessoren 204

8. Schulung

8.1 Systemschulung durch den Anbieter 207

8.2 Innerbetriebliche Schulungsmaßnahmen 212

8.3 Allgemeine CAD-Schulung an öffentlichen Lehranstalten 215

9. Fachwort- und Begriffslexikon 219

Literaturverzeichnis 229

1. Einführung

1.1 Allgemeiner Überblick

Als der Computer und damit auch die Datenverarbeitung ihren Siegeszug begann, wurde er vor allem auf kommerziellem Gebiet eingesetzt. Dies hatte die folgenden Gründe: Für kommerzielle Datenverarbeitung genügen schreibmaschinenähnliche Ein- und Ausgabegeräte. Die Anforderungen an Computerprogramme waren für verschiedene Anwendungsfälle sehr ähnlich gelagert, und in ihrer Struktur relativ einfach, sodaß sie für einen großen Anwenderkreis erstellt werden konnten.

Diese Bedingungen treffen in der technischen Datenverarbeitung, zu der auch der Computereinsatz im Konstruktionsbereich zählt, nicht zu. Da die Arbeitsweise des Konstrukteurs sehr optisch orientiert ist, genügen ihm schreibmaschinenähnliche Terminals nicht. Nur bestimmte Aufgabenbereiche können mit Hilfe solcher Geräte erfüllt werden. Daher begann man, zunächst vor allem Berechnungsverfahren dem Computer anzuvertrauen. Nunmehr zeigte sich, daß eine allgemeine Gültigkeit solcher Programme nur in sehr beschränktem Maße gegeben war. Viele Berechnungsalgorithmen gelten nur unter ganz bestimmten Voraussetzungen in besonderen Anwendungsfällen. Der Anwender war gezwungen, in vielen Fällen die Programme selbst zu erstellen oder sie zumindest zu modifizieren. Diese Tatsachen hemmten den raschen Einsatz des Rechners auf technischen Anwendungsgebieten.

Durch die Entwicklung von rechnergesteuerten mechanischen Zeichengeräten, sogenannten Plottern, und Bildschirmterminals, die eine Darstellung und Eingabe von Daten in graphischer Form erlauben, bekam der Einsatz des Computers im Konstruktionsbereich neue Impulse. Eine genaue Beschreibung aller im technischen Bereich Verwendung findenden Geräte wird im Kapitel 2 gegeben.

Die ersten Programmsysteme, die für den Konstruktionsbereich entwickelt wurden, hatten vor allem eine Zeichnungsbeschleunigung zum Ziel. Man sprach bei solchen Systemen von „Computer Aided Design", kurz CAD. Eine genaue Begriffsbestimmung der heute wesentlich vielfältigeren Begriffe findet man im nächsten Abschnitt. Im Sinne der Zeichnungsbeschleunigung kann der Rechner den Konstrukteur durch eine Reihe von Manipulationshilfen unterstützen. So können einzelne Punkte von Linienzügen in einfacher Weise verschoben werden. Teilgebilde können sehr einfach gespiegelt und auf diese Weise zu neuen Gebilden zusammengesetzt werden. Linienzüge oder ganze Teilgebilde können sehr rasch vervielfältigt werden. Das Verschieben von Zeichnungsteilen am „Rechner-Zeichenblatt" ist sehr einfach. Das Zeichenblatt selbst wird allerdings durch den graphischen Bildschirm des Terminals ersetzt. Die Darstellung von Normteilen, wenn sie einmal durchgeführt wurde, kann mit einem einzigen Befehl aufgerufen und in der Zeichnung plaziert werden. Vor allem in der Schematakonstruktion, man denke an Hydraulik- oder Stromlaufpläne, kann diese Vorgangsweise mit großer Effizienz eingesetzt werden. Man greift auf eine meist sehr beschränkte Anzahl von Symbolen zur Erstellung solcher Pläne zurück. Vielfach können ganze Symbolgruppen als Einheiten verwendet werden. Auch das Vervielfältigen spielt in solchen Anwendungsfällen eine große Rolle.

Zu den Vorteilen der raschen Zeichnungserstellung treten die leichteren Korrekturmöglichkeiten noch hinzu. Punkte können einfach verschoben werden, Linien erhalten ein anderes Aussehen oder werden ganz gelöscht. Neue Linien werden an anderer Stelle hinzugefügt. Man erhält durch Ausgabe am Plotter nach solchen Korrekturmanipulationen jedes Mal eine neue Originalzeichnung. Diese Zeichnungen können natürlich nicht nur ausgegeben, sondern auch rechnerintern verwaltet werden. Auch das Auffinden von Zeichnungen oder Zeichnungsteilen, wie etwa Normen, ist mit Hilfe des Rechners schneller durchzuführen.

Die raschen und einfachen Korrekturmöglichkeiten, der Rechnereinsatz dem Konstrukteur bietet, führten zu Beginn dazu, daß der Computer als „elektronischer Radiergummi" bezeichnet wurde. Nur solche Funktionen auszunutzen, bedeutet aber, die Möglichkeiten, die ein Rechnereinsatz bietet, nicht vollständig auszuschöpfen. Die durch den Konstrukteur während des Konstruktionsprozesses in den Rechner eingebrachten Daten, können für andere Zwecke verwendet werden. Man denke etwa an Berechnungs- und Fertigungsabteilungen. Sie benötigen die konstruktiven Merkmale eines Bauteiles zur Weiterverarbeitung. Allerdings müssen in diesem Zusammenhang eine Reihe weiterer Gesichtspunkte berücksichtigt werden. So lange eine händisch oder mit Hilfe eines Plotters erstellte Konstruktionszeichnung vom Menschen interpretiert wird, werden automatisch, fast unbewußt, eine Reihe von Kontrollen durchgeführt. Erkannte Fehler werden nicht übernommen, Mehrdeutigkeiten werden in direkten Gesprächen geklärt. Solche Vorgangsweisen kann der Rechner nur im beschränkten Maße durchführen. Es werden daher höhere Anforderungen an den Konstrukteur gestellt. Es wird ein höheres Maß an Genauigkeit erwartet, wobei in diesem Zusammenhang nicht die rechnerinterne Genauigkeit der Darstellung von Geometriedaten zu verstehen ist. Diese ist meist in sehr hohem Ausmaß vorhanden. Die Art und Weise, wie der Konstrukteur diese Daten allerdings festlegt, kann das Rechnersystem nur im bedingten Ausmaß beeinflussen. Hier muß der Konstrukteur größtes Augenmerk auf eine saubere, eindeutige und genaue Konstruktion legen.

Neben den Anforderungen an den Menschen, werden bei der Weiterleitung von Daten an andere Abteilungen auch an das Konstruktionssystem andere Anforderungen gestellt. Der Rechner muß in der Lage sein, die in ihm gespeicherte Zeichnungsinformation in einfacher Art und Weise zu interpretieren. Er muß etwa erkennen, daß sich eine bestimmte Anzahl von Linien zu einer Schraube formt, oder daß bestimmte Texte, Linien und Pfeile zusammen einen Maßpfeil bilden. Diese Interpretation ist für den Menschen selbst sehr einfach, weil er gewohnt ist, in Strukturen zu denken. Wir erkennen in einem Liniengewirr gewisse Regelmäßigkeiten, auch Muster genannt, und wissen auf Grund unserer Erfahrung, was sie bedeuten, und in welcher Art und Weise daher diese Linien zusammengehören. Der Rechner schafft solche Strukturerkennungen auf die eben beschriebene Weise nicht oder nur in beschränktem Maße. Ein eigener Wissenschaftszweig befaßt sich mit der Frage der Mustererkennung (englisch „Pattern Recognition"). Solche Mustererkennungsverfahren werden auf Grund ihres hohen Aufwandes in Programmen für den Konstruktionseinsatz nicht verwendet. Man bedient sich einer anderen Vorgangsweise. Während der Erstellung einer Konstruktion legt der Mensch ja bereits Strukturen fest. Das Konstruktionssystem muß nun in der Lage sein, diese Strukturen entsprechend abzulegen und sich als Einheit zu merken. Das System baut sich eine logische Struktur auf. Diese kann anschließend einfach interpretiert werden. Ein einfaches Beispiel soll diesen Vorgang aufzeigen.

Der Konstrukteur bemaßt einen Bauteil. Dies geschieht mit Hilfe der Angabe eines Befehls. Dadurch weiß das System, daß die nun generierten Linien, Pfeile und Texte zu einer Einheit zusammengehören und einen Maßpfeil oder eine Maßpfeilkette darstellen. Der Konstrukteur ruft mit Hilfe eines Befehls ein Norm- oder Standardteil auf. Daraus kann das System erkennen, welche Linien zu diesem

Teil gehören und was es bedeutet. Auf die gleiche Art und Weise kann auch mit Baugruppen verfahren werden. Ebenso kann man bei Schemetakonstruktionen, man denke wieder an Hydraulik- oder Stromlaufpläne, vorgehen. Durch das Aufrufen von bestimmten Symbolen in einer entsprechenden Art und Weise kann sich ein Programmsystem die Bedeutung der Symbole und deren logische Zusammenhänge merken und anschließend interpretieren und auswerten. Diese Zusammenhänge werden in der sogenannten Datenstruktur des Programmsystems festgehalten. Es hängt nun vom inneren Aufbau einer solchen Datenstruktur ab, was das System auf dem Gebiet der Weiterverarbeitung und Interpretation von Daten zu leisten im Stande ist.

Daraus ergibt sich für den Anwender, daß es durchaus nicht nur auf die Darstellungsart und Manipulationsmöglichkeiten bei der Bewertung eines Konstruktionssystems ankommt. Gerade die Weiterleitung von Daten an andere Abteilungen bietet nicht nur einen größeren wirtschaftlicheren Einsatz einer Rechenanlage, sondern eröffnet noch bessere, zum Teil ungeahnte Möglichkeiten im Hinblick auf Automatisation. Mit einem reinen Zeichnungserstellungssystem verbaut man sich solche Möglichkeiten. Da die Struktur einer Zeichnung, das sind die logischen Zusammenhänge der einzelnen Geometrien, durch den Konstrukteur bei der Erstellung festgelegt und an dieser Stelle vom System erkannt wird, ist es auch nur sehr schwierig, mit dem vorhandenen Datenmaterial auf andere leistungsfähigere Systeme umzusteigen. Der Aufwand ist nicht unbeträchtlich, da ja fehlende Strukturinformationen in irgendeiner Form nachträglich durch den Menschen hinzugefügt werden müssen. Man sollte solche Überlegungen bei einer ins Auge gefaßten Systemauswahl daher von vorneherein berücksichtigen.

An ähnlichen Problemen scheitert auch der Einsatz sogenannter Scanner zur Einbringung von bestehenden Zeichnungen, die in Papierform vorliegen. Ein Scanner ist ein Gerät, der in optischer Form eine auf Papier vorliegende Zeichnung einliest und punktweise im Rechner darstellt. Es ist derzeit aber nicht möglich, eine solche Zeichnung automatisch vom Rechner strukturieren zu lassen, weil eine Interpretation der Daten mit Hilfe des Rechners praktisch nicht möglich ist. Es empfiehlt sich daher in vielen Fällen, bestehende Konstruktionsinformationen in anderer Form in ein CAD-System zu bringen.

Auch bei der Kommunikation zweier CAD-Systeme unterschiedlicher Hersteller stößt man auf ähnlich gelagerte Probleme. Es ist meist problemlos möglich, das optische Bild von einem System in das andere System zu übertragen. Da die internen Strukturmechanismen und Möglichkeiten heute aber noch sehr unterschiedlich sind, kann im anderen System eine solche Konstruktion nur im beschränkten Maße interpretiert werden. Es sind zwar heute Normungsbestrebungen für gewisse Bereiche der Datenstruktur im Gange, an späterer Stelle wird jedoch gezeigt, daß diese Normungen noch auf einer so einfachen Ebene realisiert sind, daß ein Großteil der logischen Zusammenhänge verloren geht.

Will man die bei der Konstruktion festgelegten Informationen und Daten rechnermäßig verwalten und weiterleiten, werden nicht nur an den Menschen und an das Programmsystem entsprechende Anforderungen gestellt, sondern es sind auch eine Reihe von organisatorischen Maßnahmen durchzuführen, auf deren Bedeutung und Behandlung im folgenden an den entsprechenden Stellen besonderes Augenmerk gelegt wird. Es sind nämlich eine Reihe von Tätigkeiten, zum Teil programmtechnischer Art, vom Anwender selbst durchzuführen. Der Programmentwickler oder Anbieter kann hier nur in beschränktem Maße tätig sein, weil an diesen Stellen spezielle Organisationsformen oder spezielles Wissen des Anwenders eingebracht werden müssen. Es sind vorbereitende Maßnahmen durchzuführen, die auch dem Anwender Zeit kosten. Dafür kann er anschließend viel mehr Möglichkeiten ausschöpfen. Ein CAD-System ist also ein Werkzeug, das unterschiedlich eingesetzt werden kann. Die Art und Weise, wie ein solches System eingesetzt wird, wird auch durch die Erfahrung des Anwenders auf diesem Gebiet bestimmt. CAD ist also eine Technologie, die nicht so einfach eingekauft werden kann. Auch das sollte bei der Einführung eines solchen Systems bedacht werden. Ein eigenes Kapitel dieses Buches ist dieser Problematik gewidmet.

Nach der Einführung in die technischen Möglichkeiten von Konstruktionssystemen soll kurz noch die menschliche Seite beleuchtet werden. Vielfach wird die Meinung vertreten, ein Programmsystem könnte den Konstrukteur ersetzen. Aus dem bisher Gesagten geht aber eindeutig hervor, daß ein Rechenprogramm nur Routinearbeiten abnehmen oder in solchen Tätigkeiten Unterstützung bieten kann. Die ureigentliche Aufgabe des Konstrukteurs, die kreative Tätigkeit, kann in keinem Falle vom Rechner durchgeführt werden. Durch Abnahme der Routinetätigkeiten kann sich der Konstrukteur aber auf seine wesentlichen Aufgaben besinnen und beschränken. Man kann mit Hilfe von CAD in kürzerer Zeit viel mehr Möglichkeiten durchspielen und damit die Treffsicherheit der Funktionalität bei der Produktgestaltung erhöhen. Es können Aufträge in kürzerer Zeit abgewickelt werden. Es können Angebote sehr rasch und in vielfältigster Art erstellt werden. Man könnte nun der Meinung sein, all diese Möglichkeiten führen zu einem geringeren Personalbedarf. In der Praxis zeigt sich allerdings, daß das Ausschöpfen der Möglichkeiten, die CAD bietet, hilft, konkurrenzfähiger zu werden. Dadurch wird der bisherige Personalstand gehalten, in vielen Fällen sogar noch vergrößert. Es ist allerdings richtig, daß sich mittelfristig eine gewisse Umschichtung in der Anforderung an das Personal einer Abteilung ergeben wird. Es werden gewisse Tätigkeiten entfallen, dafür aber andere im Zuge des CAD-Einsatzes wieder notwendig werden.

Abschließend sollen noch unterschiedliche Einsatzmöglichkeiten angeführt werden. Eine Reihe von Anwendern setzt CAD-Systeme nur im Sinne von Zeichnungsbeschleunigungen ein. Damit kann in kurzer Zeit ein nicht unbeträchtlicher Rationalisierungseffekt erzielt werden. Trifft man aber nicht gleich zu Beginn organisatorische Maßnahmen für zukünftige weitere Projekte, kann man sich den Weg dorthin, vielfach auch aus mangelnder Erfahrung, verbauen.

Andere Anwender beginnen bei der Einführung an mehreren Stellen gleichzeitig, was zu Beginn eine entsprechend lange Einführungsphase mit vielen organisatorischen Überlegungen erfordert. Nach einer zwei- bis dreimonatigen Einführungsphase kann aber sehr flexibel weitergeschritten werden und eine Reihe von Möglichkeiten des Weiterleitens von Daten bietet sich an.

Einige Anwender versuchen, die Einführung nicht auf der gesamten Breite ihres Produktspektrums durchzuführen, sondern nur gerade dort, wo sich der CAD-Einsatz besonders anbietet. Solche Gebiete sind etwa die Schematakonstruktion, die Variantenkonstruktion, das Angebotswesen. Auf diesen Gebieten wird versucht, mit entsprechenden vorbereitenden Maßnahmen und organisatorischem Aufwand eine möglichst große Automatisation zu erreichen. Wie bereits erwähnt, kann dies nur vom Anwender oder in Zusammenarbeit mit dem Anwender selbst geschehen. Solche Anwender zeigen nach einer etwas längeren Vorbereitungsphase selbst für den Anbieter ungeahnte Systemmöglichkeiten auf. So wird z. B. für einen Anwender die Variantenkonstruktion von Krantypen auf Grund von Anforderungsparametern automatisch durchgeführt. Listenwesen, Berechnungen und Fertigung wird automatisch vom Rechner verwaltet und die erforderlichen Informationen bereitgestellt. Ein anderer Anwender hat einen ähnlich hohen Automatisierungsgrad auf dem Gebiet der Lüftertechnik entwickelt. Wichtig ist in diesem Zusammenhang, die Bedürfnisse und Anforderungen an die eigene Konstruktionsabteilung systematisch zu erfassen. Daraus lassen sich die entsprechenden Steuerungsprozeduren zum Ablauf der einzelnen Programmeinheiten entwickeln.

1.2 Begriffsbestimmung

Zu Beginn der Entwicklung von Programmsystemen für den Ingenieurbereich gab es zwei Begriffe, CAD und CAM. In der letzten Zeit sind eine Reihe weiterer Begriffe wie CAE, CAS oder CAT entstanden. Dies vor allem deshalb, um die unterschiedliche Funktionalität einzelner Systeme besser abgrenzen zu können. Um einen Überblick über die Begriffsvielfalt zu geben, soll der folgende Abschnitt dienen.

Unter dem Begriff „Computer Aided Design", kurz CAD, versteht man den Einsatz des Computers im Konstruktionsbereich. Im englischsprachigen Bereich wird der Begriff nicht nur für ingenieurmäßige Bereiche, sondern auch für andere Gebiete verwendet, wie z. B. Industrial Design. Im deutschen Sprachraum wird darunter alles verstanden, was mit der ingenieurmäßigen Konstruktionstätigkeit zu tun hat. In letzter Zeit wurden allerdings Berechnungsverfahren ausgeklammert. Das CAD-System organisiert im wesentlichen die Manipulationstätigkeiten am graphischen Bildschirm und legt die Daten in geordneter Form fest. Weitere Programmeinheiten des Systems können nun darauf zurückgreifen. Die Ansteuerung der entsprechenden Ausgabegeräte, meist graphischer Art, wird ebenfalls von diesem System organisiert. Der Begriff „Computer Aided Manufacturing", kurz CAM, bedeutet den Rechnereinsatz im Fertigungsbereich. Solche Programmsysteme wurden schon früher als Konstruktionssysteme entwickelt. Sie haben als Zielsetzung die Ansteuerung einer speziellen Werkzeugmaschine, die selbst von einem kleinen Computer, der Steuerung, bedient wird. Man nennt solche Maschinen „CNC", was „Computerized Numerical Control" bedeutet. Zweck ist, die einzelnen Handhabungen an der Maschine durch Programmfunktionen zu ersetzen. Auf Grund der Umweltbedingungen in der Werkstätte werden an die Rechner, die in solchen Werkzeugmaschinen integriert sind, besondere Anforderungen gestellt. Dies bedeutet auch Einschränkungen an die Programme die auf eben diesen Anlagen laufen. Sie können nicht zu komplex und groß werden. Dies bedeutet, daß das Programmieren einer Steuerung bisweilen eine aufwendige Sache ist. Außerdem müssen die Steuerungen verschiedener Hersteller unterschiedlich programmiert werden. Um diesen Vorgang zu vereinheitlichen, wurden die CAM-Systeme entwickelt. Die CAM-Systeme laufen auf normalen Rechenanlagen. Mit ihrer Hilfe wird ein zu fertigendes Teil vollständig für die Herstellung beschrieben. Im wesentlichen werden Geometrie und Technologiedaten festgelegt. Der erste Programmteil des CAM-Systems, der NC-Prozessor, verarbeitet nun diese Eingabedaten und stellt sie in noch steuerungsunabhängiger Form dar, der sogenannten CL-DATA-Datei. CL-DATA ist die Abkürzung von Cutter-Location DATA. Das Format der CL-DATA-Datei ist nach DIN 66025 genormt. Auf diese Datei setzen nun unterschiedliche Programmbausteine auf, die an die entsprechenden Steuerungen angepaßt worden sind. Diese Bausteine, auch Postprozessoren genannt, erzeugen nun die Information für die Steuerung. Aus Gründen der Robustheit wird diese Information der Steuerung meist in Form von Lochstreifen übergeben. In neuerer Zeit ist es technisch bereits möglich, diese Information über Rechnerleitungen zu senden. Man spricht in diesem Zusammenhang von DNC („Direct Numerical Control").

CAM wurde bereits auf alphanumerischen Terminals, also schreibmaschinenähnliche Ein- und Ausgabegeräte, betrieben. Die graphischen Peripheriegeräte haben allerdings auch auf diesem Gebiet die Möglichkeiten entscheidend verbessert. Trotz einer Reihe von Gemeinsamkeiten zwischen CAD und CAM-Systemen soll hier kurz auf die wesentlichen Unterschiede hingewiesen werden. Es ist mit Aufgabe dieses Buches, die besondere Bedeutung der Kopplung und Integration von CAD und CAM-Systemen darzustellen. Es werden zwar in beiden Systemen auch Geometrien festgelegt, doch der Konstrukteur legt wesentlich mehr Wert auf Funktionalität, der Fertigungsfachmann auf Herstellbarkeit. Die vom Konstrukteur zur Geometrie bereitgestellten Zusatzinformationen sind meist völlig andere, als die des Fertigungsfachmannes. Auch die Geometrie selbst ist nicht dieselbe. Der Konstrukteur legt Bauteilbegrenzungen fest, der Arbeitsvorbereiter in der Fertigungsabteilung eigentlich Werkzeugbahnen. Die Bauteilbegrenzungsflächen ergeben sich in der Fertigung automatisch durch das Fahren des Werkzeugs und dem damit verbundenen Bearbeitungsprozeß. Nur bei einigen wenigen Fertigungsverfahren sind die Werkzeugbahnen nahezu identisch mit den Bauteilkonturen, man denke an Brennschneide-, oder Laservorgänge. Beim Drehen und vor allem bei Fräs- und Hobelvorgängen trifft dies in hohem Maße nicht mehr zu. Der vom Konstrukteur als eine Einheit betrachtete Bauteil, wird vom Arbeitsvorbereiter oft in eine große Anzahl von Teilfertigungsschritten wieder zerlegt. Trotz dieser Unterschiede gibt es Möglichkeiten, CAD und CAM-Systeme leistungsfähig zu koppeln und aneinander anzupassen.

Unter dem Begriff „Computer Aided Engineering", kurz CAE, wird der Einsatz von Rechnersystemen im Bezug auf Berechnungsvorgänge verstanden. Ein CAE-System versucht also, Berechnungen und graphische Manipulationen zu verknüpfen. Früher wurden solche Versuche in den Begriff CAD miteinbezogen. Die Problematik auf diesem Gebiet liegt darin, daß es kaum allgemein gültige Berechnungsverfahren gibt. Eines der wenigen ist das Verfahren der „Finite Elemente", das heute in großem Maße eingesetzt wird. Es ist allerdings ein bisweilen sehr aufwendiges Verfahren, so daß man in vielen Fällen wieder auf spezielle Berechnungsprogramme mit entsprechend unterschiedlichen Algorithmen, „Berechnungsvorschriften", zurückgreifen sollte. In diesem Aufgabengebiet muß also der Anwender ebenfalls mitgestalten. Effiziente Programmbausteine werden daher teurer, weil sie in vielen Fällen Sonderentwicklungen darstellen.

Der Begriff „CAS" bedeutet, „Computer Aided Simulation". Darunter versteht man die Simulation komplexer, bewegter Vorgänge am graphischen Bildschirm. Auch dieser Begriff stellt eine Erweiterung des klassischen CAD-Begriffes dar. Ähnlich wie bei CAE können auch hier nur im beschränkten Maße allgemeingültige Funktionalitäten zur Verfügung gestellt werden.

Ähnliches umfaßt der Begriff „Computer Aided Testing", kurz CAT. Er bedeutet das Testen eines mit CAD/CAE entwickelten Produktes am Rechner noch vor seiner Produktion. Mit Hilfe spezieller Programmbausteine können eine Reihe von Überprüfungen hinsichtlich Genauigkeit, Zusammenpassen, Funktionalität und ähnlichem durchgeführt werden. Vor allem im Bereich der Schematakonstruktion können hier eine Reihe von Tests in effizienter Weise erfolgen. Grundsätzlich gilt aber auch hier, daß die einzelnen Programmbausteine des Systems benutzerspezifisch angepaßt werden müssen.

Bereits aus dem bisher Gesagten geht hervor, daß ein Programmsystem, das im Ingenieurwesen eingesetzt werden soll, aus einer Vielzahl von Bausteinen besteht. Da die Anforderungen der einzelnen Anwender sehr unterschiedlicher Art sind, müssen diese Bausteine, ähnlich wie in einem Baukasten, zur Verfügung gestellt und vom Anwender ausgewählt und zusammengestellt werden können. Das einfache Auswechseln solcher Bausteine bedeutet aber, daß bei deren Entwicklung auf die Übergabe der Informationen besonderer Wert gelegt werden muß. Man spricht in diesem Zusammenhang auch von der sogenannten „Schnittstellenproblematik". Besitzt ein System viele solcher flexibler Schnittstellen, läßt es sich den Kundenwünschen wesentlich leichter anpassen. Es ist auch möglich, in ein solches System eigene Programmbausteine einzufügen. Das aus einer Vielzahl von einzelnen Bausteinen zusammengestellte System nennt man „integriertes Gesamtsystem".

Abb. 1 zeigt den Aufbau eines integrierten Gesamtsystems im Ingenieurbereich. Es besteht aus einem sogenannten „Systemkern", einem Verwaltungsbaustein, der das Zusammenspiel der übrigen

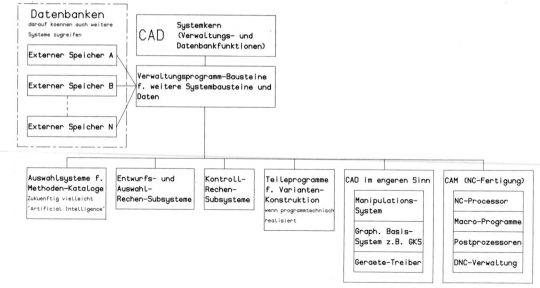

Abb. 1. Aufbau eines integrierten Gesamtsystems

Bausteine organisiert und den Datenfluß in geordnete Bahnen lenkt. Die geordnete Zusammenstellung einzelner Daten nennt man auch „Datenbank". Der Systemkern kann nun unterschiedliche Datenbanken verwalten und Informationen zwischen diesen Datenbanken austauschen. Die wesentlichen Bausteingruppen, die der Systemkern im Ingenieurbereich verwaltet, werden im folgenden aufgezählt. Auswahlsysteme für Methodenkataloge sollen dem Ingenieur helfen, eine für seinen Fall geeignete Realisierungsmöglichkeit seiner Problemstellung zu erfassen. Man kann etwa eine Kraft mittels verschiedener physikalischer Effekte weiterleiten. Welche die im speziellen Fall geeignetste Möglichkeit ist, sollen solche Auswahlsysteme finden helfen. Sie sind in der Praxis allerdings noch kaum im Einsatz. Berechnungsbausteine werden in zwei Gruppen unterteilt. Unter Entwurfs- oder Auswahlrechnung versteht man Systeme, die von grundsätzlichen Ausgangsgrößen zu bestimmten ersten Geometrieannahmen führen. Diese Geometrien können dann mit Hilfe des CAD-Systems modifiziert oder angepaßt werden. Unter Kontrollrechnungsbausteinen versteht man Teilsysteme, die bereits festgelegte Geometrien auf Funktionalität und Einsetzbarkeit überprüfen. Dazu zählt auch der sehr wichtige Bereich der Festigkeitsberechnungen. Naturgemäß können einzelne Berechnungsverfahren sowohl als Entwurfs- als auch als Kontrollrechenprogramme eingesetzt werden. Aufgabenstellung und Bedeutung des CAD-Systembausteines wurde bereits beschrieben. Mit Hilfe des CAD-Bausteines werden Teilebibliotheken angelegt und verwaltet. Diese können daten- oder programmorientiert sein. Unter datenorientiert versteht man, daß die Bauteile interaktiv, d. h. im Dialog, am graphischen Bildschirm entwickelt worden sind und entsprechend ihren Koordinaten abgelegt werden. Bis vor kurzem war es nicht möglich, datenorientierte Teile programmtechnisch im Sinne einer Variantenkonstruktion automatisch zu ändern. Es wurden in einem CAD-System bereits Möglichkeiten verwirklicht, die auch eine solche Vorgangsweise zulassen. Als weitere Alternative bietet sich eine programmäßige Beschreibung eines Bauteiles an. Setzt man Dimensionsgrößen nicht fest ein, sondern hält sie „variabel", so kann man in diesem Fall durch gezieltes Belegen dieser Größen, Variablen genannt, ebenfalls Variantenkonstruktionen betreiben. Der Vorgang ist allerdings mühsamer und praxisfremder. Über die Bedeutung des CAM-Bausteines wurde ebenfalls bereits ausführlich gesprochen.

Vielfach wird heute auch der Begriff „Graphische Datenverarbeitung" verwendet. Dieser Begriff ist eher dem Programmentwickler, als dem Anwender vertraut. Jedes CAD oder CAM-System enthält Programmteile, die dem Aufgabenbereich der graphischen Datenverarbeitung zuzuordnen sind. Welche Zielsetzungen erfüllt sie?

Ein Peripheriegerät mit graphischen Funktionen, das an einem Rechner angeschlossen ist, muß auf besondere Art und Weise angesteuert werden. Bei schreibmaschinenähnlichen Geräten, sogenannten alphanumerischen Geräten, ist dies einfacher, da der Zeichensatz, mit dem gearbeitet wird, in seinem Umfang beschränkt ist und leichter genormt werden konnte. Auf Grund der unterschiedlichen Funktionalität, Genauigkeit und Auflösung von graphischen Peripheriegeräten ist eine gerätetechnische Normung der Ansteuerung durch den Computer fast unmöglich. Damit wird es schwierig, unterschiedliche Geräte mit demselben Programm anzusteuern. Vor allem, wenn solche Geräte ausgewechselt werden sollen, gibt es eine Reihe von Problemen zu überwinden. Man spricht in diesem Zusammenhang davon, daß jede Gerätefamilie eigene Treiber besitzt und in der Folge eigene Treiberbausteine entwickelt werden müssen. Der Vorgang ist ähnlich, wie bei den Steuerungen im Bereich der Werkzeugmaschinen. Ebenso müssen die graphischen Daten für verschiedene Geräte in anderer Form bereit gestellt werden. Mit diesen Problemkreisen beschäftigt sich die graphische Datenverarbeitung. Eines ihrer Ziele ist, wenn schon die Geräteansteuerungen selbst nicht genormt werden können, so doch eine programmtechnische Anwendernorm zu erstellen. Dies wurde mit der sogenannten

„IGES" und „GKS"-Norm versucht. Darauf wird in späterer Folge noch zurückgekommen.

Ein Begriff von ebenfalls immer wachsender Bedeutung ist der des „Rechnerverbundes". Die ersten Rechnergenerationen benötigten spezielle Umweltbedingungen, sie mußten in klimatisierten Räumen mit besonderer Luftfeuchtigkeit und Temperatur aufgestellt werden. Die Bedienung der Computer war ebenfalls noch so kompliziert, daß man besonders geschultes Personal benötigte. Dies führte dazu, daß man aus Wirtschaftlichkeitsgründen Computeranlagen in Rechenzentren konzentrierte. An solche Rechenzentren waren nun eine Unzahl von Benutzern über längere oder kürzere Leitungen mit Peripheriegeräten angeschlossen. Diese Philosophie nennt man „Zentralrechnersystem". Kleine Rechenanlagen waren nicht nur in ihrer Leistungsfähigkeit, sondern auch in ihren Möglichkeiten beschränkt. Mit den letzten Rechnergenerationen hat sich diese Problematik aber entscheidend geändert. Man erhält heute Kleinrechneranlagen, sogenannte „Superminis", die in ihren Möglichkeiten gegenüber den großen Zentralrechenanlagen keineswegs beschränkt sind. Nur die Leistungsfähigkeit bezogen auf die Anzahl der Benutzer ist geringer. Solche Rechenanlagen können auch weitgehend ohne klassische Klimatisierung in normalen Büroräumlichkeiten aufgestellt werden. Sie sind in der Bedienung so einfach geworden, daß kein speziell ausgebildetes Personal vonnöten ist. Damit ergeben sich neue organisatorische Möglichkeiten. Der Zugriff auf Daten innerhalb einer Abteilung, die selbst einen „Supermini" besitzt, wird rascher und einfacher. Um den Datenfluß zwischen einzelnen Abteilungen aufrechterhalten zu können und entsprechend zu organisieren, können eine Reihe solcher Superminis zu einem sogenannten „Netzwerk" oder „Rechnerverbund" zusammengeschlossen werden. Es ist auch möglich, einen größeren Rechner als zentrale Datenverwaltungsstelle in diesen Rechnerverbund miteinzubeziehen. An jedem einzelnen dieser Rechner können aber durchaus noch eine gewisse Anzahl von Personen arbeiten.

Der Begriff „Distributed Processing" ist dem des Rechnerverbundes verwandt. Er bedeutet das Auslagern bestimmter Funktionalitäten aus Zentralrechenanlagen. Man geht allerdings in diesem Zusammenhang so weit, daß man einem einzelnen Arbeitsplatz einen eigenen Rechner zuordnet. Durch die Leistungsfähigkeit der heute verfügbaren Rechnergeneration wird dies möglich. Es wurden Micro- Prozessoren entwickelt, die in der Leistungsfähigkeit den Superminis von heute nicht nachstehen, aber im Preis-Leistungsverhältnis noch wesentlich günstiger liegen. Diese Arbeitsplatzrechner werden aus Datenverwaltungsgründen nun wieder zu Netzwerken zusam-

1.2 Begriffsbestimmung

mengefaßt und entweder direkt an einen zentralen Rechner angeschlossen oder an einen Abteilungsrechner, einem Supermini. Diese Abteilungsrechner können ihrerseits nun wieder in einem Rechnerverbund stehen. Die technisch größte Schwierigkeit besteht darin, einen effizienten Datentransport innerhalb des Netzwerkes zu gewährleisten. Auch dafür gibt es bereits gut funktionierende Lösungen.

Die letztgenannten Konzepte bieten eine Reihe von Vorteilen: Die gegenseitige Beeinflussung des Arbeitsrhythmus durch unterschiedliche Lasten auf einem Zentralrechner entfällt. Bei Ausfall eines einzigen Rechners kann der Produktionsbetrieb mit Hilfe der Netzwerktechnik durchaus noch aufrecht erhalten werden. Der Verwaltungsaufwand für Zugriffsrechte auf Daten wird geringer, weil ein Großteil der persönlichen Daten auch am persönlichen Arbeitsplatzrechner verwaltet wird.

Abschließend soll noch auf die Begriffe „Hardware" und „Software" kurz eingegangen werden, so weit sie nicht bereits als bekannt vorausgesetzt werden können.

Unter Hardware versteht man alle Gerätekomponenten in einem Computersystem zuzüglich jener Programmteile die zum unmittelbaren Betrieb dieser Komponenten notwendig sind. Man spricht in diesem Zusammenhang auch von Betriebssystem-Software.

Unter Software versteht man alle jene Komponenten, die programmtechnischer Art sind.

Unter Firmware versteht man Programmsysteme, die in festverdrahteter Form auf Platinen vorliegen. In den meisten Fällen wird die Firmware zur Hardware hinzugezählt. Näheres siehe im Fachwort- und Begriffslexikon.

2. Geräte (Hardware)

2.1 Allgemeiner Überblick

Für den Computer-Einsatz im Ingenieurbereich eignen sich am besten Superminis. Diese können abteilungsweise aufgestellt und in einen Rechnerverbund gebracht werden. An den eigentlichen Rechner werden eine Reihe von Peripheriegeräten angeschlossen. Geräte in unmittelbarer Nähe der zentralen Recheneinheit sind Platten- und Bandlaufwerke, auch als Massenspeicher bekannt. Auf Plattenlaufwerken werden Daten abgelegt die für unmittelbaren raschen Zugriff zur Verfügung stehen sollen. Auf dem Bandlaufwerk werden Daten zum Archivieren, zur Datensicherung oder zum Austausch mit anderen Rechenanlagen abgelegt. Die Bandmaschine mit Industriestandard ist die heute einzig wirklich genormte Standardgeräteeinheit.

In den einzelnen Büroräumlichkeiten findet man weitere Peripheriegeräte. Für verschiedene Aufgaben, darunter fallen auch Berechnungsprogramme, genügt als Arbeitsplatzeinheit ein sogenanntes alphanumerisches Bildschirmterminal. Es kann Texte am Bildschirm darstellen. Die Eingabe geschieht über eine schreibmaschinenähnliche Tastatur. Die Ausgabe von Daten in archivierbarer Form, d. h. auf Papier, geschieht über Drucker. Zusätzlich gibt es auch sogenannte Hardcopy-Einheiten, dies sind Geräte die direkt von einem Terminal angesteuert werden und den Bildschirminhalt auf Papierform bringen. Der Drucker wird ja direkt von der zentralen Recheneinheit bedient. Für CAD oder CAM-Einsatz sind solche Geräte nicht oder nur im beschränkten Maße einsetzbar. Man benötigt als Kernstück eines Arbeitsplatzes ein sogenanntes graphisches Bildschirmterminal. Es unterscheidet sich vom alphanumerischen dadurch, daß man nicht nur Texte sondern auch Linien darstellen kann. Die Eingabe geschieht nicht über die Tastatur, sondern es kann ein Fadenkreuz mit Hilfe eines Steuerknüppels oder einer Rollkugel bewegt werden. Bei manchen Systemen ist auch der Einsatz eines sogenannten Lichtgriffels zum Identifizieren am Bildschirm möglich. Auch in Verbindung mit graphischen Bildschirmterminals sind Hardcopy-Einheiten verfügbar. Diese besitzen allerdings nur Formate zwischen A3 und A4. Für Ausgabe größerer Zeichnungen in Papierform müssen Plotter herangezogen werden. Plotter mit kleineren Formaten findet man unmittelbar am Arbeitsplatz, Geräte in größeren Ausführungen werden meistens zentral in der Abteilung aufgestellt. Für Digitalisierungsaufgaben bzw. für sogenannte Menüeingabe stehen graphische Tabletts zur Verfügung. Sie werden meist zusammen mit einem graphischen Bildschirmterminal eingesetzt. Mit Hilfe solcher Tabletts ist es möglich, Geometrien punktweise dem Rechner zu vermitteln. Die Kontrollausgabe geschieht über den graphischen Bildschirm. Grundsätzlich kann ein Programmsystem, das graphische Manipulationen durchführt und diese am Bildschirm darstellt, auch durch Befehlseingabe über die Tastatur gesteuert werden. In der Handhabung ist dies für den Konstrukteur, einen optisch geschulten und orientierten Menschen, nicht sehr günstig. Deshalb bedient man sich in vielen Fällen der sogenannten Menüeingabe. Ein Blatt mit einer Reihe von zumeist optisch symbolhaften Darstellungen wird auf das graphische Tablett gelegt. Durch Antippen verschiedener Felder mit Hilfe des Digitalisierstiftes werden für das Rechenprogramm bestimmte Funktionen ausgelöst. Damit können ganze Befehlsketten per Knopfdruck abgerufen werden. Solche Menüs könnten grundsätzlich auch auf dem graphischen Bildschirm in einzelnen Feldern dargestellt werden, doch geht dann ein Teil der Zeichenfläche verloren. Da die heutigen Bildschirmgrößen technisch bedingt relativ klein sind, ist diese Vorgehensweise nicht zu empfehlen. Bei zukünftigen Entwicklungen kann dies durchaus eine echte Alternative darstellen. Heute ist es in manchen Fällen durchaus gerechtfertigt, in einen Konstruktionsarbeitsplatz neben dem graphischen Bildschirm und dem graphischen Tablett auch zusätzlich noch einen alphanumerischen Bildschirm zu integrieren. Damit können alle textlichen Daten über ein eigenes Gerät gehandhabt werden und die Bildfläche des graphischen Schirms bleibt ausschließlich den konstruktiven, zeichnerischen Arbeiten vorbehalten. So können die Geräte entsprechend ihrer Funktionsweise optimal eingesetzt werden. Die Anforderungen an graphische Bildschirmterminals können durchaus unterschiedlicher Art in verschiedenen Anwendungsfällen sein. In einem eigenen Abschnitt wird noch näher auf diese Problemstellung eingegangen. Ein weiteres Peripheriegerät, vor allem für den CAM-Einsatz von Bedeutung, ist der Lochstreifenstanzer. Geräte, wie Lochkartenleser, haben durch den Einsatz von preiswerten alphanumerischen Terminals an Bedeutung verloren.

2.2 Arbeitsplatzgeräte

Wie bereits erwähnt, ist das Kernstück eines Rechnerarbeitsplatzes für den Konstruktionseinsatz ein graphisches Bildschirmterminal in Verbindung mit einem Steuerknüppel, einer Rollkugel oder einem Lichtstift. Als weitere Geräte können das graphische Tablett und der alphanumerische Bildschirm in den Arbeitsplatz integriert werden. Vielfach ist die Hinzunahme eines Hardcopy-Gerätes oder eines kleinen Plotters zur raschen Archivierung graphischer Darstellungen sinnvoll. Bei einer CAD/CAM-Integration kann auch die Integration eines Lochstreifenstanzers in die Arbeitsplatzeinheit zweckmäßig sein. Ist keine Hardcopy-Einheit vorhanden, kann auch ein kleiner Drucker zum Arbeitsplatz hinzugefügt werden, um lange Wege zu einem zentral aufgestellten Drucker zu vermeiden. In Abb. 2 ist ein typischer CAD-Arbeitsplatz dargestellt. Die Geräte sind in ergonomischen Möbeln eingebaut. Gerade auf den Bedienungskomfort sollte besonderes Augenmerk gelegt werden. Das funktional beste Programmsystem kann an äußerlich schlechten Handhabungen im praktischen Einsatz scheitern, wenn dadurch die Effizienz nicht mehr gewährleistet ist. Im folgenden werden die einzelnen Gerätegruppen getrennt vorgestellt.

Abb. 2. CAD-Arbeitsplatz

2.2.1 Graphische Bildschirmterminals

Die Ausgabeeinheit eines graphischen Terminals, der Bildschirm, ist heute im wesentlichen durch eine Elektronenstrahlröhre realisiert. Man unterscheidet nach zwei grundsätzlich verschiedenen Merkmalen: Der Art und Weise der Strahlablenkung und der Art und Weise des Bildaufbaues. Nach erstem Gesichtspunkt unterscheidet man zwischen vektororientierter oder punktweise zeilenorientierter Strahlablenkung. Dies bedeutet: Bei vektororientierter Strahlablenkung wird der Elektronenstrahl in Richtung des zu zeichnenden geraden Stückes abgelenkt. Jedes Bildschirmterminal löst eine Kurve in einen Polygonzug, also in lauter kurze Geradenelemente auf. Beim rasterorientierten Gerät wird ein Bild aus lauter einzelnen Bildpunkten aufgebaut, ähnlich wie beim Funkbild. Hinsichtlich des Gesichtspunktes Bildaufbau unterscheidet man zwischen Refresh- und Speichergeräten. Bei den ersteren wird die Information des Bildschirminhaltes in einem eigenen Speicher im Terminal aufbewahrt und das Bild wird etwa 25 bis 30 mal pro Sekunde neu erzeugt. Dies bedeutet, daß man ein Bild dynamisch verändern kann, weil eine Änderung, etwa das Löschen einer Linie, innerhalb einer fünfundzwanzigstel Sekunde erfolgen kann. Speichergeräte verzichten auf einen Bildspeicher. Das Bild wird auf einer speziellen Phosphorschicht gehalten. Um das Bild zu korrigieren, muß aber der gesamte Bildschirm gelöscht und anschließend vom Rechner gesteuert wieder aufgebaut werden. Es ist kein dynamisches Verändern des Bildes möglich. In der Praxis ist der Speicherschirm stets ein vektororientiertes Gerät. Nur beim Refresh-Schirm werden beide Systeme, die Vektor- und die Rastertechnik angewendet.

Die älteste Systemtechnologie war die Vektor-Refresh-Technik. Sie war allerdings sehr teuer, weil einerseits große Bildspeicher notwendig waren, andererseits auch sehr schnelle Steuereinheiten, weil sehr viele Punkte fünfundzwanzig mal pro Sekunde am Bildschirm dargestellt werden müssen. Nach dem die Anzahl der Bildpunkte nicht unmittelbar vorhersehbar ist, kann es vorkommen, daß der im Terminal eingebaute Rechner, der sogenannte Controller, den Bildaufbau nicht mehr vollständig in der vorgegebenen Zeiteinheit durchführen kann. Optisch bemerkt man diesen Effekt durch ein zitterndes, instabil gewordenes Bild. Der Speicherbildschirm benötigt nicht nur keinen Bildspeicher, sondern er ist in der Anzahl der darzustellenden Punkte oder Vektoren nicht limitiert. Man konnte also auch mit einer sehr hohen Auflösung arbeiten. Bei jedem graphischen Bildschirm können Punkte nur im Schnitt bestimmter Koordinatenraster angesteuert werden. Man spricht von ganzzahligen

Hardwarekoordinaten. Die Feinheit dieses Koordinatenrasters legt die Auflösung des Gerätes fest. Der Speicherbildschirm war also durch lange Zeit die kostengünstigste Technologie. Einer der größten Nachteile war aber die Tatsache, daß man ein Bild nicht dynamisch verändern konnte. Hinzu kam noch die technologiebedingte Kontrastarmut solcher Bildschirme. In jüngster Zeit gibt es auch auf dem Speichergebiet kombinierte Rasterspeicher-Bildschirm-Einheiten. Man kann einen Großteil des Bildes im Speichermode und nur einen Teil des Bildes im Vektor-Refresh-Mode darstellen, um die maximale Anzahl der Vektoren im Refresh-Mode beschränkt zu halten. Dennoch bleibt die Kontrastarmut solcher Geräte ein ungelöstes Problem. Der Speicherbildschirm war in der Vergangenheit der klassische Einstieg ins CAD. In neuerer Zeit geht die Tendenz allerdings in starkem Maße zu den sogenannten Raster-Refresh-Systemen. Diese Technologie ist der Fernsehtechnologie sehr verwandt, man kann die Erfahrung einer Massentechnologie einsetzen. Das Bild wird etwa sechzig mal pro Sekunde zeilenweise aus Einzelpunkten aufgebaut. Bei geringerer Auflösung entstehen hiebei Treppeneffekte, weil eine schräge Linie durch lauter einzelne quadratische oder achteckige Punkte, die in Zeilen und Spalten liegen, dargestellt wird. Bei entsprechend hoher Auflösung spielt dieser Treppeneffekt nur eine untergeordnete Rolle. Die Auflösung hängt aber von der maximalen Anzahl der Punkte ab. Dies bedingt die Größe des Bildspeichers einerseits und andererseits die Schnelligkeit des Controllers mit dem das Bild aufgebaut werden muß. Beide Probleme waren vor etwa vier bis fünf Jahren nur in unzureichendem Maße gelöst. Heute sind sehr preiswerte Bildspeicher und auch sehr rasche Microprozessoren vorhanden, die als Controller eingesetzt werden können. Außerdem ist die Rastertechnologie die einzige, bei der eine beliebige Mehrfarbendarstellung durchgeführt werden kann. Schattierte Darstellungen von dreidimensionalen Gebilden sind also nur auf solchen Bildschirmen möglich. Es ist davon auszugehen, daß der Raster- Refresh-Technologie die Zukunft gehört.

Abb. 3 zeigt ein graphisches Bildschirmterminal.

Bei allen Bildschirmtechnologien dient ein Fadenkreuz, das mit Hilfe eines Steuerknüppels, auch Joy-Stick genannt, oder mittels einer Rollkugel geführt wird, zur graphischen, d.h. punktweisen Eingabe. Man geht also so vor, daß man das Fadenkreuz an eine gewünschte Stelle bringt und anschließend durch Auslösen einer Funktion diesen Punkt dem Rechner in Form von Koordinaten zur Verfügung stellt. Bei Vektor-Refresh-Schirmen gibt es auch die Möglichkeit, mit Hilfe eines Lichtgriffels zu arbeiten. Der Lichtgriffel ist allerdings kein Zeichengerät, wie vielfach vermutet wird, son-

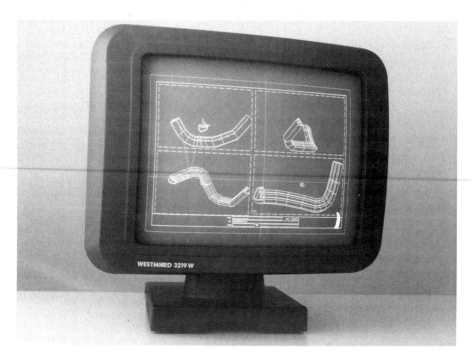

Abb. 3. Graphisches Bildschirmterminal

dern ein Identifizierungsgerät. Es kann auf Grund der Helligkeit am Bildschirm einen Linienzug identifizieren und den im Rechner aktivieren. Das Programm, kann aus der Datenstruktur die dort abgelegte Punktfolge, d.h. Linie direkt ablesen. In der Handhabung wurde der Lichtgriffel stets überschätzt, weil ein Zeichnen im klassischen Sinn am Bildschirm nicht möglich ist. Dazu ist der Bildschirm zu klein und seine Anstellfläche zu senkrecht. Auch die wirtschaftliche Sicht spricht, weil es die mit Abstand teuerste Technologie ist, gegen den Lichtgriffel.

Graphische Bildschirmterminals sind heute mit zwölf, fünfzehn und neunzehn Zoll-Diagonale lieferbar. Eine Speicherbildschirmtype ist auch mit sechsundzwanzig Zoll-Diagonale lieferbar. Größere Bildschirme gibt es heute noch nicht. Es ist anzunehmen, daß mit Einführung der Flüssigkeits-Kristall-Technologie sich größere Möglichkeiten ergeben. Diese ist bislang aber über das Entwicklungsstadium noch nicht hinausgekommen.

Die höchste Auflösung besitzt der Speicherbildschirm mit einer Größe von 4096 * 3260 Punkten. Durchschnittliche schwarz-weiß Raster-Refresh- Geräte besitzen Auflösungen von ca. 1200 * 1000 Punkten. Es ist allerdings bereits ein Gerät mit etwa 2000 * 1500

Punkten lieferbar. Die Auflösung von Farbraster-Refresh-Geräten hängt bisweilen auch mit der gleichzeitig darstellbaren Farbschattierungsmöglichkeit zusammen. Werden etwa rund 1000 Farbschattierungen zu gleicher Zeit zugelassen, liegen die Auflösungen in Größenordnungen von 1000 * 760 Punkten. Preiswertere 15 Zollgeräte besitzen Auflösungen von ca. 600 * 400 Punkten. Geringere Auflösungen sind für den Ingenieureinsatz nicht geeignet. Sie bleiben dem Gebiet der sogenannten Busineß-Graphik vorbehalten. Der Trend geht allerdings eindeutig zu immer größeren Auflösungen.

Durch die immer billiger und leistungsfähiger werdenden Microprozessoren geht die Entwicklung bei graphischen Bildschirmgeräten immer mehr in Richtung sogenannter „lokaler Intelligenz". Darunter versteht man, daß Funktionalität, die bislang von Programmpaketen, die am eigentlichen Rechner laufen, durchgeführt wurde, jetzt vom Controller des Terminals übernommen werden. Solche Funktionen können etwa der lokale Bildaufbau oder das sogenannte dynamische Tracking sein. Unter ersterem versteht man, daß die gesamte Graphik, die zu einem bestimmten Zeitpunkt am Bildschirm dargestellt wird, in einen lokalen Speicher des Gerätes geladen wird. Wird das Bild nun neuerlich aufgerufen oder nur ein Ausschnitt dargestellt, muß dieser Vorgang nicht über den Rechner und die Rechnerleitung erfolgen, sondern von diesem nur angestoßen werden. Die eigentliche Ausschnittsvergrößerung, das sogenannte Zooming oder Windowing, wird vom Terminal selbst durchgeführt. Dies hat den Vorteil, daß man, bei den entsprechend kurzen Leitungslängen, mit wesentlich größeren Übertragungsraten für die einzelnen Zeichen, d.h. Punkte, arbeiten kann. Unter dynamischem Tracking versteht man, daß man ein Teilgebilde bestehend aus einer Vielzahl von Linien, an das Fadenkreuz hängen kann, und mit diesem in Echtzeit über den Bildschirm fahren kann. So wird das Positionieren von Symbolen oder Normteilen in Zeichnungseinheiten sehr leicht gemacht. Funktionen wie farbiges Flächenbelegen oder Schraffieren können bisweilen ebenfalls schon lokal durchgeführt werden. Allerdings gehören solche Geräte zur oberen Preisklasse.

2.2.2 Alphanumerische Bildschirmterminals

Alphanumerische Bildschirmterminals sind grundsätzlich der Raster-Refresh-Technologie zuzuzählen. Da nur ein bestimmter Zeichensatz am Bildschirm dargestellt werden muß, spielt die Auflösung nur eine untergeordnete Rolle. Solche Geräte werden mit 12 bis 15 Zolldiagonale geliefert. Sie können meist 72 bis 80 Zeichen je Zeile und etwa 20 bis 22 Zeilen am Bildschirm in Groß- und Kleinschreibung darstellen. Die Eingabe erfolgt über eine schreibmaschinenähnliche Tastatur. Zeichengeräte für verschiedene Schriften, wie Englisch, Deutsch, Französisch etc. sind meist umschaltbar. Lokale Intelligenz spielt zumindest im technischen Bereich nur eine untergeordnete Rolle. Diese Geräte sind heute bereits überaus preiswert.

2.2.3 Graphisches Tablett

Graphische Tabletts sind Geräte mit einer brettähnlichen Zeichenfläche. Ein spezieller Stift oder ein Fadenkreuz kann zu einem Punkt dieses Bretts geführt werden. Durch Auslösen eines Impulses werden die entsprechenden Gerätekoordinaten dem Rechner übermittelt. Es kann eine Zeichnung auf das Brett aufgelegt werden und punktweise abgenommen werden. Auch der sogenannte Stream-Mode ist möglich. Darunter versteht man, daß man den Übertragungsimpuls nicht per Hand auslöst, sondern, daß er automatisch in Abhängigkeit von einer Zeiteinheit oder des zurückgelegten Weges ausgelöst wird. Dies kann bisweilen zum effizienteren Arbeiten beitragen. Brettgrößen gibt es von ca. DINA3 bis DINA0. Rascheres Arbeiten gewährleistet der Digitalisierstift, geht es um genaue Eingaben, ist die Fadenkreuzlupe vorzuziehen. Wird das Tablett nur für Menütechnik benutzt, genügt der Digitalisierstift. Die Auflösung solcher Geräte reicht bis 4000 * 4000 Punkte.

Die Geräte arbeiten meist induktiv. In das Brett sind in horizontaler und vertikaler Richtung eine Reihe von Induktionsspulenwicklungen eingebracht. Eine Induktionsschleife im Digitalisiergerät, dem Stift oder der Fadenkreuzlupe, mißt die Zeit, die eine Welle durch die Induktionsspulen vom Rand des Brettes bis zum Digitalisierstift benötigt. Daraus kann der Controller des Gerätes, ein kleiner Microprozessor, die entsprechende Hardware-Koordinate ermitteln und dem Rechner in digitaler Form zur Verfügung stellen.

Abb. 4 zeigt ein graphisches Tablett. Auch bei Menütechnik werden an den Rechner nur Koordinatenpaare gesendet. Die Auswertung nimmt das entsprechende Rechenprogramm im Computer vor.

2.2.4 Sonstige Geräte

Steuerknüppel, Rollkugel und Lichtstift sind an sich eigene Eingabegeräte, die aber, wie bereits erwähnt, ausschließlich im Zusammenhang mit graphischen Bildschirmterminals arbeiten können. Bei Steuerknüppel und Rollkugel unterscheidet man solche, die intern analog oder digital arbeiten. Analoge Geräte besitzen einfach zwei Potentiometer in X und Y Richtung die, auf Grund ihrer Auslen-

2.2 Arbeitsplatzgeräte

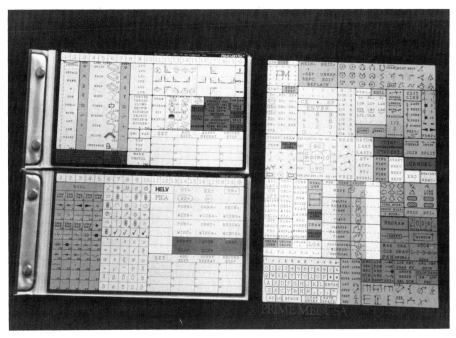

Abb. 4. Graphisches Tablett

kung, die Positionierung des Fadenkreuzes am graphischen Bildschirm vornehmen. Digitale Geräte senden Impulse in festen Inkrementen. Beide Gerätetypen haben sich in der Praxis bereits durchaus bewährt. Von der Anwendung her ist keiner der beiden Typen der Vorzug zu geben.

Lichtgriffel sind Identifizierungsgeräte für Vektor-Refresh- Bildschirmgeräte. Mittels einer Photozelle wird der Helligkeitsunterschied zur benachbarten Hintergrundfläche festgestellt und ein entsprechender Impuls an den Rechner geliefert. Die Software muß nun diesen Impuls interpretieren und die entsprechende Stelle in der Datenstruktur auffinden um auch dort die entsprechende Linie identifizieren zu können. Der Lichtstift hat heute keine größere Bedeutung mehr.

Hardcopy-Geräte liefern ein Papierdokument des momentanen Bildschirminhaltes. Sie können sowohl in Verbindung mit alphanumerischen als auch mit graphischen Bildschirmterminals arbeiten. Auch bei Verwendung eines graphischen Gerätes ist es gleichgültig, ob der momentane Bildschirminhalt nur aus Graphik oder nur aus Texten oder einer Kombination von beiden besteht. Hardcopy- Geräte werden nicht direkt vom Rechner, sondern lokal vom Terminal angesteuert. Dadurch wird der Rechner nicht belastet. Der Vorgang geht meist sehr rasch.

Es gibt zwei unterschiedliche Technologien bei Hardcopy-Geräten.

Die erste Gruppe von Geräten arbeitet auf photochemischer Basis oder mit xerographischen Verfahren. Sie liefern ein sehr klares Abbild des Bildschirminhaltes. Als Formate sind DINA4 oder DINA3 wählbar. Größere Formate sind derzeit nicht erhältlich. Sie arbeiten sehr rasch. Unabhängig von der Dichte des Bildschirminhaltes ist ein Bild in etwa drei bis fünf Sekunden fertiggestellt.

Die zweite Gruppe von Geräten arbeitet auf Nadeldruckerbasis. Solche Geräte können auch in einer anderen Arbeitsweise als Drukker Verwendung finden. Ein Nadeldrucker setzt einen Buchstaben aus einer Matrix von ca. 5 * 7 Nadeln zusammen. Kann der Absenkvorgang der Nadeln getrennt gesteuert werden, kann in Rasterpunktweise ein beliebiges graphisches Bild zusammengesetzt werden. Im Grunde bedient man sich einer ähnlichen Vorgangsweise wie beim Druckbild. Die Ansteuerung erfolgt durch das Terminal. Meist wird auch dessen Auflösung herangezogen. Die Bilderstellung dauert etwas länger als bei der vorher beschriebenen Gruppe, etwa drei bis fünf Minuten. Solche Geräte sind in der Regel aber auch wesentlich preiswerter. Es gibt bereits Geräte, die durch Farbbänder in den drei Grundfarben beliebig schattierte Nadelrasterbilder erzeugen können. Sie sind also auch als farbige Hardcopyeinheit einsetzbar.

In Zukunft könnte auch der Laserdrucker als Hardcopyeinheit zur Verfügung stehen. Bei ihm wird das Rasterbild nicht durch Absenken von Nadeln auf ein Farbband erzeugt, sondern durch Lasertechnik. Dadurch kann die Auflösung noch wesentlich feiner, die Geschwindigkeit noch wesentlich erhöht werden. Derzeit sind solche Geräte allerdings für einen wirtschaftlichen Einsatz noch zu teuer.

Funktionstastaturen sind spezielle Eingabegeräte, bei welchen einer Taste eine bestimmte Befehlskette zugewiesen werden kann. Sie werden ähnlich benutzt wie bei der Menütechnik am graphischen Tablett, nur daß sie nicht das gleiche Maß an Flexibilität bieten. Bei der Funktionstastatur ist die Anzahl der abrufbaren Funktionen durch die Zahl der Tasten beschränkt. Am graphischen Tablett können die Menüfelder beliebig groß gewählt werden. Dadurch ergibt sich eine unterschiedliche Anzahl von abrufbaren Funktionen.

Ähnlich wie die Funktionstastatur arbeitet auch das Menütablett. Es ist ein spezielles graphisches Tablett bei dem die Größe der Menüfelder fest vorgegeben ist. In verschiedenen schlüsselfertigen

Systemen, das sind spezielle Hardware-Software-Kombinationen, können auch noch Abarten und Varianten von hier beschriebenen Geräten angetroffen werden.

2.3 Computersysteme

Computer sind programmgesteuerte Rechenmaschinen. Man unterscheidet zwischen Digital- und Analogrechenanlagen. Für einen Großteil aller heute anfallenden Problemstellungen, darunter auch technische, werden Digitalrechenanlagen verwendet. Bei diesem Typ werden Programme und Informationen punktweise verarbeitet und abgespeichert. Der Analogrechner hingegen versucht einen natürlichen Vorgang elektrisch zu simulieren. Dies bedeutet, daß beim Programmieren eine elektrische Schaltung aufgebaut wird, die sich ähnlich verhält wie ein Vorgang in der Natur. Durch Messungen am elektrischen Modell werden Daten ermittelt, mit deren Hilfe man auf die tatsächlich gewünschten Größen schließen kann. Der Analogrechner ist für manche Aufgabenstellungen wesentlich schneller, aber meist auch ungenauer, als der Digitalrechner. Er ist auch schwieriger programmierbar. Sogenannte Hybridrechner sind Kombinationen von Analog- und Digitalrechnern, um das Programmieren der Analogteile leichter zu gestalten. Aber auch solche Anlagen werden nur in speziellen technischen Anwendungsfällen eingesetzt.

Eine Digitalrechenanlage besteht aus dem zentralen Rechner, sowie einer Reihe an ihm angeschlossene Geräte. Diese nennt man Peripheriegeräte. Die Zentraleinheit, der eigentliche Computer, besteht aus dem Rechenwerk und einem Speicher. Das Rechenwerk wird englisch auch Central Processing Unit, kurz "CPU", genannt. Die CPU verarbeitet die Daten und Informationen, die im Speicher stehen. Deshalb muß dieser Speicher hohen Anforderungen genügen, vor allem sehr rasch Daten mit dem Rechenwerk austauschen können. Diesen Speicher nennt man auch Memory. Solche Memorys werden heute in Form von Halbleiterelementen realisiert. Da solche Bauelemente trotz stets fallender Kosten immer noch relativ teuer sind, gibt es in einem Computersystem auch noch andere Speichermedien, Platten- und Bandlaufwerke, auf die an späterer Stelle noch zurückgekommen wird. Letztere sind nicht in die zentrale Recheneinheit integriert. Um die peripheren Geräte bedienen zu können, muß die zentrale Recheneinheit auch eine Reihe physikalischer Steckverbindungen besitzen. Die Peripheriegeräte müssen aber nicht nur physikalisch angeschlossen, sondern auch von der zentralen Recheneinheit gesteuert werden. Dies kann mit speziellen Programmen im Memory, die die CPU verarbeitet, geschehen. Um die CPU zu entlasten, besitzen viele Computeranlagen zur Ansteuerung der Geräte eigene kleine Rechenwerke, sogenannte Frontendprozessoren. Somit bleibt die CPU zur Erfüllung ihrer eigentlichen Aufgaben erhalten, die Steuerung der peripheren Geräte und die damit verbundene Kommunikation werden ebenfalls beschleunigt.

Bisher wurden die technischen Komponenten der zentralen Rechenanlage, die sogenannte Hardware, beschrieben. Die CPU kann aber keine Aktion setzen, wenn sie keine Instruktionen im Memory vorfindet. Im Memory stehen Daten, aber vor allem Programme, die diese Daten verarbeiten. Zur Organisation dieser Vorgänge benötigt ein Computer ein sogenanntes Betriebssystem. Dieses ist ein in Maschineninstruktionen geschriebenes Programmsystem. Es hat folgende Aufgaben. Der Anwender muß mit seiner Hilfe eigene Programme oder Systeme in einfacher Weise manipulieren können. Die wichtigste Manipulation ist selbstverständlich das Anstarten und Exekutieren der eigenen Programme. Das Betriebssystem muß aber auch die verschiedenen externen Geräte ansteuern, bzw. die Kommunikation zwischen diesen Geräten und den Anwenderprogrammen herstellen. So greift etwa der Anwender selbst durch Betriebssystembefehle oder sein Programm auf Daten zurück, die auf einem Platten- oder Bandlaufwerk liegen. Nimmt man Tischrechner aus, können heutige Computer problemlos mehrere Programme parallel verarbeiten. Auch dieser Vorgang wird vom Betriebssystem organisiert. Bei größeren Rechenanlagen können diese Programme auch von verschiedenen Benutzern manipuliert werden, ohne daß die Benutzer einander kennen. Dies ist eine weitere Aufgabe des Betriebssystems. Man spricht in diesem Zusammenhang vom sogenannten Multi-User-Betrieb. Er ist vor allem bei Verwendung sogenannter interaktiver Programmsysteme von Bedeutung. Unter einem interaktiven Programm versteht man, daß der Benutzer desselben an verschiedensten Stellen des Ablaufes Eingaben durchführt. Bei sogenanntem Batch-Betrieb oder Stapelverarbeitung wird das Programm gemeinsam mit allen Daten, die es benötigt, dem Rechner übergeben. Viele technische Anwendungen, darunter auch CAD, sind aber in hohem Maße interaktiv orientiert. Der Mensch entscheidet auf Grund von angebotenen Zwischenergebnissen, wie die nächste Eingabe auszusehen hat. Für diese Entscheidung und die Eingabe selbst benötigt der Mensch allerdings eine gewisse Zeit. In diesem Zeitraum kann der Rechner ein anderes Programm eines anderen Benutzers exekutieren. Im Multi-User-Betrieb bedient der Rechner also in kurzen Zeitintervallen die verschiedenen Benutzer. Dadurch entsteht für den Menschen der Eindruck, es würden viele Programme gleichzeitig ablaufen.

Die CPU kann nur Instruktionen verarbeiten, die im Memory stehen. Dies bedeutet, daß die Programme oder Systeme, die verarbeitet werden sollen, nicht größer sein dürfen, als das Memory Platz bietet. Jene Teile, die zu einem bestimmten Zeitpunkt nicht benötigt werden, müssen auf einem peripheren Speichermedium abgelegt und bei Bedarf wieder in das Memory geladen werden. Handelt es sich dabei um verschiedene Programme verschiedener Benutzer, kann das Betriebssystem diesen Vorgang relativ einfach durchführen. In sich geschlossene Programme müssen allerdings in den meisten Fällen in das Memory passen. Man spricht in diesem Fall von aktueller Adressierung. Es gibt allerdings heute eine Reihe von Betriebssystemen, die eine andere Art der Verarbeitung organisieren können. Das gesamte Programm wird auf einem Plattenspeicher abgelegt. Das Betriebssystem lädt nur jene Programmteile in das Memory, das es zur Exekution gerade benötigt. Mit dieser Technik können auch sehr große Programmsysteme auf verhältnismäßig kleinen Rechenanlagen ohne entsprechende Modifikation verarbeitet werden. Man spricht in diesem Zusammenhang von virtueller Adressierung oder manchmal auch von virtuellen Computeranlagen. Der letztgenannte Begriff ist allerdings in seiner eigentlichen Bedeutung etwas irreführend. Für technische Anwendungen ist beim heutigen Stand der Computertechnik ein virtuell orientiertes Betriebssystem zu empfehlen.

Man erkennt bereits aus dem bisher Gesagten, daß sich Computersysteme weniger durch die Technologie der Hardware, als vor allem durch die Leistungsfähigkeit des Betriebssystems unterscheiden. Man sollte als potentieller Käufer auch diesem Punkt entsprechendes Augenmerk entgegenbringen. Es sollen in diesem Zusammenhang auch noch einige grundlegende Begriffe erklärt werden.

Die kleinste Einheit, die ein Digitalrechner verarbeiten kann, ist ein Bit. Es repräsentiert den Zustand „Null" oder „Eins", man kann auch sagen „gesetzt" oder „nicht gesetzt". Technisch realisiert wird dieser Zustand, in dem an einem bestimmten Punkt Spannung angelegt oder nicht angelegt wird. Um entsprechende Meß- oder Erkennungsfehler zu vermeiden, bedeutet dies für den praktischen Fall, daß bis zu einer bestimmten Spannung der Zustand „nicht gesetzt", ab einer bestimmten Spannung der Zustand "gesetzt" angenommen wird. Die Spannungen liegen zwischen 0 und 10 Volt, die Umschaltgrenze meist bis 5 Volt. Mit einem Bit kann allerdings noch nichts realistisches dargestellt werden. Man verwendet daher die Kombination mehrerer Bits. Diese nennt man Byte. Ein Byte besteht in der Regel aus einer Kombination von 8 Bits, obwohl es auch Rechner gibt, die 6 Bit-Bytes kennen. Ein 8 Bit-Byte kennt 256 unterschiedliche Kombinationen und somit Zustände. Diese Kombinationen kann man zum Beispiel zur Darstellung von Buchstaben und Ziffern, auch Characters genannt, verwenden. Die einzelnen Buchstaben zugewiesenen Bit-Kombinationen werden in einem Code genormt, der am weitesten verbreitete ist der sogenannte „ASCII-Code", der einem amerikanischen Standard entspricht. Unter einem Wort versteht man die Anzahl von Bytes, die die CPU in der Lage ist, gleichzeitig zu verarbeiten. Tischrechner sind meist 8 Bit-Rechner, d.h. ein Wort = 1 Byte = 8 Bit. Microprozessoren sind meist 16 Bit-Rechner, d.h. ein Wort = 2 Bytes lang. Größere Rechenanlagen sind meist 32 Bit-Rechner, d.h. ein Wort ist vier Bytes lang. Zum Vergleich: Eine ganze Zahl wird meist durch zwei Bytes dargestellt. Eine Dezimalzahl wird meist durch vier Bytes dargestellt. Dies bedeutet also, daß ein 32-Bit-Rechner Dezimalzahlen direkt verarbeiten kann, während der 16-Bit-Rechner diese nur in mehreren Schritten manipulieren kann. Dadurch ist der 32-Bit-Rechner bei Rechenoperationen wesentlich schneller als der 16-Bit-Rechner. Damit ist bereits eines der wichtigsten Klassifikationsmerkmale von zentralen Recheneinheiten beschrieben worden.

Ein weiterer Begriff, der vielfach verwendet wird, ist "MIPS". (Millions Instructions Per Second). Darunter versteht man die Anzahl von Instruktionen, die die CPU pro Zeiteinheit verarbeiten kann.

Peripheriegeräte werden über Kabel an den zentralen Rechner angeschlossen. Jedes Kabel besteht aus einer Vielzahl von Leitungen, an die Spannung angelegt wird. Eine Reihe von Leitungen werden zur Steuerung bestimmter Funktionen der Geräte verwendet, man spricht von Hand-Shake-Leitungen. Die eigentliche Datenübertragung geschieht in Form von Bytes. Man kann ein solches Byte technisch auf zwei unterschiedliche Arten übertragen. Besitzt man acht parallele Leitungen im Kabel, kann man jedes einzelne Bit auf einer eigenen Leitung weiterleiten. Man spricht von 8 Bit paralleler Übertragung. Die genormten und am häufigsten verwendeten Leitungen sind allerdings seriell. Hier benutzt man eine Leitung zum Senden und eine Leitung zum Empfangen. Die 8-Bits, die zu einem Byte gehören, werden hintereinander übertragen. Die Übertragungsdauer ist bei der seriellen Vorgangsweise daher länger als bei der parallelen. Die Baud-Rate ist ein Maß für die Übertragungsgeschwindigkeit. Sie gibt die pro Sekunde übertragene Anzahl von Bytes an. Die heute am häufigsten verwendete Schnittstelle an peripheren Geräten nennt sich nach Norm RS-232, ist seriell und arbeitet in der Praxis zwischen 300 und 19200 Baud.

Nun zu den Peripheriegeräten. Plattenlaufwerke und Bandgeräte gehören zur engeren Ausrüstung der Computeranlage. Sie befinden sich auch örtlich gesehen meist in der Nähe der zentralen Recheneinheit. Sie werden nicht über oben beschriebene Normschnittstelle sondern über bit-parallele Leitungen mit dem zentralen Rechner verbunden. Der entsprechende Front-End-Prozessor zu ihrer Steuerung wird auch Controller genannt. Der Controller befindet sich meist in der zentralen Recheneinheit. Bisweilen können auch mehrere gleichartige Geräte an einen Controller angeschlossen werden.

Band- und Plattenlaufwerke sind externe Massenspeicher. Sie können Information aufzeichnen. Sie tun dies allerdings in technisch ganz anderer Art und Weise als das Memory. Schreib- und Lesevorgänge dauern wesentlich länger. Dies bedeutet auch längere Zugriffszeiten.

Die Bandmaschine zeichnet Informationen auf einem Magnetband auf. Sie funktioniert ähnlich wie ein Tonbandgerät. Heute werden meist neun Spuren parallel aufgezeichnet. Das Maß für die Schreibdichte ist Bits pro Zoll oder BPI, die Abkürzung für Bits per Inches. Geschwindigkeiten und Schreibdichten sind genormt, man fährt heute meist mit 800, 1600 oder 6520 BPI. Ebenfalls genormt ist die Aufzeichnungsart. Das Magnetband stellt heute die am meisten genormte und rechnerunabhängigste Art dar, Daten abzulegen. Daher verwendet man das Magnetband nicht nur zur Speicherung, sondern vielfach auch zum Datenaustausch. Im ASCII-Code beschriebene Bänder können meist problemlos von Bandmaschinen verschiedener Computerhersteller beschrieben und gelesen werden. Der Nachteil der Bandmaschine ist die lineare Aufzeichnungsform. Darunter versteht man, daß alle Informationen nur in einer fest vorgegebenen zeitlichen Reihenfolge abgerufen werden können. Will man eine bestimmte Information, muß das Band in meist recht langer Laufzeit an diese Stelle gespult werden. Deshalb wird das Magnetband vor allem zu Archivierungszwecken benutzt.

Für den praktischen Betrieb verwendet man Plattenlaufwerke. Hier wird die Information auf einer sich ständig drehenden runden Magnetscheibe in Form vieler Spuren aufgezeichnet. Der Lesekopf kann sehr einfach von Spur zu Spur springen, wodurch die Such- und Findezeiten sehr sehr kurz werden. Damit kann die Platte als Massenspeicher in gewissen Grenzen eine Erweiterung und Ergänzung des Memorys darstellen. Die auf die Speichergröße bezogenen Kosten sind beim Plattenlaufwerk heute noch wesentlich geringer als beim Memory. Um den Preis eines Mega-Bytes-Memory erhält man heute meist ein Plattenlaufwerk mit einer Kapazität von 300 Mega-Byte. Man unterscheidet zwischen Fest- und Wechselplattenlaufwerken, letztere sind meist etwas teurer, man kann aber den zur eigentlichen Aufzeichnung dienenden Magnettopf wechseln. Will man etwa mit einem anderen Datensatz oder anderen Programmen arbeiten, so kann der gesamte Topf ausgewechselt werden. In der Praxis spielt dies allerdings dann weniger Rolle, wenn sehr viele Benutzer auf den Rechner und damit auf Daten auf der Platte zurückgreifen möchten. Wie die einzelnen physikalischen Plattenseiten zu logischen Einheiten zusammengefaßt und beschrieben werden, bestimmt das spezielle Computerbetriebssystem. Deshalb können die Aufzeichnungen auf Magnettöpfen von Plattenlaufwerken nicht ohne weiteres von einer Rechneranlage zur anderen übertragen werden. Da die Magnettöpfe wesentlich teurer als Magnetbänder sind, verwendet man zur Datensicherung in erster Linie Magnetbänder. Eine solche Datensicherung muß aus zweierlei Gründen durchgeführt werden. Einerseits kann der Anwender durch falsche oder fehlerhafte Manipulationen Programme oder wichtige Datensätze auf der Platte löschen. Andererseits kann allerdings auch ein Plattenlaufwerk mechanische Mängel aufweisen. Wird die Plattenseite selbst mechanisch beschädigt, spricht man vom sogenannten Plattencrash. In diesem Fall sind meist alle Daten verloren. Sie müssen nach Behebung des Schadens von der Magnetbandsicherung her neuerlich eingespielt werden. Man erhält heute Plattenlaufwerke zwischen 36 und 600 Mega-Bytes.

Für Tischrechner und Microprozessoren werden zum Teil auch andere Massenspeicher aus Kostengründen verwendet. Das Kassettenlaufwerk entspricht der Bandmaschine bei größeren Rechenanlagen. Es ist allerdings darauf zu achten, daß die Funktionen des Kassettenlaufwerkes auch vom Rechner selbst angesteuert werden können. Sonst ist ein Arbeiten mit solchen Geräten äußerst mühsam. Der Magnetplatte entspricht die Diskette. Am weitest verbreitesten ist die 5 1/4 – Zoll Diskette aus biegsamen Material. Wenn sie auch physikalisch in unterschiedliche Geräte eingelegt werden kann, so ist die Art ihrer Beschreibung doch betriebssystemabhängig. Daher können Disketten ähnlich wie Magnetplatten nicht einfach von einer Anlage auf die andere gebracht werden. Auch die Schreibdichten sind sehr unterschiedlich. Von manchen Systemen werden bereits mehr als ein Mega-Byte an Information auf eine einzige Diskette gebracht. Tischrechner verwenden die Diskette als Plattenersatz, Microprozessoren verwenden Disketten oft als preisgünstige Alternative zu Bandmaschinen zwecks Datensicherung.

Abb. 5 zeigt eine typische Rechnerkonfiguration. Das Kernstück ist ein sogenannter Supermini, eine Recheneinheit in 32 Bit-Architektur, das Memory ist bis 8 Mega-Byte ausbaubar. Der Rechner besitzt ein virtuell orientiertes Betriebssystem. Damit können selbst

2.3 Computersysteme 31

Abb. 5. Rechnerkonfiguration

größte Programme verarbeitet werden. Neben der eigentlichen Recheneinheit ist ein Bandlaufwerk und eine Reihe von Plattenlaufwerken angeschlossen. Die Operator Konsole ist ein Terminal das vom Rechner bevorzugt bedient wird. Mit ihrer Hilfe können alle am Rechner laufenden Vorgänge überwacht und gesteuert werden. Benutzt man ein druckendes Terminal, können die entsprechenden Vorgänge auch protokolliert werden. Besondere Anforderungen an die Umwelt sind ebenfalls nicht mehr notwendig. Bei mehreren Plattenlaufwerken muß nur Sorge getragen werden, daß die von ihnen produzierte Wärme auch abgeführt wird und sich keine Wärmestauungen bilden.

Abschließend noch einige Worte zur Bewertung von Computersystemen. Vielfach wird die Leistungsfähigkeit ausschließlich an der Schnelligkeit des Rechenwerkes gemessen. Technische Programme kommunizieren allerdings in hohem Maße mit Daten, die auf Plattenlaufwerken zur Verfügung gestellt werden. Das Suchen bestimmter Daten auf der Platte, das anschließende Lesen oder Beschreiben muß ebenfalls sehr effizient durchgeführt werden. Dies wird einerseits vom Betriebssystem, andererseits vom Controller und vom Plattenlaufwerk selbst beeinflußt. Man spricht in diesem Zusammenhang auch von Engpässen im Disk- Datenverkehr. Die tatsächliche Leistungsfähigkeit eines Computersystems, wie sie sich dem Anwender stellt, ist also die Summe aus Leistung der CPU, Betriebssystem und Plattenoperationen. Gerade im Zusammenhang mit CAD-Systemen, die höchste Interaktion erfordern, sind die beiden letztgenannten Punkte von besonderer Bedeutung.

2.4 Sonstige Peripheriegeräte

In diesem Abschnitt werden Plotter zur Dokumentation von Bildern und Drucker zur Ausgabe von Texten beschrieben.

2.4.1 Plotter

Plotter sind Geräte zur Dokumentation von Zeichnungen, allgemein Bilder, in für den Menschen anschaulicher sprich optischer Form. Dies geschieht auf Papier, in Ausnahmefällen auch auf Film.

In der Vielfalt der heute zur Verfügung stehenden Plotter unterscheidet man nach ihrer Arbeitsweise. Die älteste und größte Gruppe ist die der mechanischen Plotter. Bei ihr wird ein Zeichenstift rechnergesteuert über das Papier geführt. Das Zeichenmedium selbst, können Tuschfedern, Bleistifte oder Filzschreiber sein. Es können auch Stifte in verschiedenen Farben oder Strichstärken aus einem Magazin selbstständig ausgewählt werden.

Man unterscheidet bei mechanischen Plottern zwischen Trommel- und Flachbettgeräten. Bei ersterer Geräteart wird das Papier über eine Rolle gewickelt, meist durch eine Perforation festgehalten. Der Zeichenstift bewegt sich auf einem Wagen parallel zur Achse der Trommel. Durch die Überlagerung der Trommelbewegung nach vorne und zurück sowie des Wagens mit dem Zeichenstift ergeben sich die tatsächlichen Bilder auf Papier. Beim Flachbettplotter wird das Papier auf einer ebenen Zeichenfläche aufgespannt. In der einen Richtung fährt ein Wagen, der einen zweiten bewegt, auf dem sich der eigentliche Stift in der zweiten Richtung bewegt. Durch die Überlagerung beider Bewegungen ergibt sich wieder die entsprechende Zeichnung.

Flachbettplotter können nur in bedingtem Maße Endlospapier verarbeiten. Sie werden bis etwa DINA3 Formate eingesetzt. Bei größeren Formaten finden Trommelplotter in starkem Maße Verwendung. Bei großen Formaten sind Flachbettplotter sehr teuer und werden vor allem für hochpräzise Aufgaben herangezogen. Es stehen etwa Flachbettplotter mit Gravureinsätzen zur Verfügung, um kartographische Pläne direkt drucktechnisch verarbeiten zu können.

Die Genauigkeit beim mechanischen Plotter setzt sich aus drei Komponenten zusammen. Jedes Gerät kann letztlich nur ganz bestimmte Punkte eines ganzzahligen Koordinatenrasters anfahren. Man spricht von Hardware-Koordinaten. Die Auflösung hängt nun vom Abstand zweier benachbarter Hardware-Koordinaten ab. Die zweite Komponente ist die mechanische Anfahrgenauigkeit eines solchen vom Rechner adressierten Koordinatenpunktes. Die dritte Komponente liegt in der Präzision der Stifthalterung, sowie in der sorgfältigen Bedienung derselben. Schlecht eingespannte Zeichenmedien oder einseitig abgeschriebene Filzstifte können die tatsächlich erreichte Genauigkeit auf dem Papier erheblich mindern. Für den Anwender ist aber stets nur das letztlich erzielte Ergebnis von Bedeutung.

Wegen der besonderen Bedeutung seien an dieser Stelle auch einige Bemerkungen zum Tusche-Plotten gestattet. Trotz großer Bemühungen der Plotterhersteller durch eine Reihe von Maßnahmen, wie automatisches Aufsetzen von Kappen auf Tuschefedern, Ausspritzen der Tusche unter Druck, Anzeigen bei Aussetzen des Tuscheflusses, ist es bisher noch nicht ratsam, die Plottvorgänge völlig unbeaufsichtigt laufen zu lassen. Zu groß ist die Wahrscheinlichkeit, daß bei dichten Zeichnungen Aussetzvorgänge auftreten, und damit das Ergebnis unbrauchbar wird. Es ist auch auf Komponenten wie geeignetes Papier oder die Luftfeuchtigkeit im Raum zu achten. Da man die beim Tusche-Plotten auftretenden Probleme nicht vollständig in den Griff zu bekommen scheint, versucht man auch in immer stärkerem Maße andere technologische Lösungen beim Plotten heranzuziehen.

Abb. 6 zeigt einen mechanischen Trommel-Plotter.

Beim Elektrostat-Plotter wird die Zeichnung in lauter einzelne dicht beieinander liegende Punkte aufgelöst. Man spricht von Rasterisierung. Mittels eines elektrostatischen Verfahrens wird ein Schwärzungspulver an den entsprechenden Punkten auf dem Papier festgehalten. Dadurch entsteht die Zeichnung. Die reine Ausgabe ist sehr rasch, weil kein mit Masse behafteter Zeichenstift beschleunigt oder verzögert werden muß. Der Aufwand der Rasterisierung, die im Hintergrund abläuft, ist allerdings nicht zu unterschätzen. Die Rasterisierung kann auf zwei Arten durchgeführt werden. Die erste Möglichkeit besteht darin, ein Rechenprogramm am Computer laufen zu lassen, welches diesen Vorgang ausführt. Die Last, die solche Programme auf den Rechner bringen, ist allerdings nicht unbeträchtlich. Die zweite Möglichkeit ist, diesen Vorgang in einem speziellen Rechner, auch Rasterisierungseinheit, oder Vector-Raster-Converter genannt, durchführen zu lassen. Dieser Rechner ist meist

Abb. 6. Plotter

ein Microprozessor mit fest verdrahtetem Programm. Trotz höherer Anschaffungskosten ist die zweite Lösung wirtschaftlicher und daher zu empfehlen.

Die bisher genannten Plottertypen können Vielfarbendarstellungen nicht oder nur im beschränkten Maße (in Abhängigkeit von der Anzahl der im Magazin verfügbaren Stifte) realisieren. Da durch die Farbrasterterminals in immer stärkerem Maße Bilder mit sehr vielen Farben und Schattierungen entstehen, mußte man neue Technologien entwickeln. Hiezu zählt der Tintenspritzer. Die Zeichnung selbst wird wieder rasteriert. Der Rechner steuert drei Düsen an, die Tinte in den drei Grundfarben auf das Papier spritzen. Durch entsprechende Intensität bei der Überlagerung werden beliebige Farbschattierungen erzielt. Diese Geräteart ist bei großen Formaten noch entsprechend teuer.

Will man auf die Archivierung von Zeichnungen in Form von Microfilm nicht verzichten, stehen eigene Plotter zur Verfügung. Diese sind allerdings nur in der obersten Preisklasse anzutreffen. Sie werden daher meist nicht direkt vom Rechner angesteuert, sondern die Daten werden auf Magnetband abgelegt. Diese Bänder werden von einem eigenen, in dem Plotter integrierten Rechner, eingelesen und weiterverarbeitet. Solche Geräte werden vielfach auch dann eingesetzt, wenn bewegte Vorgänge festgehalten werden sollen. Für die normale Archivierung ist das herkömmliche Verfahren, eine Papierzeichnung auf Microfilm zu bringen, kostengünstiger. Die Papierzeichnung selbst kann auch von einem Plotter anderen Typs hergestellt werden.

Moderne Nadeldrucker sind ebenfalls graphikfähig und können daher als Plotter eingesetzt werden. Sie wurden bereits bei den Hard-Copy-Geräten erwähnt. Werden sie nicht vom Terminal angesteuert, sondern findet die Rasterisierung im Rechner statt, spricht man vom Plottbetrieb. Sie sind zwar meist mit geringerer Auflösung behaftet, als andere Plottertypen, stellen aber eine sehr preisgünstige Alternative dar. Verwendet man Dreifarben-Farbbänder, so ist es technisch möglich, Vielfarbenbilder mit Schattierungen zu erzeugen.

Neue Möglichkeiten wird in den nächsten Jahren der Laser-Plotter-Drucker bringen. Hier wird das Bild zwar ebenfalls in Punkte aufgelöst, durch die Laser-Technik kann diese Rasterisierung aber äußerst fein durchgeführt werden. Der Laser-Strahl kann mit höchster Genauigkeit und optisch einwandfreier Darstellung gesteuert werden. Somit können Texte und Bilder mit sehr großer Geschwindigkeit ausgegeben werden. Heute ist diese Technologie noch sehr kostenintensiv und wird meist nur für kleine Formate angeboten. Da die Laser-Geräte aber weitgehend wartungsfrei arbeiten, ein optisches Erscheinungsbild liefern, das durchaus mit einer Tuschezeichnung vergleichbar und pausfähig ist, scheint in dieser Technologie die Zukunft zu liegen.

Als Abschluß seien nun noch eine Reihe von photographischen Verfahren erwähnt. Diese reichen vom Abphotographieren von Bildschirminhalten mit speziellen Vorrichtungen bis hin zu eigenen Geräten. Um die Konvergenz bei Farbbilder zu erhöhen, gibt es etwa Verfahren, bei denen das Bild auf einer schwarz-weiß Röhre vom Rechner dreimal ausgegeben und ebenfalls dreimal mit unterschiedlichen Farbfiltern mit einer Kamera aufgenommen wird. Dieser Vorgang erfolgt rechnergesteuert. Damit können ebenfalls Farbdokumente mit beliebigen Schattierungen hergestellt werden. Auch das Abfilmen von Bildschirminhalten ist selbstverständlich mit Hilfe von Zusatzgeräten möglich.

2.4.2 Drucker

Drucker dienen zur Ausgabe von Texten auf Papier. Sie können entweder perforiertes Endlospapier verarbeiten oder besitzen Einzelblattzuführung. Letzters wird seltener benutzt.

Nadeldrucker erzeugen einen Buchstaben durch Absenken verschiedener Nadeln auf ein Farbband. Mit Hilfe dieser Technik ist es möglich, auf einfache Weise verschiedene Schriftarten zu erzeugen, weil dies programmgesteuert geschieht. Das Schriftbild besitzt allerdings nicht die optische Klarheit eines Schreibmaschinenbildes. Man erkennt bei genauer Betrachtung, daß der Buchstabe aus Punkten zusammengesetzt wird. Deshalb wird diese Druckart in manchen Bereichen nicht eingesetzt.

Beim Typenraddrucker wird der Buchstabe durch Anschlagen einer Type auf dem Farbband erzeugt. Damit wird ein optisch schönes und klares Schriftbild erzeugt. Beim Typenraddrucker können verschiedene Schriftbilder allerdings nur durch händisches Auswechseln von Typenrädern erzielt werden. Der Typenraddrucker ist in der Regel auch langsamer als der Nadeldrucker. Um diesen Nachteil auszugleichen, gibt es kostenintensive Hochgeschwindigkeits-Drucker, bei welchen eine große Anzahl von Typenrädern praktisch parallel geschaltet werden.

Die Alternative der Zukunft kann der bereits erwähnte Laserdrucker darstellen. Er kann als Plotter und Drucker gleichermaßen eingesetzt werden. Das von ihm erzeugte Schriftbild ist von höchster Qualität und kann von ausgezeichneten Druckverfahren nicht mehr unterschieden werden. Das Erzeugen unterschiedlicher Schriftarten ist ebenfalls problemlos durchführbar. Die grundsätzliche Vorgangsweise dieser Technik wurde bereits im vorherigen Abschnitt beschrieben.

2.5 Rechnerverbund

Wie bereits erwähnt, tendierte man früher aus technischen Gründen zum Rechenzentrumsbetrieb mit zentralen Großrechenanlagen. Durch die Möglichkeit, leistungsfähige Rechnersysteme abteilungs- und anwenderorientiert aufzustellen, wird die Rechenzentrumsphilosophie in Frage gestellt. Das dezentrale Konzept bietet, wie bereits in Kapitel 1 erwähnt, eine Reihe von Vorteilen in Organisation, Zugriff und Handhabung. Das Argument, das häufig für den Rechenzentrumsbetrieb vorgebracht wird, daß man auf der gleichen Anlage ohne weiteren Ausbau verschiedenste Anwendungen tätigen könnte, und daher wirtschaftlicher arbeiten würde, trifft nur in sehr beschränkten Maße zu. Eine CAD-Anwendung, die auf einem Zentralrechner läuft, benötigt in jedem Fall eine leistungsstärkere Zentraleinheit. Weiters fallen wesentlich mehr Daten durch den neuen Anwenderkreis an, dies bedeutet den Ausbau von Plattenlaufwerken. Da die CPU heute eine der preiswertesten Module eines Computersystems darstellt, die Peripheriegeräte aber in jedem Falle notwendig sind, ergeben sich in der Praxis kaum finanzielle Einsparungen beim Zentralrechnerprinzip.

Entschließt man sich für einen dezentralen Abteilungsrechner, so benötigt man für CAD-Anwendungen beim heutigen Stand der Technik sogenannte Superminis. Dies sind 32-Bit-Rechner mit virtuell orientiertem Betriebssystem und einer Ausbaustufe mit etwa ein bis vier Mega-Byte-Memory. An solche Rechenanlagen können etwa vier bis zehn CAD-Arbeitsplätze angeschlossen werden. Wird in stärkerem Maße auch dreidimensional gearbeitet oder werden Berechnungsprogramme durchgeführt, ist die Anzahl der Arbeitsplätze um etwa 30% bis 50% zu reduzieren. Die Anzahl der Plattenlaufwerke bzw. die Massenspeicherkapazität hängt von der Anzahl der Arbeitsplätze und der anfallenden Datenmenge ab. Bei Variantenkonstruktion etwa kann die Datenmenge um einiges reduziert werden. Durchschnittlich wird man bei etwa 4 Arbeitsplätzen ca. 300 Mega-Byte benötigen. In der Praxis zeigt sich, daß der Anteil der 3 D-Arbeiten bei 20% bis 30% liegt. Benötigt man mehr Arbeitsplätze für CAD, können solche Superminis entsprechend ausgebaut werden. Die zweite Möglichkeit ist, mehrere solcher Rechner in einem Rechnernetz zusammenzuschließen. Um Daten mit anderen Abteilungen auszutauschen, kann man diese direkt auf deren Abteilungsrechner schicken. Bei größeren Netzwerken empfiehlt es sich, als Verwaltungsrechner noch einen Großrechner miteinzubeziehen. Er hat die Aufgabe, als zentrale Datenverwaltungsstelle zu fungieren. Von ihm werden die entsprechenden Abteilungsrechner mit den Daten versorgt. Er verwaltet die gemeinsame zentrale Datenbank.

Durch die ständig leistungsfähiger werdenden Microprozessoren, die es bereits auch in 32-Bit-Architektur gibt, geht die Tendenz zu noch stärkerer Dezentralisierung. Solche Microprozessoren werden bereits in die Arbeitsstation eingebaut. Damit kann ein Großteil oder die gesamte Funktionalität eines CAD-Systems in diesem Arbeitsplatzrechner verarbeitet werden. Man spricht in diesem Zusammenhang auch von intelligenten Workstations oder Distributed Processing. An diese Arbeitsplatzrechner sind kleinere Platteneinheiten angeschlossen, sodaß die im täglichen Betrieb anfallenden und zu verwaltenden Daten ebenfalls dezentral verarbeitet werden können.

Es gibt viele Gründe, die für solch ein dezentrales Konzept sprechen. Die gegenseitige Beeinflussung der Rechnerleistungen wird beim praktischen Arbeiten auf ein Minimum reduziert. Die Organisation im engsten eigenen Arbeitsplatzbereich wird einfacher, und kann vom Anwender leichter überblickt werden. Bei Ausfall einer einzigen Einheit wird der Gesamtbetrieb kaum gestört. Das dezentrale Konzept bietet auch technisch mehr Möglichkeiten, weil die einzelnen im Arbeitsplatz integrierten Geräte auf engstem Raum zusammengebaut sind. Eine Datenübertragung kann aber auch technisch mit wesentlich höherer Geschwindigkeit erfolgen. Damit können dynamische Vorgänge auf dem graphischen Bildschirm wesentlich leichter simuliert werden. Gewisse anwenderspezifische Funktionen können firmwaremäßig realisiert werden. Benutzerspezifische, festverdrahtete Programm- Module laufen in sogenannten PROMs wesentlich rascher als im normalen Programmbetrieb ab. Durch die Entwicklung von Standards bei der Rechnervernetzung ist auch der Datenaustausch zwischen den verschiedenen größeren und kleineren Rechnereinheiten im Netzwerk kein Problem mehr. Fertiggestellte und freigegebene Zeichnungen können in einer zentralen, von einem anderen Rechner verwalteten Datenbank, abgelegt werden. Andere können aus dieser Datenbank auf bestehende Zeichnungen oder Informationen jederzeit zugreifen. Es gibt eine Reihe von Möglichkeiten, auch über Netzwerke hinweg die Berechtigung von Zugriffen zu steuern und zu organisieren.

Arbeitsplatzrechner sind meist 16- oder 32-Bit-Microprozessoren. 30–60-Mega-Byte-Festplattenlaufwerke dienen zur Datenanlage. Zur Datensicherung werden meist Kassetten- oder Diskettenlaufwerke herangezogen. Man muß hier zwischen der externen und der zentralen Datensicherung unterscheiden. Über das Netzwerk können selbstverständlich die Daten auch in anderer Form gesichert werden. Das Herstellen eines älteren Zustandes ist für den einzelnen Benutzer an seinem Arbeitsplatz allerdings über externe Datensicherung einfacher durchführbar und leichter durchschaubar.

Man kann durchaus annehmen, daß auf Grund der ständig wachsenden technischen Möglichkeiten die Dezentralisierung in keinem Falle mehr aufzuhalten ist. Auch beim Antrieb von Produktionsmaschinen in Werkhallen würde heute niemand mehr eine zentrale Antriebsquelle mit Verzweigung über Transmissionen einsetzen.

3. Praktisches Arbeiten mit integrierten CAD-Systemen

3.1 Grundsätzliche Vorgehensweisen und Philosophien von CAD-Systemen

Bereits in Kapitel 1 wurden bei der Begriffsbestimmung die Unterschiede zwischen einem integrierten Gesamtsystem und einem CAD-Baustein im engeren Sinne aufgezeigt. In einem integrierten Gesamtsystem werden stets auch Bausteine vorhanden sein, die der Anwender entweder spezifisch adaptiert oder selbstständig entwickelt. Der CAD-Baustein im engeren Sinn stellt die Basisfunktionen zur Verfügung, organisiert die Datenverwaltung und liefert die entsprechenden Schnittstellen zu den übrigen Bausteinen. Gerade auf solche Schnittstellen ist bei der Auswahl eines CAD-Systems besonderes Augenmerk zu legen. Von ihrer Effizienz und Flexibilität hängt vielfach die Möglichkeit ab, in kurzer Zeit Eigen- oder Fremdprogrammbausteine in das System vollständig integrieren zu können. Ein solches Anschließen von weiteren Bausteinen über die entsprechenden Schnittstellen muß möglich sein, ohne den inneren Aufbau des CAD-Systems kennen oder dessen Quellenprogramme zur Verfügung haben zu müssen. Ist eine solche Vorgehensweise nicht möglich, wird man sich mittelfristig eine Reihe von prinzipiell zugänglichen Einsatzmöglichkeiten verbauen.

Wie bereits erwähnt, wächst das CAD-System mit den Wünschen des Anwenders und umgekehrt. Es wäre auch falsch zu glauben, in absehbarer Zeit das bestehende CAD-System durch ein neueres, leistungsfähigeres System einfach ersetzen zu können. Durch die bereits erwähnten unterschiedlichen Datenstrukturen und logischen Zusammenhänge in den Systemen ist eine einfache Übernahme der Daten nicht möglich.

Die Flexibilität gilt natürlich auch für die rechnersystemtechnische Seite. Das CAD-Paket sollte auf einem Rechner laufen, der auch für andere Anwendungen herangezogen werden kann. Es sollte ein Computersystem sein, auf dem auch eigene Programmbausteine entwickelt werden können. Die Programme selbst sollten in rechnerunabhänigen Programmiersprachen, z. B. Fortran, geschrieben sein. Die Tendenz geht in stärkerem Maße auch zu rechnerunabhängigen Betriebssystemen, hier sei UNIX zu nennen. Bei einem solch rechnerunabhängigen Konzept kann es in absehbarer Zeit durchaus möglich sein, daß der Anwender seine Programmsysteme ohne großen Umstellungsaufwand auf anderer Hardware laufen lassen kann. Auch dies trägt in hohem Maße zur Flexibilität bei.

Im Gegensatz zu diesen Überlegungen steht das Konzept schlüsselfertiger Systeme, auch „Turn-Key"-Systeme genannt. Man versteht darunter eine festverbundene Hardware-Software-Kombination. Man kann die im System festgelegte Funktionalität bisweilen sehr rasch erlernen und diese anschließend ausnützen. Eine Erweiterung der Funktionalität ist in vielen Fällen nicht oder nur mit sehr großem Aufwand möglich. Es ist auf Rechnern von Turn-Key-Systemen meist auch äußerst schwierig, eigene Programmbausteine zu entwickeln oder Fremdbausteine zu implementieren und laufen zu lassen. Nach relativ raschen Anfangserfolgen wird das Einbringen firmenspezifischen Know-Hows und eigener Organisationsformen äußerst schwierig. Auch der Datenaustausch mit Organisations- oder Verwaltungsprogrammsystemen, die völlig unabhängig vom CAD auf anderen Rechenanlagen der Firmen laufen, wird bei Turn-Key-Systemen schwierig. Die Philosophie solcher Systeme stammt aus einer Zeit, in der die Rechnersysteme ohne Modifikation des Betriebssystems nicht in der Lage waren, die hohen interaktiven Anforderungen von CAD zu erfüllen. So entstanden spezielle Hardware-Software-Kombinationen, die als höchst komfortable CAD-Lösungen vermarktet wurden.

Auf einem weiteren Punkt, in dem sich CAD-Systeme sehr wesentlich unterscheiden können, wurde bereits hingewiesen. Es sind Programmpakete erhältlich, die mit mehr oder weniger Komfort die rasche interaktive Erstellung einer Grafik erlauben. Ihre Effizienz liegt ausschließlich in der Zeichnungsbeschleunigung. Man spricht von reinen Zeichen- oder Drafting-Systemen. Daneben gibt es Systeme, die in der Lage sind, während der Erstellung fast automatisch die Information der Zeichnung auch entsprechend zu strukturieren und logische Zusammenhänge festzulegen. Bei solchen Systemen ist es auch möglich, daß andere Rechenprogramme die entstandenen Daten gezielt interpretieren und verarbeiten. Angepaßtes Stücklistenwesen, CAM oder Berechnungen können nur an solche Systeme angeschlossen werden. Die Wirtschaftlichkeit solcher Systeme liegt also nicht nur in der Zeichnungsbeschleunigung, sondern vor allem auch in der entsprechenden Weiterverarbeitung einmal erstellter Daten. Gerade bei solchen Vorgehensweisen kann aber noch wesentlich höherer Nutzen, als aus der Zeichnungsbeschleunigung erzielt werden. Sind bei der reinen Zeichnungserstellung Beschleunigungsfaktoren von höchstens zwei bis fünf erzielbar, so sind unter Miteinbeziehung entsprechender weiterer Vorgänge solche von 20 bis 30 durchaus realistisch. Es gibt in diesen Fällen einzelne Bearbeitungsschritte, man denke an das Erstellen von Listen, die tatsächlich vollautomatisch, d.h. ohne menschliches Zutun ablaufen können. Ein Sparen an der falschen Stelle bei der Anschaffung eines CAD-Systems kann sich daher später wirtschaftlich rächen.

3.2 Erstellung von Konstruktionen mit Hilfe von zweidimensionalen Systemen

CAD-Systeme sind, wie bereits mehrfach erwähnt, in hohem Maße interaktive Programmpakete. Das bedeutet, daß das System einmal angestartet wird, auf eine Eingabe wartet, die vom Menschen getroffen wird, anschließend weiterrechnet, wieder seine Arbeit unterbricht, auf die nächste Eingabe wartet und weiter so verfährt. Die Aufforderung zu einer Eingabe wird am Bildschirm eines Terminals dargestellt. Die Eingabe selbst kann entweder über die Tastatur oder, bei graphischen Geräten, auch auf andere Art und Weise erfolgen. Man spricht von alphanumerischem Dialog, wenn auf dem Bildschirm eines alphanumerischen Terminals eine Frage in Form eines Textes gestellt wird, und diese in Form von Worten oder Zahlen über die Tastatur beantwortet werden muß. Der graphische Dialog am entsprechenden Bildschirmgerät erfolgt etwas anders. Ein Fadenkreuz fordert den Benutzer dazu auf, daß er mit seiner Hilfe einen bestimmten Punkt auf der Bildschirmfläche anfährt und durch das Auslösen einer Funktion, z.B. einer Taste, diese Stellung dem Rechner zu vermitteln. Die Positionierung des Fadenkreuzes kann je nach speziellem Gerät auf verschiedene Art und Weise erfolgen, wie das im vorigen Kapitel bereits beschrieben wurde.

Durch Kombination von alphanumerischem und graphischem Dialog kann ein CAD-System eine Graphik, bzw. eine Zeichnung aufbauen helfen. Selbstverständlich ist es nur eine organisatorische Frage, ob beide Dialogformen an ein und demselben Gerät oder an zwei verschiedenen Geräten durchgeführt werden. Da die heutigen graphischen Bildschirme mit ihrer 19-Zoll-Diagonale für konstruktive Anwendungsfälle als noch eher klein zu bezeichnen sind, empfiehlt es sich, die beiden Dialogformen auf verschiedenen Geräten durchzuführen. Damit bleibt die gesamte Fläche des graphischen Bildschirms für zeichnerische Aufgaben frei.

Eine wesentliche Forderung zur Akzeptanz von Dialogsystemen

ist, daß dem Benutzer die Zeiten zwischen zwei Abfragen äußerst kurz erscheinen. In anderem Fall wird sein Arbeitsrhythmus ständig unterbrochen. Beim Betriebssystem des Rechners und beim CAD-Programmpaket selbst muß dieser Punkt ganz besonders berücksichtigt werden. Der Dialoganwender muß am Computersystem höhere Priorität besitzen, als stapel- bzw. batchorientierte Programmabläufe.

Beim zweidimensionalen CAD-System erstellt der Anwender mit Hilfe des Fadenkreuzes und zusätzlicher Eingaben seine Zeichnung wie bisher am Zeichenbrett zweidimensional rißorientiert. Er vertauscht sozusagen seine Zeichenmaschine mit dem graphischen Bildschirmterminal.

Dreidimensionale Systeme bieten weitere Möglichkeiten, erfordern aber unterschiedliche Vorgangsweisen bei der Erstellung von Objekten. Ein eigener Abschnitt ist solchen Systemen gewidmet.

3.2.1 Basismanipulationen

Der Konstrukteur vertauscht das Zeichenbrett mit dem graphischen Bildschirm und legt Punkte, mit dem Fadenkreuz, das er z. B. mit dem Steuerknüppel positioniert, fest. Um solche Punkte effizienter setzen zu können, bedient er sich einer Reihe von Hilfsfunktionen. So können neue Punkte auf bestehende Punkte gesetzt werden, in dem man nur in die Nähe eines bestehenden Punktes mit dem Fadenkreuz fährt. Auch auf den bestehenden Schnittpunkt zweier Linienzüge kann man auf ähnliche Weise einen Punkt setzen. Ebenso ist es möglich, die Tangente an eine Kurve zu legen, in dem man nur in die Nähe der entsprechenden Kurve sein Fadenkreuz positioniert. In gleicher Weise kann man beim Errichten eines Lotes vorgehen.

Um bestimmte Entfernungen einhalten zu können, kann man auf Systemgitterlinien arbeiten. Ein Punkt wird dann auf die nächstliegenden Kreuzungspunkte der Systemgitterlinien gesetzt. Man kann sich in einfacher Weise Hilfskonstruktionen generieren, die eigentlichen Konstruktionspunkte liegen dann im Schnittpunkt von Hilfskonstruktionslinien.

Man kann nun einzelne Linien, Linienzüge, oder ganze Gruppen davon weiter manipulieren. Das Zusammenfassen von mehreren Linienzügen zu Gruppen kann wieder auf unterschiedliche Weise erfolgen. Die einfachste ist das optische Zusammenfassen durch Gruppenlinien. Über andere Mechanismen ist es bei einigen Systemen möglich, mittels logischer Verbindungen Linien zu Gruppen zusammenzufassen. Folgende Manipulationen sind nun möglich: Vervielfältigen von Linien oder Gruppen von Linien, das Einbringen von bestehenden Linien in neue Zeichnungen, das Spiegeln von bestehenden Graphiken, das Verschieben einzelner Zeichnungsteile auf der Zeichenfläche, das Vergrößern oder Verkleinern von Linien oder Liniengruppen, das beliebige Verdrehen von Zeichnungsteilen. Durch Kombination solcher Manipulationen kann eine Zeichnung deshalb sehr rasch aufgebaut werden, weil in fast allen technischen Anwendungen viele Objekte durch Vervielfältigen und gleichzeitiges Rotieren oder Spiegeln entstehen.

Eine weitere sehr effiziente Funktion ist das automatische Schraffieren. Kann ein System erkennen, welche Linien in logischer Folge einem Teil zugeordnet sind, ist auch das Schraffieren von Inseln automatisch realisierbar. Schraffurneigung, Abstand und Linienart können dabei vorgewählt werden. Welcher Konstrukteur hat bisher nicht sehr viel Zeit für das Schraffieren aufgewendet?

Ein wesentlicher Punkt ist auch die Vermaßung. Durch Angabe der zu vermaßenden Punkte und der Vermaßungsart kann der Rechner die entsprechenden Maßpfeile, Maßhilfslinien und Maßzahlen automatisch generieren. Auch ganze Maßpfeilketten können auf einmal erstellt werden. Da der Rechner Zeichenformat und Maß-Stab kennt, kann er aus der Lage der Punkte zueinander die Maßzahlen von selbst ermitteln und an die Maßpfeile schreiben. In diesem Zusammenhang wird vielfach auch die vollautomatische Vermaßung gefordert. Dabei ist zu bedenken, daß eine Vermaßung auch unter herstellungstechnologischen und zusammenbautechnischen Gesichtspunkten erfolgen soll. Das CAD-System hat solche Informationen normalerweise nicht, und kann daher diese Gesichtspunkte von selbst nicht berücksichtigen. Es ist daher in der Praxis nur möglich, in streng abgegrenzten Aufgabengebieten eine vollautomatische Vermaßung zu realisieren.

Neben Linien enthält eine Zeichnung auch eine Reihe von Textinformationen. Ein CAD-System muß nun in der Lage sein, auch Texte innerhalb der Graphik in einfacher Weise manipulieren zu lassen. Der Text, mit Hilfe der Tastatur eingegeben, kann mittels Fadenkreuz an eine beliebige Stelle der Zeichenfläche positioniert werden. Der neue Text wird an der Tastatur eingegeben, das Fadenkreuz in die Nähe des bestehenden Textes gestellt und die entsprechende Funktion im Rechner aufgerufen. Es muß auch möglich sein, einen Teil des Textes auf die eben beschriebene Weise zu ändern oder zu ersetzen. Beim Verdrehen sollte der Text automatisch innerhalb der genormten Bereiche wieder aufgerichtet werden. So kann es nicht vorkommen, daß der Text bei Drehen um 180 Grad auf den Kopf zu stehen kommt. Auch beim Spiegeln sollte der Rechner verhindern, daß Spiegelschrift entsteht, es sei denn, dies wird ausdrücklich gewünscht.

Eine weitere Besonderheit ist, daß der Rechner in der Lage ist, verschiedene Arten von Schriften und Texten zu generieren. Dies können einerseits verschiedene Schriftbilder wie Schrägschrift, gotische Schrift oder ähnliches sein, andererseits können aber auch automatisch unterstrichene, eingekreiste oder mit Kästchen umrahmte Texte erzeugt werden.

Aus dem bisher Gesagten ergibt sich fast selbstverständlich, daß der Rechner Texte und Linien intern anders verarbeitet. Bei leistungsfähigen CAD-Systemen müssen aber auch logische Querverbindungen zwischen bestimmten Texten und Linien hergestellt werden können. Damit wird es möglich, Positionsnummern eindeutig Teilen zuzuordnen, auch wenn diese Nummern an anderer Stelle im Zeichenblatt erscheinen. Auch die logischen Querverbindungen von Eintragungen in Stücklisten am Rechnerzeichenblatt zu bestimmten Geometrieeinheiten muß möglich sein. Damit können die entsprechenden Stücklisten aus der im Rechnerzeichenblatt enthaltenen Information automatisch zusammengestellt werden.

Solche logischen Verbindungen können z. B. dadurch hergestellt werden, daß das System Elemente kennt, die aus beliebig vielen Linien und Texten bestehen. Auf die programmtechnische Realisierung wird an anderer Stelle eingegangen.

Neben Linien und Texten kennen CAD-Systeme vielfach auch Symbole oder sogenannte graphische Primitiva. Das sind geometrische Gebilde, die aber im Rechner anders behandelt werden. Man faßt solche Symbole stets als eine zusammengehörige Einheit auf. Sie werden vor allem in der Schematakonstruktion, z. B. bei Stromlauf- oder Hydraulikplänen verwendet. Sie können allen bereits beschriebenen Manipulationen unterworfen werden. Da sie vom System intern aber anders behandelt werden, sind sie auch global austauschbar. So kann man etwa durch einen einzigen Befehl die Normdarstellung von Symbolen über mehrere bestehende Blätter hinweg ändern. Man kann etwa aus einer Zeichnung im deutschen Standard ohne weiteres Zutun sofort eine Zeichnung in einem amerikanischen Standard erzeugen.

Durch die Möglichkeit, Zeichnungsteile aus bestehenden Zeichnungen für neue Zeichnungen zu verwenden bzw. bestehende Zeichnungen in einfacher Weise zu vervielfältigen und anschließend zu modifizieren, kann man sehr rasch neue Konstruktionen aus bestehenden ableiten. Gerade dieser Fall kommt in der Praxis sehr häufig vor. Hier kann man große Zeiteinsparungen erzielen.

Da die Zeichenfläche eines graphischen Bildschirmterminals

heute wesentlich kleiner als ein Zeichenbrett ist, muß das CAD-System besonderes Augenmerk auf Funktionen legen, die es ermöglichen, sehr rasch bestimmte Zeichnungsausschnitte vergrößert darzustellen. Man kann etwa einen Ausschnitt mit Hilfe des Fadenkreuzes festlegen und diesen anschließend sehr rasch formatfüllend darstellen. Man nennt diese Vorgangsweise „Windowing". Eine Vergrößerung durch Festlegen des Mittelpunktes des neuen Ausschnittes und des Vergrößerungsfaktors zu erzeugen, nennt man auch „Zooming". Man kann solche Operationen natürlich auch mehrmals hintereinander in rascher Folge durchführen. Legt man nur den neuen Mittelpunkt bei gleicher Vergrößerung fest, bewegt man sich praktisch wie mit einer Lupe über die Zeichenfläche. Man nennt einen solchen Vorgang auch „Paning". Je schneller solche Vorgänge durchgeführt werden können, desto weniger wird der Konstrukteur in seinem Arbeitsfluß unterbrochen. Man versucht daher heute vielfach, solche Operationen in die lokale Intelligenz der Bildschirmgeräte einzubauen. Es ist dann darauf zu achten, daß die volle Auflösung des Bildschirmes erhalten bleibt, und keine Leervergrößerungen entstehen.

Manche Systeme kennen auch eine Reihe praktischer Zusatzfunktionen. Unter Superlinien versteht man bisweilen, daß man einfachen Linienzügen ein komplexes Aussehen geben kann. So kann z. B. eine gewellte Linie wie eine einfache Linie manipuliert und behandelt werden. Auch Doppellinien oder optische Linienzüge die aus einzelnen Symbolen, z. B. Kreuzchen, bestehen, können auf diese Art und Weise bearbeitet werden.

Auch das automatische Erzeugen von mathematischen Funktionen aus Polygonzügen, die die Stützpunkte derselben darstellen, ist in manchen Systemen möglich. Häufige anzutreffende Funktionen sind Splines zweiter oder dritter Ordnung. Es ist in solchen Fällen auch möglich, in mit dem Fadenkreuz markierten Punkten die Tangentenneigungen zu ändern oder bestimmte Winkel vorzugeben. Die Kurven werden dann automatisch korrigiert.

Viele Systeme kennen auch die sogenannte Ebenen-(Layer)-Technik. Mit ihrer Hilfe können Linien, Texte oder Symbole auf verschiedenen solcher Ebenen abgelegt werden. Diese Ebenen können nun ein- und ausgeschaltet werden, wodurch die auf ihr befindlichen Elemente sichtbar oder unsichtbar werden. Man kann sich die Zeichnung aus einzelnen Folien aufgebaut vorstellen, die bei Bedarf herausgezogen werden.

Zeichnungen mit ein- und ausgeschalteten Folien, ganzformatig oder nur Ausschnitte, müssen per Knopfdruck auf den Plotter geschickt werden können. Da der Plotter meist eine gewisse Zeit für die Ausgabe benötigt und auch nicht immer frei ist, muß dies im sogenannten Spoolbetrieb geschehen. Der Konstrukteur schickt die auszugebende Information nur ab, diese wird in eine Warteschlange gestellt, aus der sie automatisch abgearbeitet wird, wenn sie an der Reihe ist. Der CAD-Arbeitsplatz muß aber nach dem Abschicken sofort wieder betriebsbereit sein.

3.2.2 Menütechnik

Unter Menütechnik versteht man den Anstoß ganzer Befehlsketten in einer bestimmten Reihenfolge durch einen einzigen Befehl. Solche Menüs können auf die unterschiedlichste Art und Weise realisiert werden. Menüarten können nach ihrer Arbeitsweise oder ihrer Handhabung klassifiziert werden. Sie können von den verschiedensten Geräten aus bedient werden. Ihre Zielsetzung ist, die benutzerspezifische Handhabung des gesamten Systems möglichst einfach zu gestalten.

Werden die Menüs durch ein Frage-Antwort-Spiel am Bildschirm gesteuert, spricht man von Bildschirmmenüs. Die Fragen, die über den Bildschirm gestellt werden, nennt man Benutzerführung. Werden einzelne Menüfunktionen auf Grund ihrer Menge zu Gruppen zusammengefaßt und diese Gruppen baumartig strukturiert, spricht man auch von hierarchischen Menüs. Auf Grund einer ganz bestimmten Menüeingabe wird in eine andere Menügruppe verzweigt, und man bewegt sich in dieser weiter. Um weitere Menüfunktionen aufrufen zu können, muß man sich wieder in eine höhere Hierarchieebene begeben. Bei vielen hierarchischen Ebenen kann das Arbeiten mit dieser Technik allerdings unübersichtlich werden. Der Vorteil einer starren Benutzerführung wird vor allem in der Lernphase geschätzt. Beim praktischen Arbeiten mit einer gewissen Übung kann es durchaus sein, daß eine zu strenge Benutzerführung das Arbeiten hemmt. Daher sollte ein Umschalten auf reine Befehlseingabe möglich sein. Noch besser wären frei definierbare Menüs, was aber bei hierarchischen Arten nur in Sonderfällen möglich ist. Solche Menüformen sind meist fest in das CAD-System integriert.

Eine weitere Form der Menütechnik, die sich wesentlich flexibler gestalten läßt, ist die folgende. Einzelne Befehlsketten werden vom Benutzer selbst zu einer Gruppe zusammengefaßt die er mit einem einzigen Namen anstarten kann. Diesen Namen kann er selbst vergeben. Die Menütechnik ist sozusagen ein Abkürzungsverfahren. Um in der Praxis besser arbeiten zu können, kann in die Befehlsketten vom Benutzer selbst eine frei gewählte Benutzerführung

3.2 Erstellung von Konstruktionen mit Hilfe zweidimensionaler Systeme

eingebaut werden. Diese kann auf Wunsch am Bildschirm dargestellt oder ausgeblendet werden. Die Definition eines solchen Menüs kann über eine Tabelle, auch Matrix genannt, zeilen- und spaltenweise erfolgen. Ein eigener Programmbaustein, der Menügenerator, verarbeitet diese Definition und stellt sie dem eigentlichen CAD-System in binärer Form zur Verfügung. Man kann Menüs beliebig groß definieren, verschiedene Menüs gleichzeitig aktivieren, aber auch verschiedenen Anwendern unterschiedliche Menüversionen zur Verfügung stellen. Man kann mit dieser Technik, wenn sinnvoll, in bestimmten Aufgabengebieten auch hierarchische Menüs simulieren. Das wesentliche ist, daß solche Menüabläufe vom Anwender selbst beeinflußt werden können.

Menüs können nun in der Handhabung auf unterschiedlichste Art und Weise aktualisiert werden. Sie können durch Namenseingabe oder Antippen bestimmter Funktionstasten auf der Tastatur des Terminals gesteuert werden. In manchen Systemen sind auch eigene Funktionstastaturen vorhanden. Die flexibelste Vorgehensweise ist jedoch die Verwendung eines graphischen Digitalisiertabletts für Menütechnik.

Die graphische Repräsentation eines Menüs, das aus Zeilen und Spalten besteht, wird auf der Fläche des graphischen Tabletts befestigt. Die graphische Zuordnung für das Computerprogramm kann durch Angabe von zwei oder drei Punkten erfolgen. Damit ist die Lage und Größe des Menüs am Tablett festgelegt. Durch Antippen eines Feldes am graphischen Tablett wird im Rechner die entsprechende Befehlskette ausgelöst und abgearbeitet. Dies geschieht folgendermaßen. Durch das Antippen eines Feldes am Tablett werden grundsätzlich nur die Koordinaten dem Rechenprogramm übergeben. Auf Grund der einmal definierten Größe und Lage kann sich das Rechenprogramm selbstständig die Zeile und Spalte ermitteln. Anschließend sieht es in der Menüdefinition nach, welche Befehlskette für die spezielle Version sich unter diesem Tabellenfeld befindet. Die Verwendung des graphischen Tablettes bieten den Vorteil, daß die Größen und ergonomischen Lagen der einzelnen Menüs vom Benutzer selbst festgelegt werden können.

Abb. 7 zeigt eine solche Menüdarstellung. Bei der optischen Realisierung ist darauf zu achten, daß die einzelnen Felder nach Möglichkeit nicht mit Texten sondern mit Symbolen belegt werden. Es hat sich in der Praxis gezeigt, daß das menschliche Auge wesentlich rascher graphische Symbole, als Texte erkennen kann. Eine Vielfalt von Texten verwirrt das Auge, man muß erst mühsam lesen, um den Inhalt zu erkennen. Eine anwenderorientierte Symboldarstellung wird jedoch sofort erfaßt. Weiters können farbige Unterschiede der

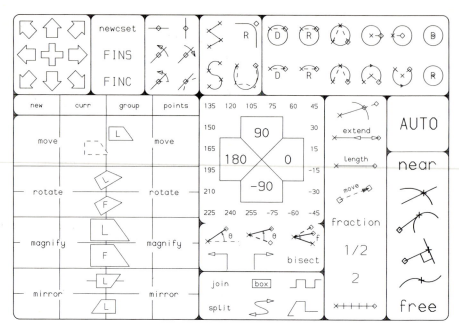

Abb. 7. Menüdarstellung

einzelnen Felder zum rascheren Auffinden beitragen. Der Anwender soll ja in Sekunden von Bruchteilen das richtige Feld erkennen und den Menübefehl absetzen. Daher sollte beim praktischen Arbeiten vom Systembetreuer auf die Gestaltung benutzerspezifischer Menüs besonderes Augenmerk gelegt werden.

Unter Menüfeldern können sich natürlich auch Ladebefehle für bestimmte Geometrien oder Zeichnungsteile befinden. Damit können Norm- und Standardbibliotheken aufgebaut werden. Durch Antippen eines einzigen Feldes kann die Darstellung von Schrauben, Muttern, Beilagscheiben oder Wälzlagerdarstellungen aufgerufen und diese Teile in die Zeichnung eingebracht werden. Gleiches gilt natürlich auch für Symbole in der Schematakonstruktion. Sind solche Ladebefehle für Norm- und Standardteile nicht fest im Programm verankert, sondern hat der Anwender Einfluß auf die Gestaltung des zu ladenden Teiles, wird die Flexibilität des Systems wesentlich erhöht.

Entsprechend den einzelnen Eingabegeräten spricht man von Tasten, Funktionstasten oder Tablettmenüs. Man kann tablettähnliche Menüs auch über den graphischen Bildschirm handhaben. Dann geht allerdings ein Teil der kostbaren Zeichenfläche verloren. Die Menüfelder selbst werden relativ klein oder müssen häufig graphisch optisch hin- und hergeschaltet werden. Dies führt in der Praxis oft zu unnötig langem Suchen oder zu großer Verwirrung.

In der Praxis haben sich vor allem Tablettmenüs mit Abkürzungscharakter bewährt. Das Menü sollte nicht als starres Schema, sondern als Instrument für eine benutzerspezifische Anpassung der Handhabung des CAD-Systems verstanden werden. Daher sollte bei der Auswahl eines Systems auf die Möglichkeiten und die Handhabung der Menütechnik entsprechend geachtet werden. Aber auch nach der Einführung sollte auf die Gestaltung von firmeneigenen Menüs besondere Sorgfalt gelegt werden.

3.3 Probleme der Variantenkonstruktion

Abb. 8 zeigt eine mit CAD erstellte Konstruktionszeichnung. Positionsnummern, Änderungsvermerke, Stücklisteneintragungen oder ähnliche Informationen sind vom Konstrukteur in Tabellen am Blatt bereits eingetragen worden. Schriftrahmen und Tabellen wurden automatisch aufgezogen. Diese Zeichnung kann als Ausgangspunkt für weitere Informationsflüsse dienen.

Soll nun eine Variante des Bauteils, den die Konstruktionszeichnung darstellt, erzeugt werden, bietet CAD besondere Vorteile. Es wurde bereits erwähnt, daß durch Wiederverwendung von einzelnen Zeichnungsteilen sehr rasch eine neue Konstruktion erzeugt werden

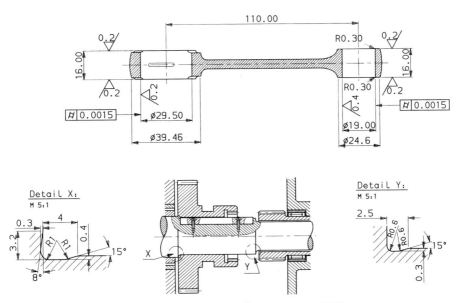

Abb. 8. Konstruktionszeichnung mit CAD

kann. Das Korrigieren von Details, Verschieben von Punkten oder Ergänzen ist mit den Basismanipulationen auf einfache Art und Weise möglich. In der Variantenkonstruktion werden aber noch wesentlich höhere Anforderungen gestellt.

Man sollte des besseren Verständnisses wegen zwei Arten von Varianten bei der Erzeugung unterscheiden. Ich bezeichne sie als Varianten- bzw. Anpassungskonstruktion.

Unter Anpassungskonstruktion verstehe ich, daß der ursprüngliche Teil in seinen Hauptabmessungen erhalten bleibt. An bestimmten Stellen werden auf Grund neuer Anforderungen, Korrekturen durchgeführt und an die neuen Gegebenheiten angepaßt. Dies kann bedeuten, daß neue Bohrungen eingefügt oder alte herausgenommen werden. Nuten werden vergrößert oder verkleinert. In bestimmten Teilen von Bauteilkonturen werden neue Formen eingefügt. Diese Aufgaben können vor allem mit den Basisfunktionen graphisch interaktiv durchgeführt werden. Eine Funktion, die das gezielte bereichsweise Herauslöschen ermöglicht, ist in solchen Fällen von besonderer Effizienz. Man kann sich die alte Version vor der Änderung auf eine andere Ebene, sprich Folie, kopieren und die Änderung nur in der neuen Ebene durchführen. Durch Aus- und Einschalten der verschiedenen Folien kann die alte oder die neue Version aktualisiert werden.

Unter Variantenkonstruktion im engeren Sinn verstehe ich, daß die innere Struktur einer Konstruktion erhalten bleibt, die Dimensionen sich aber grundlegend verändern. Dies entspricht der herkömmlichen Weise der Erstellung einer Mutter- oder Meisterzeichnung. Aus dieser werden entweder auf Grund von Ähnlichkeitsgesetzen automatisch Varianten erzeugt, oder aber der Mensch gibt gezielt die geänderten Dimensionen vor. Beim herkömmlichen Arbeiten geschieht dies vielfach durch Überschreiben von Maßzahlen an Maßpfeilen oder deren Unterstreichen.

In der Praxis ergibt sich meist eine Kombination aus Anpassungs- und Variantenkonstruktion im engeren Sinn.

Die Variantenkonstruktion im engeren Sinn stellt an das CAD-Programm-Paket wesentlich höhere Anforderungen als die Anpassungskonstruktion. Es wäre mühsam, alle Varianten graphisch interaktiv zu erkennen. Nur in bestimmten Fällen ist unter Ähnlichkeit eine einfache Vergrößerung oder Verkleinerung zu verstehen. Auch ein unterschiedliches Skalieren in bestimmten Richtungen ist vielfach nicht die Lösung solcher Problemstellungen. Die Dimensionen ändern sich nach vom Benutzer meist selbst festgelegten Gesetzmäßigkeiten. Um möglichst hohen Komfort bei der Erzeugung von Varianten zu besitzen, benötigen die CAD-Systeme eine über die Basismanipulationen weit hinausgehende Funktionalität. Diese kann in der Handhabung entweder sprach-, oder graphikorientiert aufgebaut sein. In den nächsten beiden Abschnitten werden wir diese Problemkreise, die für die Effizienz eines CAD-Systems besonders bedeutsam sind, behandeln.

Da der benutzerspezifische Automatisierungsgrad bei Variantenkonstruktion im allgemeinen Sinn besonders hoch sein kann, sind die Möglichkeiten, die das CAD-System an dieser Stelle bietet, von besonderer praktischer Bedeutung.

3.3.1 Sprachorientierte Systeme

Die Problematik unterschiedlicher Dimensionsgrößen wird in der Informatik auf den Begriff der Variable zurückgeführt. Anstelle einer festen Dimensionsgröße, einer Zahl, wird ein mit Namen bezeichneter Platzhalter gestellt. Dieser kann dann mit unterschiedlichen Zahlenwerten belegt werden. Diese Vorgangsweise funktioniert allerdings nur bei programmorientierter Darstellung eines Problems. Darunter ist zu verstehen, daß der entsprechende Problemkreis, z. B. ein Bauteil, das variiert werden soll, in Form von Befehlen beschrieben wird. Solche Befehle bestehen aus ihrem Namen und einer Liste von Variablen. Die Kombination solcher Befehle, wobei auch logische Abfragen und Mehrfachschleifen durchlaufen werden können, stellen letztendlich ein Computerprogramm dar. Die meisten CAD-Systeme bedienen sich auf dem Gebiet der Variantenkonstruktion solcher Programme. Da die Art und Weise der Formulierung solcher Programme von einem zum anderen System abweichen kann, nennt man die Art der Vorgehensweisen auch Programmiersprachen. Die Programmsysteme selbst sind ebenfalls in einer Programmiersprache, meist Fortran geschrieben. Um den Benutzerkomfort bei der Formulierung von graphischen Problemstellungen entsprechend zu erhöhen, wurden innerhalb der Systeme eigene Programmiersprachen geschaffen. Eine Bauteilgeometrie wird mit Hilfe einer solchen Sprache formuliert. Den einzelnen Variablen des entstehenden Programmes können verschiedene Werte zugewiesen werden. Anschließend wird ein solches Programm gestartet. Das eigentliche CAD-System interpretiert dieses Programm und erzeugt daraus die spezielle Bauteilgeometrie. Diese wird, entsprechend den Programmbefehlen, als graphisches Gebilde am Bildschirm dargestellt. Es kann anschließend mit den graphisch interaktiven Funktionen des Systems weiter modifiziert werden. Solche Programme können selbstverständlich archiviert und bei Bedarf geladen und aufgerufen werden.

Dies führt dazu, daß die Anwender sich eigene Programmbibliotheken zur Generierung von Standardbauteilen für Variantenkonstruktionen anlegen. Solche Programme müssen vom Benutzer in ihrer Handhabung, sprich Wertzuweisung und Bedeutung der einzelnen Variablen, genau dokumentiert werden. Programme, von denen man nicht weiß, was sie erzeugen, oder auf welche Art die Erzeugung steuerbar ist, werden erfahrungsgemäß kaum verwendet. Es entstehen Leichen in der Programmbibliothek, die wertvollen Platz kosten! Andererseits werden ähnliche Problemstellungen nur auf Grund mangelhafter Dokumentation nochmals formuliert, was unnötig Zeit und Aufwand kostet!

Soviele Hilfsmittel solche Programmiersprachen auch zur Verfügung stellen mögen, sie stellen den Awender vor ein sehr großes Problem. Die Formulierung von Geometrien mit Hilfe von Sprachbefehlen bedeutet, daß der Anwender die Graphik abstrahieren muß. Damit entsteht eine völlig neue Denkweise. Der Konstrukteur im eigentlichen Sinn ist gewohnt, in einer optischen Umgebung zu arbeiten. Ihm fällt das abstrakte Formulieren einer Geometrie besonders schwer, weil er sich in einer völlig anders gearteten Denkweise bewegen muß. Deshalb lehnt sich der Konstrukteur in der Praxis vielfach dagegen auf. Die Teilebeschreibungen werden dann durch spezielle Systemprogrammierer durchgeführt. Diese haben allerdings das Problem, daß sie die vom Konstrukteur selbst festgelegte Funktionalität des entsprechenden Bauteils erfassen müssen. Im anderen Fall entsteht oft fehlerhafte Geometrie oder die Veränderung der Geometrie selbst wird durch falsche Kriterien beschrieben. Selbst wenn man speziell ausgebildetes Personal zur Formulierung solcher Programme heranzieht, und alle organisatorischen Probleme im Konstruktionsbüro in vernünftiger Form in den Griff bekommt, ist eine solche Vorgehensweise langwierig. Die abstrakt formulierten Geometrien und ihre Veränderungsbedingungen müssen graphisch optisch ausgetestet werden. Dies bedeutet, daß eine Reihe von Testläufen durchgeführt werden muß. Das Ergebnis der Testläufe ist oft nicht vom Programmierer sondern nur vom Konstrukteur beurteilbar. Die Korrektur bei fehlerhaften Programmläufen muß wieder in den abstrakten Programmbefehlen durchgeführt werden. Das bedeutet, daß der Mensch selbst die am Bildschirm falsch dargestellten Geometrien zurückinterpretieren muß und die Stellen der Änderung in der abstrakten Liste auffinden muß. Bei dieser Umsetzung können ebenfalls wieder eine Reihe von gedanklichen Fehlern auftreten. Wenn allerdings solche Programme einmal richtig laufen, können sie die Effizienz eines Systems beträchtlich erhöhen.

3.3.2 Graphikorientierte Systeme

Weil die programmtechnische Realisierung der Variantenkonstruktion aus dem im vorigen Abschnitt beschriebenen Gründen letztendlich unbefriedigend ist, suchte man nach neuen Lösungsmöglichkeiten. Für den Anwender ideal wäre die im folgenden beschriebene Vorgehensweise.

Der Konstrukteur erstellt graphisch interaktiv eine Zeichnung. So wie bisher am Brett wird diese Zeichnung bemaßt. Durch Korrektur der Maßzahlen teilt der Konstrukteur mit, welche Maße er an welcher Stelle geändert haben möchte. Am Brett mußte ein technischer Zeichner die Zeichnung völlig neu maßstabsgerecht zeichnen. Da der Aufwand relativ hoch war, hat man bisweilen darauf verzichtet. Man hatte in diesen Fällen allerdings keine maß-stäbliche Zeichnung, was bei Zusammenstellungszeichnungen oder in der Fertigung zu Fehlern führen konnte. Mit Hilfe eines CAD-Systems sollte den maß-stabsgerechten Bildaufbau und die entsprechenden Korrekturen das Programmsystem in möglichst kurzer Zeit selbst übernehmen.

Diese Vorgehensweise des interaktiven Erstellens einer Meisterzeichnung hätte den Vorteil, daß kein Programmieren im vorher beschriebenen Sinn stattfinden müßte. Der Anwender arbeitet rein graphisch orientiert. An sein Abstraktionsvermögen werden keine Anforderungen gestellt. Die Codierung der entsprechenden Änderung wird in einer Form durchgeführt, die dem Konstrukteur durchaus vertraut ist. Die Maßpfeile, die die Maß-Zahlen enthalten, werden an jene graphische Stellen gesetzt, wo die Änderung auch optisch erfolgen soll. Bei der Erstellung der Zeichnung können alle optischen Basismanipulationshilfen herangezogen werden. Dies bedeutet, daß Spiegeln und Drehen, Vergrößern oder Verkleinern sofort bei der Erstellung in optischer Form kontrolliert werden können. Bei der programmtechnischen Realisierung ist ja das Ergebnis erst in einem späteren Kontroll-Lauf erkennbar. Man benötigt keine eigenen Systemprogrammierer, der Konstrukteur nimmt diese Vorgehensweise an, weil sie seiner Denkweise völlig entspricht.

Die technische Realisierung einer solchen Vorgehensweise in einem CAD-System ist allerdings äußerst schwierig und komplex. Es ist zur Stunde nur zwei Systemanbietern gelungen, diese Vorgehensweise praxisgerecht und mit raschen Laufzeiten zu verwirklichen. Die vielfältigen Möglichkeiten, die diese Vorgehensweise in der Praxis bietet, soll an Hand einiger Beispiele aufgezeigt werden, die mit jenem System durchgeführt wurden, welches als erstes eine solche Möglichkeit bot. Auf die technischen Probleme und Möglichkeiten der Realisierung wird an späterer Stelle noch zurückgekommen.

Abb. 9 zeigt ein Definitionsblatt für eine Variantenkonstruktion. Dieses kann auch als Meisterzeichnung bezeichnet werden. Es wird zweckmäßigerweise in einer eigenen Bibliothek aufbewahrt, auf die der normale Anwender nur Leserecht erhält. Somit kann das Original nicht zerstört werden. Die Meisterzeichnung selbst wurde mit graphisch interaktiven Methoden und Hilfsmitteln hergestellt. Die entsprechenden Varianten können jetzt durch einfaches Überschreiben der Texte an den Maßzahlen und anschließendes Starten des Korrekturlaufes erzeugt werden. Die abgeleiteten Zeichnungen können ebenfalls aufbewahrt oder graphisch interaktiv weiter modifiziert werden.

Um den Automatisierungsgrad noch vergrößern zu können, kann an Stelle der Maßzahlen auch eine Variable gesetzt werden. Diese Variablen können nun auf verschiedenartige Weise gesetzt werden. Es können Tabellen am Meisterzeichnungsblatt selbst erstellt und ausgefüllt werden. Durch Eingabe des entsprechenden Falles, einer bestimmten Zeile der Tabelle, erhalten die Variablen Werte und es wird die entsprechende abgeleitete Variante automatisch erzeugt. Die Variablen können aber auch mit Hilfe von Re-

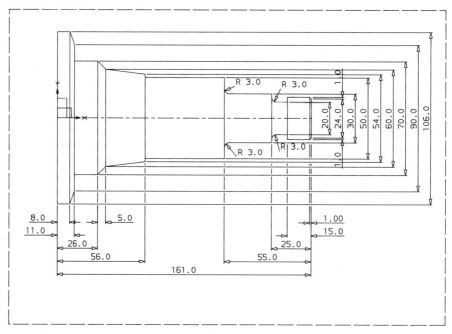

Abb. 9. Definitionsblatt für Variantenkonstruktion

3.3 Probleme der Variantenkonstruktion

chenprogrammen ermittelt werden. Diese Rechenprogramme können entweder unmittelbar in das CAD-System integriert sein, oder sie laufen getrennt von diesen und übergeben die Dimensionsgrößen einfach als Zahlenwerte an das CAD-System. Die Variablen können auch aus Tabellen, die in rechnerintern abgespeicherten Katalogen vorhanden sind, abgerufen und herausgelesen werden. Diese rechnerinternen Kataloge müssen nicht unbedingt über das CAD-System verwaltet werden. Dies können auch andere am Rechner laufende Systembausteine, die dafür besser geeignet sind, durchführen.

Auf diese Weise können Meisterzeichnungsblätter in gleicher Form verarbeitet werden wie sprachorientiert geschriebene Teileprogramme in Unterprogrammbibliotheken. Allerdings ist aus Meisterzeichnungen durch einfache graphische interaktive Manipulation eine weitere Meisterzeichnung ableitbar. Die Entwicklung eines Unterprogrammes aus einem anderen, erfordert wieder wesentlich höheres Abstraktionsvermögen und beinhaltet viel größere Fehlerquellen. Es gibt eine Reihe von Anwendern, die die infolge der einfachen Handhabung der Meisterzeichnung entstehende Variantenvielfalt durch organisatorische Maßnahmen wieder einschränken müssen.

Abb. 10 zeigt eine abgeleitete Variantenkonstruktionszeichnung die aus dem Definitionsblatt aus Abb. 9 entstanden ist. Grundsätzlich kann auch eine abgeleitete Variantenzeichnung als neue Meisterzeichnung für weitere Varianten dienen, da bei dieser Pro-

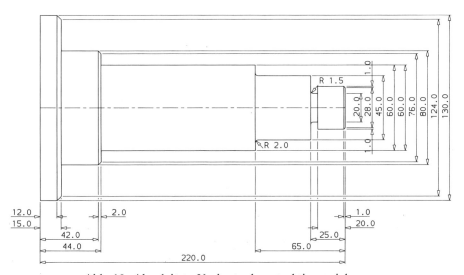

Abb. 10. Abgeleitete Variantenkonstruktionszeichnung

grammphilosophie kein formaler Unterschied zwischen der Meisterzeichnung und der abgeleiteten Zeichnung besteht.

Einige Regeln müssen allerdings auch bei der Erstellung der Meisterzeichnung eingehalten werden. Die Zeichnung muß eindeutig bemaßt sein, sonst kann der Rechner die neue Variante nicht erzeugen. Diese Forderung stellt allerdings auch der technische Zeichner, wenn er am Brett eine neue Variante aus der Meisterzeichnung ableiten will. Die gleiche Forderung stellt auch die Fertigungsabteilung, weil sie im anderen Fall die NC-Maschine nicht programmieren kann. Fehlen einzelne Maßzahlen, trägt das System selbstständig die Fehlermeldung in das Zeichenblatt an der Stelle der nicht bemaßten Punkte ein. Somit ist eine Korrektur, bzw. das Einsetzen der fehlenden Maße an der entsprechenden Stelle möglich. Ist eine Korrektur mehrdeutig bemaßt, so werden diese Warnungen und Fehlermeldungen ebenfalls wieder an die entsprechenden Punkte in der Zeichnung eingetragen. Auch hier kann die Korrektur wieder in einfacher Weise durchgeführt werden. Das Anschreiben von Fehlermeldungen direkt an den entsprechenden Geometriestellen ist ebenfalls ein nicht zu unterschätzender Vorteil. Beim programmorientierten Arbeiten kann sich eine Fehlermeldung immer nur auf eine Zeile im abstrakten Programm beziehen. Der Mensch selbst muß die Umsetzung zur graphischen Darstellung durchführen. Auch hier ergeben sich wieder eine Reihe von Fehlerquellen.

Läuft eine Variantenableitung formal durch, ist auch das Ergebnis sofort vom Konstrukteur auf seine Sinnhaftigkeit überprüfbar. Das CAD-System kann ja bei der Variantenerstellung nur formale Fehler überprüfen, nicht aber solche, die sich aus der Gesamtfunktionalität der Konstruktion ergeben. Diese ist ja meist nur dem Konstrukteur bekannt. Der Konstrukteur selbst kann allerdings an Stelle von Variablen auch Formeln oder Bedingungen an den Maßpfeilen anbringen. Wenn die Meisterzeichnung solche Informationen enthält, kann das System die Zeichnung auch hinsichtlich solcher Kriterien prüfen.

Eine weitere Möglichkeit, die sich aus dieser graphischen Vorgehensweise ergibt, ist die, ein Normblatt im klassischen Sinn zu erstellen. Das Normblatt wird graphisch interaktiv gezeichnet und enthält den zu variierenden Norm- oder Standardteil. Er wird vollständig vermaßt. Jene Größen die sich in Abhängigkeit von Normreihen verändern können, werden mit Variablen belegt, in dem die Zahlen mit entsprechenden Bezeichnungen überschrieben werden. Anschließend werden eine oder mehrere Tabellen auf das Blatt gebracht. Diese Tabellen enthalten die Veränderung in Abhängigkeit von bestimmten Kriterien oder Reihen. Sind diese Normblätter vollständig erstellt, werden sie in einer Bibliothek aufbewahrt. Sie können wie Unterprogramme benutzt werden. Mit Hilfe spezieller Programmbefehle wird der Geometrieinhalt, also der Normteil, in eine andere Zeichnung hineingeladen, wobei eine Zeile der entsprechenden Tabelle angegeben wird. Beim Ladevorgang in die neue Zeichnung wird automatisch die Tabelle ausgewertet und der Bauteil dieser Variante in die Zeichnung geladen.

Abb. 11 zeigt eine solche Teiledefinition als Normblatt. Abb. 12 zeigt ein Beispiel für die automatische Veränderung und das Laden eines solchen Teils aus dem Normblatt.

Um die Flexibilität dieses Vorganges noch zu erhöhen, können bestimmte Abstände auch in jenem Zeichenblatt durch Fadenkreuzstellung graphisch interaktiv definiert werden, wo der Bauteil hineingeladen wird. Manche Dimensionen ergeben sich ja rein konstruktiv aus der momentanen Aufgabenstellung.

Mit Hilfe dieser Vorgehensweise können aber nicht nur Varianten im klassischen Sinn erzeugt werden, sondern es kann auch Kinematik betrieben werden. Eine Bewegungssimulation ist im Grunde ja nichts anderes, als das Verändern bestimmter Winkellagen oder Dimensionen in einzelnen Schritten in Abhängigkeit von einem zeitlichen Ablauf. Will man etwa ein Koppelgetriebe untersuchen, genügt es im ersten Schritt einfach, die Struktur des Koppelmechanismus

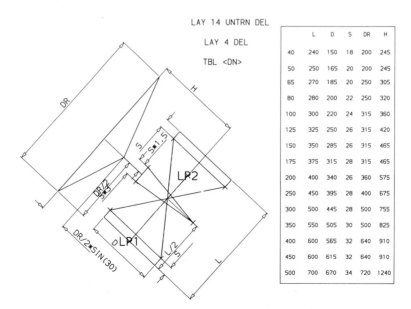

Abb. 11. Teiledefinition als Normblatt

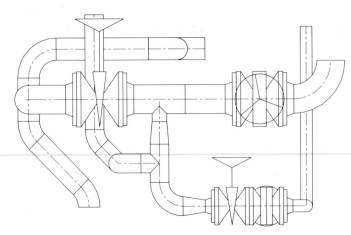

Abb. 12. Beispiele für automatische Veränderung eines Teiles aus dem „Normblatt"

graphisch interaktiv zu konstruieren. Anschließend werden jene Punkte markiert, die festgehalten werden sollen. Durch entsprechende Bemaßung von Längen und Winkeln werden die Dimensionen festgelegt. Verändert man nun die entsprechenden Winkel, in dem man sie als Variable gesetzt hat und anschließend in Abhängigkeit eines zeitlichen Ablaufes bringt, so erhält man den bewegten Vorgang. Werden bestimmte Randbedingungen während der Bewegungssimulation verletzt, trägt das System selbsttätig die Fehlermeldungen an den entsprechenden Stellen des Koppelgetriebes ein. Für komplexere Simulation können nun über die einfache Struktur die tatsächlichen Gebilde in das Blatt eingebracht werden. Dies kann mit Hilfe der Normblatt-Technik erfolgen die im vorigen Absatz beschrieben wurde. Anschließend wird auf die eben beschriebene Art und Weise verfahren. Da die Komplexität des zu verändernden Gebildes jetzt wesentlich höher ist, muß man mit größeren Rechen- und Bildaufbauzeiten rechnen. Deshalb empfiehlt es sich, für die grundlegenden Betrachtungen, zuerst ein einfacheres Getriebe mit gleicher Struktur zu verwenden.

Abb. 13 zeigt ein Beispiel aus der Kinematik.

Gewisse Randbedingungen wie senkrechte Winkel oder Tangentenbedingungen, die erhalten bleiben sollen, können in der Meisterzeichnung ebenfalls graphisch festgelegt werden.

In der Praxis hat sich diese Vorgehensweise besonders bewährt. Es scheint dies eine äußerst zukunftsträchtige Entwicklung zu sein, wenn sie auch nur von äußerst wenig am Markt befindlichen Systemen derzeit praktiziert wird.

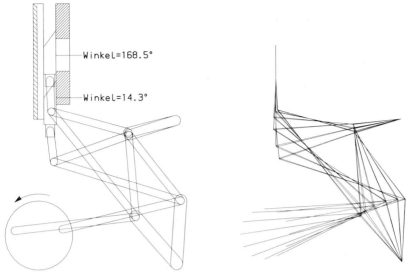

Abb. 13. Kinematik

3.4 Erstellung von Konstruktionen mit Hilfe von dreidimensionalen Systemen

Durch die Möglichkeit, mit Hilfe eines CAD-Systems und des Computers dreidimensional arbeiten zu können, ergeben sich völlig neue Perspektiven in der Konstruktionsweise. So vereinfacht wird es jedenfalls häufig dargestellt. Die Praxis zeigt, daß dreidimensionale Vorgehensweisen durchaus Vorteile bieten können, man muß sich jedoch mit ihnen durchaus kritisch auseinandersetzen.

Es werden zwar heute bei der Auswahl von Systemen vielfach die dreidimensionalen Möglichkeiten als Auswahlkriterien herangezogen, anschließend werden aber nur zweidimensionale Systembausteine bestellt. Als Begründung wird angegeben, daß man sich zukünftige Entwicklungstendenzen nicht verstellen möchte, heute aber doch beim zweidimensionalen Arbeiten bleiben will. Selbst Anwender, die durchaus mit dreidimensionalen Systemen arbeiten, setzen diese zu etwa 70% ausschließlich im zweidimensionalen Bereich ein.

Um diese Widersprüche besser erkennen zu können, soll dargestellt werden, in welcher Form ein Computerprogramm dreidimensionale Geometriedaten verarbeiten kann. Wie bereits in den vorangegangenen Abschnitten aufgezeigt, sind die eigentlichen Bedienungselemente auch beim dreidimensionalen Arbeiten rein zweidimensional flächenhaft. Der Konstrukteur oder Designer muß die

Eingabe seiner Vorstellungen auch mittels CAD flächenorientiert durchführen, auch das vom Rechner gelieferte Ergebnis sind wieder zweidimensionale Ansichten und Schnitte. Auch mit Hilfe des Rechners kann der Konstrukteur nicht wie ein Bildhauer an einem echt simulierten dreidimensionalen Abbild arbeiten und dieses verändern. Was der Rechner macht, ist, aus den entsprechenden Eingaben ein mathematisch dreidimensionales Modell aufzubauen und es in Form von Daten abzuspeichern. Dieses Modell kann vom Menschen aber nicht unmittelbar verarbeitet werden. Der Rechner selbst wertet diese Modelldaten aus und erzeugt die entsprechenden Ansichten, die sich der Mensch am Bildschirm ansehen kann. Das Erzeugen solcher Abbilder geht allerdings wesentlich rascher, als wenn der Mensch sie händisch konstruieren müßte. Damit werden Kontrollen leichter möglich. Ebenso ist das Verändern des Modells in vom Rechner selbständig erzeugten Ansichten oder Rissen durchaus realisierbar.

Dennoch sollte man sich bewußt sein, daß dreidimensionale Vorgehensweisen sowohl für den Menschen als auch für den Rechner eine Mehrbelastung darstellen. Es zeigt sich in der Praxis, daß es im Konstruktionsbereich eine Reihe von Anwendungsfällen gibt, in denen eine zweidimensionale Objektbeschreibung durchaus ausreicht. In solchen Fällen ist vor allem der für den Menschen sich ergebende Mehraufwand nicht gerechtfertigt. Man muß in diesem Zusammenhang aber auch den Informationsfluß zu anderen Abteilungen im Auge behalten. Es könnte sein, daß zwar für die Konstruktionsabteilung im engeren Sinn eine zweidimensionale Bauteilbeschreibung ausreicht, für andere Abteilungen jedoch nicht. Dennoch muß auch in solchen Fällen die Zweckmäßigkeit und das tatsächliche Erfordernis kritisch geprüft werden. Es wird vielfach behauptet, daß für die Fertigung eines Bauteils eine dreidimensionale Beschreibung unbedingt erforderlich sei. Ist diese vorhanden, so wird weiter argumentiert, könne das Teil automatisch gefertigt werden. Man vergißt dabei jedoch, daß für die Fertigung Werkzeugbahnen im Raum festgelegt werden müssen, der Konstrukteur aber nur die Oberflächen seines Bauteiles beschreibt. Die Technologiedaten müssen vom Arbeitsvorbereiter noch hinzugefügt werden. Es hat sich sowohl bei der programmäßigen Realisierung der Kopplung CAD und CAM, als auch beim Arbeiten hiermit beim Anwender gezeigt, daß dreidimensionale Rechnermodelle in vielen Fällen nicht erforderlich, in manchen sogar hinderlich sein können. Ein eigener Abschnitt wird sich mit dieser Problematik beschäftigen. Auch Berechnungen werden vielfach an vereinfachten Modellen durchgeführt. Die Information kann sich das Berechnungsprogramm vielfach leichter aus den Definitionen von Teilen in einzelnen Rissen herauslesen, als vom komplexen dreidimensionalen Modell.

In der Handhabung der Definition, also der Eingabe von dreidimensionalen Gebilden, gibt es heute noch sehr große Philosophieunterschiede. Diese aufzuzeigen und zu bewerten wird Aufgabe der beiden nächsten Abschnitte sein.

Die vom Rechner gelieferten Ansichten der Objekte können auf Wunsch unter Berücksichtigung der Sichtbarkeit, das bedeutet mit ausgeblendeten unsichtbaren Kanten, dargestellt werden. Auf Farbrasterbildschirmen können Objekte auch farbig unter verschiedenen Beleuchtungen betrachtet werden. Beide Darstellungsarten stellen aber hohe Anforderungen an die Rechnerleistungen. Es ist heute nicht möglich, solche Gebilde mit vertretbarem Aufwand in Echtzeit zu bewegen. Technisch wird dies in Zukunft mit eigenen Prozessoren in den Geräten realisierbar sein, doch wird die Entwicklung auf diesem Gebiet noch etwa drei bis fünf Jahre in Anspruch nehmen. Verzichtet man auf das Ausblenden der unsichtbaren Kanten, kann man das Objekt auch mit geringerer Rechnerleistung rasch bewegen, komplexere technische Gebilde sind aber, in dieser auch Drahtgitterdarstellung genannter Form, kaum mehr identifizierbar.

Ebenso sollte berücksichtigt werden, daß der vom Rechner selbsttätig gelieferte Schnitt oder die entsprechende Ansicht noch nicht die vollständige technische Zeichnung darstellt. Eine Reihe von Informationen muß noch eingetragen werden, die rein zweidimensionalen Charakter hat. Man denke an Maßtoleranzen, Bearbeitungsvorschriften, Zusammenbauanleitungen und weitere Informationen. Die technische Zeichnung, manchmal auch Sprache des Konstrukteurs genannt, ist eben viel mehr als das reine Festlegen von Geometrien. Deshalb kann sie auch nicht durch ein dreidimensional arbeitendes CAD-System ersetzt werden. Durch das Geometriemodell allein ist ein Bauteil noch nicht vollständig beschrieben. Der Mensch kann seine Zusatzinformationen aber nur dann einbringen, wenn er das Gebilde in einer Form vorliegen hat, die für ihn auch lesbar und verarbeitbar im weitesten Sinne ist. Selbst wenn ein Großteil der Informationen aus dem CAD-System automatisch herausgezogen und an andere Abteilungen weitergeleitet wird, ist die technische Zeichnung in lesbarer Form notwendig. Nur dann kann der Mensch selbst die weiteren Informationen zweckmäßig auswählen und dem System vermitteln. Es wurde bereits mehrfach erwähnt, daß etwa der Arbeitsvorbereiter vom besten CAD/CAM-System nicht ersetzt werden kann. Er kann aber nur dann richtige und günstige Technologiedaten auswählen und bereitstellen, wenn er den bisherigen Konstruktionsvorgang erkennen und nachvollziehen kann. Dazu benötigt er optisch die entsprechende Zeichnung.

Nach diesen durchaus kritischen Vorbemerkungen sollen Vorgehensweisen und Handhabungsarten von dreidimensionalen Systemen aufgezeigt werden.

3.4.1 Unterschiedliche Vorgehensweisen von dreidimensionalen Systemen

Wie bereits erwähnt, verwenden heutige CAD-Systeme durchaus unterschiedliche Vorgehensweisen und Handhabungen im 3 D-Bereich. Diese sollen in der Folge vorgestellt werden. Eine Bewertung derselben findet im nächsten Abschnitt statt.

Die vom Konstrukteur vertrauteste Vorgehensweise ist die rißorientierte Eingabe. Darunter soll aber nicht verstanden werden, daß der Konstrukteur wie bisher unabhängige Risse definiert, und der Rechner selbständig aus diesen Abbildern ein dreidimensionales Gebilde aufbaut. Diese Vorgehensweise würde etwa der Photogrammetrie entsprechen und sehr große Rechnerlaufzeiten benötigen. Weiters wäre immer die Gefahr gegeben, daß die so erzeugten Definitionen nicht eindeutig sind und der Rechner sie daher nicht verarbeiten kann. Diese Risse passen einfach nicht zusammen. Trotz der Rechnerfehlermeldungen könnte es aber dennoch recht schwierig sein, vom Menschen her die entsprechenden Korrekturen durchzuführen. Vielmehr wird die im folgenden beschriebene Vorgehensweise einschlagen.

Auf der zweidimensionalen Zeichenfläche des graphischen Bildschirms legt der Konstrukteur, mit den vom zweidimensionalen Konstruieren bekannten Hilfsmitteln, einzelne Risse in Form von Begrenzungen fest. Die Bedeutung der einzelnen Risse kann mit Hilfe von Symbolen definiert werden. Ihre Anzahl kann durchaus verschieden sein. Nun werden in einem Riß bevorzugte Konturen des Bauteiles erzeugt. Bei einem plattenförmigen Gebilde kann das die Außenkontur sein. Bei einem rotationssymetrischen Gebilde die Achse und die dazugehörige Kontur. Durch Zusammenfassen der zu einem Bauteil gehörenden Konturen bzw. Achsen durch eine Hilfslinie und die Angabe der Tiefe oder Lage in einem weiteren Riß, wird der Bauteil vollständig definiert. Weitere Angaben, zum Beispiel Hinweise, welche Ansichten unter Berücksichtigung der Sichtbarkeit dargestellt werden sollen, können in Form von Befehlstexten am Blatt notiert werden. Dies hat den Vorteil, daß bei wiederholten Läufen oder Änderungen des Modells die entsprechenden Befehle gemeinsam mit allen Blattinformationen abgespeichert werden. Aus dieser Information kann ein eigener Systembaustein ein dreidimensionales Modell generieren und im Hintergrund ablegen. Dieses Modell kann Ausgangspunkt für weitere Berechnungen darstellen. Es können einerseits Volumina, Gewichte, Schwerpunkte und Trägheitsmomente ermittelt werden, andererseits selbstverständlich die für den Konstruktionsprozeß notwendigen Ansichten und Schnitte. Letzteres geschieht durch einen weiteren Systembaustein. Die entsprechenden Ansichten können in zweidimensionaler Form wieder in das Rechnerzeichenblatt zurückgeladen werden. Dort sind sie für den Konstrukteur so vorhanden, als ob er sie selbst gezeichnet hätte. Er kann die so entsprechenden Geometrien weiter bearbeiten und zur technischen Zeichnung ergänzen. Selbstverständlich können auch Korrekturen in den vom Rechner selbsttätig erzeugten Ansichten oder Schnitten durchgeführt werden. Diese Korrekturen können als Eingabe für die entsprechende Modellkorrektur dienen. Natürlich können auf diese Art nicht nur plattenförmige oder rotationssymmetrische Gebilde erzeugt werden. Regelflächen werden durch Angabe der Kontur in zwei Ebenen definiert. Profile können entlang von auch räumlich gekrümmten Leitlinien wandern. Räumliche Kurven können durch Angabe von Linien in zwei zusammen gehörigen Rissen festgelegt werden. Durch Angabe von Schnittlinien oder Profilen in mehreren Ansichten können beliebig geformte Gebilde gestaltet werden. Zwischen den so festgelegten Profilen interpoliert der Rechner selbsttätig die entsprechenden Flächen.

Abb. 14 zeigt ein auf diese Art erstelltes Definitionsblatt, Abb. 15 die daraus vom Rechner selbsttätig ermittelte Zeichnung.

Eine völlig andere Vorgehensweise ist jene, daß vom Rechner eine Reihe von Basisbausteinen zur Verfügung gestellt werden. Solche Elemente können Quader, Pyramiden, Kegel, Kugel, elliptische Gebilde oder ähnliches sein. Der Konstrukteur fügt diese Elemente ähnlich wie bei einem Holz- oder Steinbaukasten zum fertigen Bauteil zusammen. Dieses Zusammenschieben kann nun entweder graphisch optisch in bevorzugten Ebenen, oder auch in Schrägrissen durch Angabe bevorzugter Richtungen geschehen. Eine weitere Möglichkeit ist das Zusammenfügen durch Angabe bestimmter Punkte oder Koordinaten. Letztere Vorgehensweise ist aber bereits recht abstrakt. Eine mehrfach abgesetzte Welle mit entsprechenden Übergängen und Kerben, also ein noch recht einfacher Maschinenteil, muß bei dieser Philosophie durch Einanderfügen von einer Reihe von Zylinderelementen mit unterschiedlichen Durchmessern erzeugt werden. Anschließend werden die Rundungsübergänge und die Kerben, ebenfalls durch eigene Elemente repräsentiert, in den Bauteil integriert. Bei der zuerst beschriebenen Vorgangsweise legt

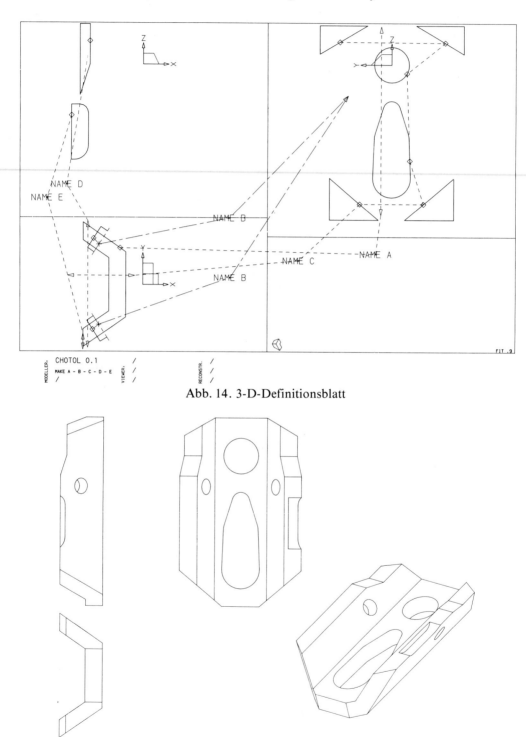

Abb. 14. 3-D-Definitionsblatt

Abb. 15. Automatisch erstellte Zeichnung eines 3-D-Systems

der Konstrukteur die Rotationsachse und die entsprechend durch einen einzigen Linienzug geformte Kontur fest.

Andere Verfahren versuchen, im Rechner befindliche Grundkörper durch mathematische Verfahren zu verändern. Solche Methoden stellen verschiedene Interpolations- und Approximationsalgorithmen dar. Man kann etwa durch Vorgabe bestimmter Gewichtsparameter an bestimmten Stellen eines Gebildes Kanten erzeugen, an anderen Stellen Übergänge abflachen und somit den Gesamteindruck verändern. Dadurch entsteht der Eindruck, eines freien Formens und Modellierens am Gebilde.

Neben diesen unterschiedlichen Modellaufbau-Philosophien gibt es noch unterschiedliche Handhabungen. Wird die Gebildedefinition im zweidimensionalen Bereich durchgeführt und daraus das Modell erzeugt, spricht man von batchorientierten Modellerzeugungsvorgängen. Bei anderen Systemen wird zwar optisch auch im zweidimensionalen Bereich das Modell geändert, der Rechner korrigiert aber sofort bei jeder Eingabe das dreidimensionale Modell und damit auch die Ansichten. Man spricht vom interaktiven Modelliervorgang. Bei letztgenannten Systemen können Punkte auch in Schrägrißdarstellungen verschoben werden. Bei technischen Konstruktionen spielt dies in der Praxis aber nur eine untergeordnete Rolle, da der Konstrukteur die Funktionalität in bevorzugten Ansichten kontrollieren muß. Weitere Vor- und Nachteile dieser beiden Philosophien werden im nächsten Abschnitt aufgezeigt.

Drei unterschiedliche Arten von Modellen können von CAD-Systemen erzeugt werden: Man nennt sie Drahtgitter- Oberflächen- und Volumenmodelle. Bei Drahtgittermodellen werden nur die Körperkanten im Rechner festgehalten. Es gibt im Rechner keine Information darüber, welcher Gestalt die Flächen zwischen den Kanten sind oder wo sich Materie befindet. Es können bei solchen Modellen auch keine Ansichten unter Berücksichtigung der Sichtbarkeit ermittelt werden. Der Computer kann solche Modelle und deren Ansichten allerdings sehr rasch und mit geringem Aufwand erzeugen. Oberflächenmodelle legen bereits die Form der Fläche fest und stellen sie bei beliebiger Form durch entsprechende Gitter optisch dar. Es ist bei solchen Modellen auch möglich, die unsichtbaren Kanten auszublenden. Solche Modelle wissen allerdings noch nicht, wo sich Materie befindet. Sie können nicht feststellen, ob ein Gebilde hohl oder voll ist. Damit können keine eindeutigen Schnittdarstellungen generiert werden. Das Volumenmodell behebt auch diese Mängel und beschreibt das echte physikalische Bauteil vollständig.

Welche Modellarten erzeugt werden, hat grundsätzlich nichts mit der Erzeugungs- oder Handhabungsphilosophie zu tun. Ebenso die Verwendung von sogenannten booleschen Verknüpfungen, die aber nur bei Volumenmodellen möglich ist. Darunter versteht man, daß mehrere Teile zu einem einzigen Gebilde fest verbunden werden können. Es gibt drei verschiedene Verknüpfungsarten. Unter Addition versteht man, daß zwei sich mit ihrem Volumen durchdringende Teile zu einem einzigen werden. Unter Subtraktion versteht man, daß das abgezogene Teil im Ausgangsteil ein Loch erzeugt. Durchdringt etwa ein Zylinder eine Platte vollständig und wird der Zylinder von der Platte abgezogen, so entsteht eine Platte mit einem zylinderförmigen Loch. Mit Hilfe dieser Technik kann man den spanabhebenden Vorgang durch Werkzeuge von Rohteilen simulieren. Infolge dieser Praxisbezogenheit wird diese Vorgangsweise vom Konstrukteur auch gerne angenommen. Die letzte, noch fehlende Verknüpfungsweise ist die Bildung der Schnittmenge. Das Ergebnis ist ein Teil, das aus dem gemeinsamen Volumen zweier sich durchdringender Gebilde entsteht. Es gibt hiefür eine sehr realistische Deutung. Legt man zwei plattenartige Gebilde in aufeinander senkrecht stehenden Rissen mit entsprechend großer Tiefe fest, und führt anschließend eine Durchschnittsverknüpfung durch, so ist das Ergebnis ein Bauteil, wie es der Konstrukteur durch Angabe der Konturen in eben diesen Rissen gewohnt ist, festzulegen. Man kann also die Durchschnittsverknüpfung zum Konstruieren der Konturen in zwei zusammengehörigen Rissen verwenden.

Einmal bevorzugte Modelle können selbstverständlich beliebig oft vervielfältigt oder in unterschiedlichen Szenen neuerlich zusammengestellt werden. Durch diese Vorgangsweise wird es möglich, Zusammenstellungs- oder Explosionszeichnungen mit geringem Aufwand herzustellen. Solche Szenen können nun aus beliebigen Blickwinkeln dargestellt werden. Auch perspektive Ansichten sind möglich. Besonders eindrucksvoll sind vielfärbig schattierte Darstellungen. Die Einsatzgebiete solcher Möglichkeiten sind Inhalt des nächsten Abschnittes.

3.4.2 Bewertung der Vorgehensweisen aus Anwendersicht

Obwohl die Tendenz bei der Vielzahl der heutigen CAD-Systeme in die Richtung des mit mathematischen Funktionen ausgestatteten interaktiven Modellierprozesses geht, hat sich in der Praxis die rißorientierte Handhabung verbunden mit batchorientiertem Modelliervorgang sehr bewährt. Dies entspricht der zuerst beschriebenen Vorgehensweise im letzten Abschnitt. Der Grund dafür liegt darin, daß diese Handhabungsart der heutigen Denkweise des Konstrukteurs sehr entgegenkommt. Weiters können auch Zeichnungen, die zuerst nur für zweidimensionale Vorgehensweise geplant waren, als Definition für dreidimensionale Gebilde herangezogen werden. Die Definition erfolgt ja im zweidimensionalen System. Dies ermöglicht auch den rein zeichnerischen Einstieg in CAD und den nahtlosen Übergang zum dreidimensionalen Bereich zu einem späteren Zeitpunkt. Da auch in diesen Fällen vom Rechner Volumenmodelle erzeugt werden können, sind Ansichten unter Berücksichtigung der Sichtbarkeit oder in Farbschattierungsdarstellung genauso möglich, wie die Verwendung von Booleschen Verknüpfungen. Die vom Rechner gelieferten Ansichten oder Schnittdarstellungen können vom 2 D-System in gewohnter Weise weiter bearbeitet werden. Auch das Interpretieren der so entstehenden technischen Zeichnung durch weitere Programme und die Weiterleitung der Daten an andere Abteilungen geschieht auf gleiche Weise, wie im zweidimensionalen System. Es ist auch auf diesem Gebiet ein nahtloser Übergang von 2 D zu 3 D möglich.

Auch in Verbindung mit heutigen Rechenanlagen und deren Kapazität bietet diese Vorgangsweise Vorteile. Definition und Konfektionierung der entsprechenden Bauteile erfolgen, wie bereits öfter erwähnt, rein zweidimensional. Damit wird während des Kommunikationsvorganges Mensch Rechner wenig Last auf den Computer gebracht, die Antwortzeiten werden auch bei relativ kleinen Anlagen sehr kurz. Es können eine Reihe von Änderungen oder Definitionen hintereinander durchgeführt werden. Erst dann wird der Modellgenerierungs- oder Änderungsprozeß in Gang gebracht, der allerdings bei komplexen Gebilden doch etwas längere Zeit in Anspruch nehmen kann. Unter „längerer" Zeit sind hier etwa 20 bis 30 Sekunden zu verstehen. Tatsächlich lang kann der Rechnervorgang zur Ermittlung der unsichtbaren Kanten dauern. Er ist natürlich abhängig von der Komplexität des Bauteils und von der Anzahl der gleichzeitig angeforderten Ansichten und Schnitte. Hier können durchaus Laufzeiten von einigen Minuten erforderlich werden. Der Konstrukteur kann aber die Anzahl und die Darstellungsart der Ansichten beeinflussen und somit kurzzeitig nur bestimmte Darstellungen anfordern. Für den Menschen ist es ergonomischer, etwa zehn Korrekturen in sehr kurzer Zeit durchzuführen, um anschließend auch zehn Minuten zu warten und andere Tätigkeiten durchführen zu können, als etwa diese zehn Schritte in Minutenintervallen exekutieren zu müssen.

Abb. 14 zeigt eine Definitionszeichnung für ein dreidimensionales Gebilde, daß dieser Philosophie folgt. Abb. 15 zeigt das daraus entstehende Ergebnis. Abb. 16 zeigt eine Zusammenstellungszeichnung. Die einzelnen Bauteile wurden getrennt erzeugt. Durch An-

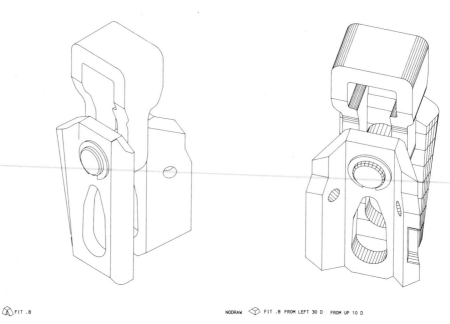

Abb. 16. Zusammenstellungszeichnung

gabe von Ladesymbolen in den einzelnen Rissen der Zusammenstellungszeichnung und Definition der Tiefe durch eine mit Pfeil versehene Linie in einem weiteren Riß kann der Rechner diese erzeugen. Abb. 17 zeigt eine Explosionszeichnung. Sie entsteht einfach dadurch, daß die Ladepunkte der Symbole oder Pfeilspitzen der Definitionslinie in den entsprechenden Rissen verschoben werden.

Systeme, die einen sogenannten interaktiven Modelliervorgang erlauben, müssen von vorneherein eine dreidimensionale Datenstruktur besitzen. Dies bedeutet, daß wenn im Grunde auch zweidimensional gearbeitet wird, der Rechner eine dritte Koordinate mit-

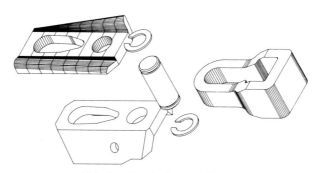

Abb. 17. Explosionszeichnung

führt, was die Datenmenge, die abgelegt wird, entsprechend vergrößert. Auch die Manipulationsvorgänge bringen naturgemäß mehr Last auf den Computer. Dieser Mechanismus ist aber notwendig, um beim Ändern eines Punktes an einem dreidimensionalen Gebilde sofort die Änderung am Modell durchführen zu können. Es wird in diesem Fall nicht nur die zweidimensionale Definition geändert und später erst das Modell rekonstruiert, sondern sofort der entsprechende Punkt mit den drei Koordinaten verschoben. Diese Korrektur wird in alle, sich gleichzeitig am Bildschirm befindlichen Rissen auch optisch angezeigt. Dies bedeutet, daß, wenn Darstellungen unter Berücksichtigung der Sichtbarkeit verwendet werden, in all diesen Ansichten die kompletten Eleminationsvorgänge für die unsichtbaren Kanten nochmals überprüft werden müssen. Dieser Vorgang stellt, wie bereits erwähnt, sehr hohe Anforderungen an die Rechnerkapazität. Die Folge ist, daß, entweder teure Großrechenanlagen verwendet werden müssen, oder aber die Antwortzeiten entsprechend lange werden. Verzichtet man auf Darstellung unter Berücksichtigung der Sichtbarkeit, kann bei sehr komplexen Gebilden, und solche werden in der Praxis die Regel und nicht die Ausnahme sein, der Anwender Probleme mit der richtigen Identifizierung des Gebildes bekommen. Durch die langen Antwortzeiten entsteht ein sehr unergonomischer Arbeitsvorgang. Das Verschieben von Punkten im Raum in Schrägrißdarstellungen oder gar Perspektiven, ist ein guter Vorführeffekt, spielt aber in der Praxis bei technischen Konstruktionen nur eine untergeordnete Rolle. Der Konstrukteur muß in vorgezeichneten Ebenen die Konstruktion auf ihre Funktionalität prüfen. Er muß hier auch optisch visuell Abstände unverzerrt erkennen können. Der Konstrukteur denkt ja in visuellen Relationen und nicht in digital abstrakten Zahlen.

Ähnliche Probleme entstehen auch bei der Verwendung von mathematsichen Verfahren zur Veränderung von Bauteilgeometrien. So groß der Effekt bei Vorführungen ist, aus Quadern Ellipsoide oder spindelförmige Körper zu modellieren, wobei nur zwei oder drei Gewichtsparameter zu verändern sind, so gering ist auf vielen technischen Gebieten ein solcher Nutzen. Die entstehenden Formen können meist nicht an ganz bestimmte geometrische Randbedingungen angepaßt werden. Der Konstrukteur verlangt aber, daß in einer bestimmten Randzone, etwa zwischen Flächen, ein Spalt entsteht, der ganz konkreten Funktionen zugeordnet werden kann. Anwendungsgebiete für solche Verfahren könnten künstlerische Aufgabenstellungen oder Industrial Design sein. Hier kommt es mehr auf die optisch kontrollierbare Form als auf tausendstel Millimeter genaue Punkte an.

Anders liegt der Fall, wenn die entsprechenden Flächen auf Grund ihrer Funktionalität durch mathematische Algorithmen erzeugt werden können. Ich denke hier etwa an Tragflügelprofile, die durch das mathematische Verfahren der Quellbelegung entstehen können. Solche Algorithmen stellen allerdings bereits spezielle Applikationen dar und sind in allgemein anwendbaren CAD-Systemen nicht verfügbar.

Ebenso ist die Notwendigkeit von vielfarbigen Darstellungen, so faszinierend sie auch sein mögen, heute noch umstritten. Die Abb. 18–20 sind Beispiele für solche Möglichkeiten. Auf künstlerischem Gebiet oder im bereits erwähnten Industrial Design werden solche optischen Darstellungsmöglichkeiten sehr wohl eine große Rolle spielen. Gleiches gilt für Filmsimulationen. Das fällt aber nicht in das Gebiet des Computer Aided Design. Für die klassische Konstruktion im technischen Bereich sind solche Darstellungen willkommene „Abfallprodukte", die in Prospektmaterial Verwendung finden können. Für die technische Kontrolle oder Interpretation des Bauteiles selbst, können sie wohl kaum herangezogen werden.

Wie bereits erwähnt, enthält eine technische Zeichnung wesentlich mehr Information. Die Art, in der solche Hinweise und Mittei-

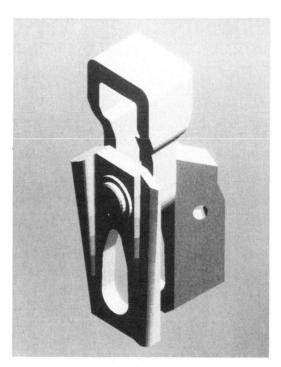

Abb. 18. Schattierte Farbdarstellung eines Gebildes

3.4 Erstellung von Konstruktionen mit Hilfe dreidimensionaler Systeme

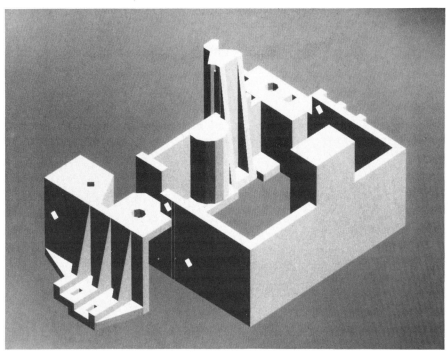

Abb. 19. Schattierte Farbdarstellung eines Gebildes

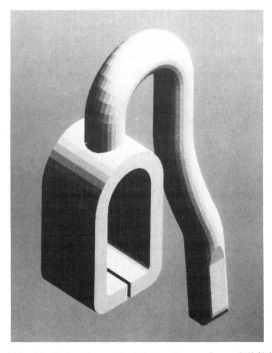

Abb. 20. Schattierte Farbdarstellung eines Gebildes

lungen vom Konstrukteur in zum Teil symbolhafter Weise festgelegt werden, ist auch nicht zufällig entstanden. Sie kann auch nur zum geringen Teil mit dem Fehlen bestimmter Möglichkeiten in Zusammenhang gebracht werden. Genauso, wie es sinnlos wäre, durch Computertechnik und Videofilm die Schriftzeichen und damit Bücher abschaffen zu wollen, genauso unsinnig wäre es meiner Meinung nach, die technische Zeichnung als Kommunikationsmittel zum Menschen verwerfen zu wollen. Der Rechner muß in der Lage sein, dieses im Grunde zweidimensionale Produkt in einer dem Menschen gerechten, lesbaren Form zu erzeugen. Ich halte in diesem Zusammenhang nicht sehr viel von Aussagen, wie „Der Konstrukteur wird vollständig umlernen müssen". Selbstverständlich wird es eine gewisse gegenseitige Beeinflussung durch die neuen Möglichkeiten und durch die klassische Vorgangsweise des Konstrukteurs geben. Umgekehrt müssen sich aber auch die Systeme selbst an menschliche Randbedingungen und Anforderungen anpassen. Gerade für 3 D-Systeme gelten solche Überlegungen in sehr hohem Maße. Durch die hohen mathematischen Anforderungen auf diesem Gebiet liegt die Versuchung nahe, daß der Systementwickler mehr auf geniale Lösungsmethoden, als auf ihren handfesten praktischen Bezug Rücksicht nimmt. Hier wird in Zukunft der Anwender durch entsprechende Auswahl von Systemen und Funktionen einen entscheidenden Beitrag für zukünftige Entwicklungstendenzen leisten.

3.5 Informationseinbringung und Informationsweiterleitung

Wie bereits in der Einführung aufgezeigt, stellt das bisher behandelte CAD-System im engeren Sinn kein Programmsystem dar, das ein Eigenleben führt, sondern es ist im Zusammenhang mit anderen Programm-Modulen zu sehen. Abb. 1 zeigt das Zusammenspiel der einzelnen Programmbausteine im integrierten Gesamtsystem. Es können eine Reihe von Daten in das eigentliche CAD- System eingebracht werden. Von noch größerer Bedeutung ist allerdings der Datenfluß, der vom CAD-System in verschiedene andere Bereiche weitergeleitet wird. Abb. 21 soll einen Überblick über diesen Informationsfluß geben. Da im CAD-System die meisten menschlichen Eingriffe durchgeführt, die wesentlichen Entscheidungen getroffen und die funktionell konstruktiven Merkmale festgelegt werden, ist dieser Baustein als zentrale organisatorische Drehscheibe anzusehen. Daher werden von ihm auch die entsprechenden Daten verwaltet. Wie bereits mehrfach erwähnt, soll die in Form einer Datenbankdatei im Rechner abgelegte Zeichnung ein Bauteil nicht nur

3.5 Informationseinbringung und Informationsweiterleitung

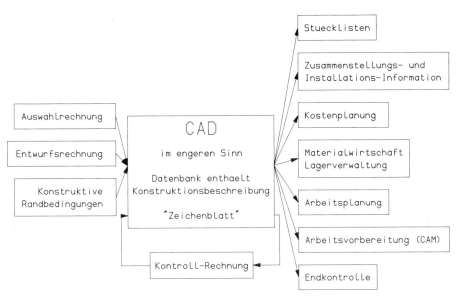

Abb. 21. Informationsfluß (Blockdiagramm)

hinsichtlich seiner Geometrie vollständig beschreiben. Daher ist es gerechtfertigt, von Datenverarbeitung und Datenaufbereitung vor dem CAD-System und einer solchen nach diesem Baustein zu sprechen.

3.5.1 Notwendigkeit des computerunterstützten Informationsaustauschs Konstruktion andere Abteilungen

Zum besseren Verständnis soll kurz der Produktentstehungsprozeß aufgezeigt werden. Die Marktforschung zeigt die Notwendigkeit der Entwicklung neuer Produkte auf, oder erkennt die vom Anwender geforderten Tendenzen in der Funktionalität für die Weiterentwicklung von bestehenden Erzeugnissen. Es werden die Randbedingungen für die eigentliche Konstruktion festgelegt. Der Konstruktionsprozeß selbst ist wieder ein interaktiver Vorgang. Er kann in Entwurfs- und Detaillierungsaufgaben unterteilt werden. In einzelnen Entwurfsschritten tastet man sich zu einem gesamten Konstruktionskonzept vor. In dieser Entwurfsphase werden auch häufig Berechnungen durchgeführt. Nicht immer werden solche Aufgaben von ein und derselben Person wahrgenommen. Bei komplexen Systemen werden etwa Berechnungen von Spezialisten in eigenen Abteilungen durchgeführt. Der Konstrukteur korrigiert und ändert seinen Entwurf auf Grund solcher Ergebnisse. Ist das Konstruktionskonzept im wesentlichen erstellt, beginnt die mühsame Aufgabe, die einzelnen Details vollständig festzulegen. Dies muß unter Berücksichtigung einer Reihe von Firmengegebenheiten erfolgen. Norm- und Firmenstandards sind zu berücksichtigen. Einflüsse der Fertigung oder Zulieferfirmen durch spezielle Maschinenausstattungen sind zu beachten. Um Lagerhaltung und damit verbundene Kosten möglichst gering zu halten, soll man sich mit möglichst wenig und gleichartigen Zulieferteilen begnügen. Viele in der Konstruktion festgelegte Daten müssen der Produktionsplanung und Arbeitsvorbereitung für die Fertigung weitergereicht werden. Für Angebotswesen und Kostenvorschläge sind eine Reihe von Daten gezielt aus dem System herauszulesen. Anschließend an die Fertigung muß die Qualitätskontrolle auch auf in der Konstruktion festgelegte Größen zurückgreifen können.

Heute werden diese Informationen vielfach in klassischer Form durch Karteikarten auf Papier oder entsprechende Listen weitergereicht. Das größte Problem stellt dabei das Halten der abteilungsbezogenen Karteischränke auf dem letzten Stand dar. Durch Verzögerungen im Informationsfluß kann es vorkommen, daß verschiedene Abteilungen auf unterschiedliche Informationen zurückgreifen und dadurch zu falschen Ergebnissen gelangen.

Mit Hilfe des Computereinsatzes kann nicht nur der Datenfluß straffer und gezielter organisiert werden, sondern die einzelnen Abteilungen greifen auf den letzten Stand der entsprechenden Daten zu. Das sogenannte „Updaten", also das „Auf-den-letzten-Stand-Bringen" von Datenbanken und Bibliotheken kann rechnergesteuert erfolgen. Dadurch können Störungen im Informationsfluß nur bei Geräteausfall entstehen.

Diese Vorgangsweise bedeutet nicht notwendigerweise, daß alle Abteilungen aus einer einzigen Datenbank bedient werden. Es kann organisatorisch auch so durchgeführt werden, daß sehr wohl einzelne Abteilungen auf eigenen Rechnern Datenbanken dergestalt besitzen, die ihren Anwenderanforderungen entsprechen. Die Übergabe der Daten geschieht aber mittels Rechnerleitung und von entsprechenden Computerprogrammen gesteuert. Damit kann der Zeitpunkt des Updating genau festgelegt werden. Man ist sich sicher, wenn die Konstruktion eine technische Zeichnung freigegeben hat, daß am nächsten Tag diese sowohl der Produktionsplanung als auch der Arbeitsvorbereitung in der letzten Version vorliegt. Wenn die Lagerverwaltung entpsrechende Änderungen in ihrem Konzept vornimmt, greift der Konstrukteur sofort auf den entsprechend neuen Bestand zu.

Das Auf-den-letzten-Stand-Bringen der einzelnen Datenbanken

für die unterschiedlichen Abteilungen geschieht häufig in der Nacht. Große zentrale Datenbanksysteme, auf die alle Abteilungen zurückgreifen, haben den Vorteil, daß verschiedene Informationen nicht mehrfach im gesamten Firmensystem vorhanden sind. Man spricht von Vermeidung von Redundanzen. Andererseits werden solche Systeme bei immer größer werdenden Datenmengen träge. Vor allem werden Informationen verändert, die zum Teil nur lokalen Charakter haben. Es wäre zum Beispiel nicht zweckmäßig, den Dateninhalt einer technischen Zeichnung ständig in einer solch riesigen zentralen Datei zu bewahren. Der Konstrukteur ändert ja während seines Entwurfsvorganges fast ununterbrochen. Sinnvoller ist es, wenn das CAD-System für den lokalen Gebrauch eine eigene Datenbank besitzt, und erst nach dem die technische Zeichnung frei gegeben wurde, diese einem zentralen Datenbanksystem übergeben wird. Ähnliches gilt auch für andere Abteilungen. Daraus folgt, daß es durchaus sinnvoll ist, abteilungsorientierte Datenbanken auch auf verschiedenen Rechnern anzulegen. Eine zentrale Datenbank hat den Charakter eines Archivs. Der Rechner, auf dem ein solches System läuft, ist die zentrale Schaltstelle zur Koordinierung des Datenflusses zu den Systemen in den einzelnen Abteilungen.

Es gibt durchaus eine Reihe kleinerer Anwendungsfälle, bei denen auf ein zentrales Archivierungskonzept wie eben besprochen verzichtet werden kann. In solchen Fällen ist es von besonderer Bedeutung, daß die Datenkommunikation zwischen den einzelnen Abteilungssystemen programmtechnisch gesteuert und gesichert aufrecht erhalten wird. Man sucht sich bei Bedarf die Informationen aus den entpsrechenden Datenbanken gezielt heraus. Ein solcher Vorgang wird auch häufig bei der klassischen Vorgangsweise benutzt. Man weiß, daß bestimmte Informationen von bestimmten Abteilungen verwaltet werden und in deren Dateischränken zu finden sind.

3.5.2 Weiterleitung von Informationen

Nach dem Aufzeigen der Notwendigkeit eines computerunterstützten Informationsflusses, soll dieser im Detail behandelt werden. Unter Weiterleitung von Informationen wird verstanden, daß Daten, die der Konstrukteur mit dem CAD-System im engeren Sinn festgelegt hat, an andere Abteilungen geleitet werden sollen. Eine Grundvoraussetzung für diese Vorgangsweise ist, daß das CAD-System in der Lage ist, logische Strukturen während des Konstruktionsvorganges festlegen und verarbeiten zu können. Bereits in der

Einführung wurde auf die besondere Bedeutung dieser Funktionalität hingewiesen. Es geht ja nicht nur darum, Zahlenwerte an ein anderes Programm zu übergeben. Es müssen vorerst die richtigen Zahlen aus einer Vielfalt von Daten herausgesucht werden. Dies entspricht einem Interpretationsvorgang. Ein sogenanntes Schnittstellenprogramm, das die Verbindung zwischen dem CAD-Baustein und anderen Programmsystemen herstellt, organisiert nicht nur den Datenfluß, wie vielfach behauptet wird, sondern muß eben diesen Interpretationsvorgang nachvollziehen. Gemäß der Aufgabenstellung kann dieser durchaus komplex sein. Für die Interpretation ist es aber von besonderer Bedeutung, wenn innerhalb der Datenmenge, die die technische Zeichnung repräsentiert, die notwendigen logischen Verbindungen und Zusammenhänge einfach erkannt werden können.

An Hand einiger Fälle, die von allgemeiner Bedeutung sind, soll diese Vorgangsweise erläutert werden. Grundsätzlich sei bemerkt, daß die Art des Informationsflusses in allen Fällen vom Anwender beeinflußbar sein muß. Dies sollte über Konfigurations- oder Adaptierungs-Tabellen erfolgen. Nur so ist die Flexibilität gewährleistet, die der Anwender vom System erwartet. Es gibt keine zwei Firmenorganisationen, die Informationen auf gleiche Art und Weise verarbeiten. Computersysteme sollten sich aber nach Anwenderanforderungen richten und nicht gesamtorganisatorische Konzepte von Haus aus in Frage stellen. Selbstverständlich gibt es in der Praxis immer eine gegenseitige Beeinflussung zwischen den Möglichkeiten und der tatsächlich bestehenden Organisation. Die Computertechnik eröffnet neue Gesichtspunkte und deshalb werden sich im Laufe der Zeit auch Organisationsformen entsprechend ändern.

Die automatische Generierung von Stücklisten aus der Zeichnungsinformation ist ein in der Praxis sehr häufiger Anwendungsfall. Vorteil ist neben dem großen Zeitgewinn auch die Sicherheit, daß beim Erstellen der Liste keine Fehler auftreten. Falsche Informationen sind bereits in der Zeichnung enthalten. Es soll nun die Vorgehensweise skizziert werden. Sie gilt nicht nur für die Erstellung von Stücklisten, sondern auch Listen anderer Art, wie etwa Maßanzüge, Verbindungslisten, Klemmlisten in der Elektrotechnik, oder Informationslisten über hydraulische Schemapläne, usf.

Ein eigener Programmteil des Listengenerators hat die Aufgabe, die Zeichnung gezielt nach entsprechenden Informationen abzusuchen. Dies werden in erster Linie Texte sein, die in Form von Positionsnummern bestimmten Werkstücken zugeordnet sind, oder Werkstoffhinweise, Normbezeichnungen und ähnliches mehr. Solche Texte können auch in Form von Tabellen am Blatt zusammen-

3.5 Informationseinbringung und Informationsweiterleitung

gefaßt sein. Es ist aber auch möglich, bestimmte geometrische Größen direkt aus der Zeichnung abzulesen. Will man Toleranzen verarbeiten, muß der Text in der Maßzahl einem bestimmten Teil einer Kontur logisch zugeordnet werden können. Nach welchen Informationen gesucht werden soll, muß der Anwender mit Hilfe von Befehlen oder Konfigurationstabellen beeinflussen können. Diese Größen werden entsprechend bestimmter Formate, die ebenfalls der Anwender festlegen kann, abgespeichert. Diese Information kann nun direkt an andere Programmsysteme, die etwa den Produktionsablauf steuern, weitergeleitet werden. Solche Programme können auch durchaus auf anderen Rechenanlagen laufen. Eine weitere Möglichkeit ist, diese Information mit einem weiteren Teil des Listengenerators zu verarbeiten. Es kann die Information nach bestimmten Kriterien sortiert werden. In bestimmten Teilen übereinstimmende Informationen können zusammengezogen und aufsummiert werden. Dies ist vor allem bei Stücklisten von Bedeutung. Das System kann erkennen, daß etwa fünf gleichartige Teile gefunden wurden, und diese durch eine einzige Information ausweisen. Durch Angabe bestimmter Formate und Zusatzinformationen kann das optische Bild einer Liste vereinbart werden. Sortierkriterien, Formate und ähnliche zur Listenerstellung notwendige Funktionen sollen wieder vom Anwender beeinflußbar sein. Damit können Listen erstellt und Informationsflüsse aufgebaut werden, wie sie einer bestimmten Firmenorganisation entsprechen. Die Beeinflussung durch den Benutzer bedeutet natürlich nicht, daß bei jedem Listenerstellungslauf derjenige, der ihn abruft, ununterbrochen Änderungen vornimmt. Es bedeutet vielmehr, daß im Rahmen einer Firmenorganisation vom Systembetreuer für einen längeren Zeitraum eine bestimmte Adaptierung festgelegt wird. Der einzelne Anwender sollte diese nicht ändern können.

In der Praxis zeigt sich, daß bei flexiblen CAD-Systemen, die technische Adaptierung solcher Listengeneratoren in sehr kurzer Zeit durchgeführt werden kann. Einen wesentlich größeren Zeitraum nimmt erfahrungsgemäß das Erfassen der organisatorischen Randbedingungen innerhalb eines Betriebes ein. Hier müssen eine Reihe von Abteilungen koordiniert werden. Es muß in Erfahrung gebracht werden, welcher Aufgabenbereich welche Informationen tatsächlich benötigt. Andere Informationen müssen aus Datenschutzgründen geheim gehalten werden. Während solche firmeninternen Koordinationsvorgänge durchaus Wochen in Anspruch nehmen können, ist die anschließende technische Realisation in einigen Tagen durchführbar. Man sollte aber vor einer technischen Realisierung besonderes Augenmerk auf die Organisationsform nehmen.

Eine rein technische Änderung zu einem späteren Zeitpunkt ist zwar ebenfalls mit sehr geringem Aufwand machbar, sie hat aber meist sehr große organisatorische Schwierigkeiten zur Folge. So ist etwa die Änderung der Adaptierung des Listengenerators hinsichtlich einer zusätzlichen Zeichnungsänderungsnummer mit äußerst geringem Aufwand durchführbar, sind aber bereits einige hundert oder gar tausend Zeichnungen erstellt, in denen eine solche Information fehlt, muß diese in allen anderen Zeichnungen nachträglich eingebracht werden. Dieser Vorgang kann mit sehr großem Arbeitsaufwand verbunden sein, ist vielfach auch nur beschränkt automatisierbar, weil die Gesichtspunkte der Vergabe solcher Informationen zu individuell gestaltet sind. Deshalb sollte unter anderem auf die Gestaltung von Schriftköpfen in Zeichnungen, aus denen Information für den Listengenerator herausgelesen wird, besonderes Augenmerk gelegt werden, bevor der eigentliche CAD-Zeichnungsproduktions-Betrieb beginnt.

Neben der Information, die unmittelbar aus der CAD-Zeichnung herausglesen werden kann, besteht die Möglichkeit, daß der Listengenerator aus weiteren Bibliotheken Informationen holt und diese in die Liste integriert. So genügt es etwa, die Bezeichnung eines Normteiles in die Zeichnung einzutragen. Die restliche Information dieses Teiles kann aus einem vom CAD-System unabhängigen Datenbankbereich herausgelesen werden. In solchen Rechnerkatalogen können auch Gewichte, Kosten, Lieferbedingungen, Lieferfirmen und ähnliche Informationen abgelegt werden. Diese Datenbereiche werden ja gewöhnlich auch von anderen Abteilungen und nicht von der Konstruktion auf den neuesten Stand gehalten.

Neben der Listenerstellung ist die Weiterleitung von Daten aus der CAD-Zeichnung zu Kontrollrechenprogrammen von besonderer Bedeutung. Auch in diesem Fall ist es wichtig, daß im CAD-System logische Zusammenhänge erkannt werden können. Das Schnittstellenprogramm muß wieder aus einer Vielfalt von Informationen die richtigen auswählen können, sie nach bestimmten Kriterien modifizieren und anschließend dem Berechnungsprogramm übergeben. Es werden in diesen Fällen allerdings weniger Texte, als vielmehr Geometrien interpretiert. Textinformationen sind für zusätzliche Hinweise, die das Berechnungssystem benötigt, erforderlich. Bei der Geometrieübergabe spielt die Genauigkeit, mit der die Geometrie im CAD-System festgelgt wird, eine nicht unbeträchtliche Rolle. Wie bereits in der Einführung erwähnt, hat diese Genauigkeit nichts mit der internen Darstellungsmöglichkeit im CAD-System zu tun. Selbst wenn Zahlenwerte mit höchster Genauigkeit übergeben werden können, kann der Konstrukteur durch fehlerhafte Eingabe falsche Dimensionen festlegen. Die Anforderungen an den Konstrukteur werden höher, weil gewisse menschliche Korrekturen wie bei der herkömmlichen Art der Zeichnungsinterpretation entfallen. Rechnerkontrollen können hingegen nur nach bestimmten, eindeutigen Kriterien durchgeführt werden, weil dem Computerprogramm die Gesamtzusammenhänge in den meisten Fällen nicht bekannt sind.

Sollen Dimensionen auf Grund von Maßzahlen korrigiert werden, so muß das System einen logischen Zusammenhang zwischen der Bemaßung und dem bemaßten Konturteil herstellen können. Weiters ist es notwendig, daß nicht nur die richtigen Geometrieteile erkannt werden können, sondern diese auch in den entsprechenden Zusammenhang gebracht werden. Für die Berechnung ist es vielfach nicht unwesentlich, welche Funktion ein Teil einer Bauteilkontur besitzt. Es müssen auch bestimmte Punkte von Linienzügen besonders markiert werden können. So kann das Schnittstellenprogramm erkennen, wo sich Kraftangriffspunkte befinden, welche Lastverteilungen an welchen Stellen vorhanden sind, wo Gelenkpunkte mit bestimmten Eigenschaften angetroffen werden und vieles mehr. Dies kann über sogenannte Punktfunktionen oder Marken geschehen. Optisch werden solche Marken durch unterschiedliche Symbole repräsentiert. Dies sind aber nicht selbständig existierende Symbole, wie etwa die graphischen Primitiva, sondern sie werden in eindeutiger Weise einem Punkt in der Datenstruktur zugeordnet. Sie sind somit eine Eigenschaft des entsprechenden Punktes und können nicht losgelöst von ihm betrachtet werden. Sind all diese Voraussetzungen erfüllt, kann das Schnittstellenprogramm die Zeichnung entsprechend interpretieren, die Informationen verarbeiten und in für das Berechnungsprogramm geeigneter Form an dieses weiterleiten. Man erkennt bereits, daß das Schnittstellenprogramm infolge entsprechenden Interpretationsaufwandes eine durchaus nicht unbeträchtliche Größe und Komplexität erreichen kann. Fehlen wesentliche Informationsteile, sollte das Schnittstellenprogramm dies von selbst erkennen und bereits an dieser Stelle die entsprechenden Fehlermeldungen und Warnungen ausgeben. Dadurch wird vermieden, daß erst das anschließend laufende Berechnungsprogramm diese fehlerhaften Eingaben erkennt. Damit geht einerseits Zeit verloren, andererseits werden vom Berechnungsprogramm die Meldungen meist in einer Form geliefert, wie sie für die Korrektur im CAD-Zeichenblatt nicht besonders geeignet sind. Das Schnittstellenprogramm kann auf die Philosophie des CAD-Systems Rücksicht nehmen, und die entsprechenden Meldungen in einer sehr effizienten Form ausgeben. Die Schnittstellenprogramme werden meist auch als erweiterte Funktionalität des CAD-Systems angesehen, und physikalisch in engem Zusammenhang mit diesen laufen. Die Berechnungsprogramme werden an sich unabhängig vom CAD-System gestartet und in vielen Fällen auch zeitlich versetzt laufen. Die Ergebnisse des Berechnungssystems können eigenständig ausgegeben werden, z. B. in Form von Listen. Eine weitere Möglichkeit ist, diese Information wieder zurück in das CAD-Zeichenblatt einzutragen. Dies hat den Vorteil, daß bei späteren Aufrufen eines CAD-Zeichenblattes diese Information unmittelbar abgelesen werden kann.

Einen besondern Stellenwert bei Berechnungsprogrammen im technischen Bereich nimmt heute das Verfahren der Finiten Elemente ein. Es ist eine sehr allgemein anwendbare Methode für Deformations- und Festigkeitsberechnungen und allen sich daraus ergebenden Möglichkeiten. Es könne dynamische Vorgänge ermittelt, Schwingungsberechnungen durchgeführt oder Frequenzanalysen erstellt werden. Die Komplexität der Bauteile kann grundsätzlich beliebig groß sein. Deshalb neigt man vielfach dazu, solche Programmsysteme als universellen Berechnungsbaustein anzusehen. Bei entsprechend hoher Komplexität werden aber die Rechnerlasten, die solche Systeme mit sich bringen, äußerst groß. Finite Elemente-Systeme bedürfen meist größerer Rechenanlagen als das eigentliche CAD-Paket. Es ist auch durchaus sinnvoll, Bauteilstrukturen zu vereinfachen, wenn eine solche Vorgehensweise das Ergebnis kaum beeinflußt, um damit Rechnerläufe wesentlich verkürzen zu können. Auch die Gestaltung der Finiten Elemente-Netze an bestimmten Stellen oder das Einbringen von Lasten mit bestimmten Verteilungen hat wesentlichen Einfluß auf das Ergebnis. Man kann also in der Praxis nicht davon ausgehen, daß solche Berechnungsverfahren ohne menschliche Eingriffe direkt an CAD-Informationen angeschlossen werden können. Man könnte sonst durchaus falsche oder verzerrte Ergebnisse erhalten.

Weiters ist zu bedenken, daß es eine Reihe von Anwendungsfällen gibt, wo solche komplexe Systeme auf Grund ihres Aufwandes nicht gerechtfertigt erscheinen. Hier genügen meist spezielle Berechnungsverfahren. Man sollte dabei bedenken, daß solche Methoden auch dermaßen firmenspezifisch sein können, daß sie zweckmäßigerweise nur im eigenen Bereich erstellt werden können. Wie ja bereits in der Einführung erwähnt, bedeutet dies ein firmenspezifisches Erweitern und Mitgestalten des integrierten Gesamtsystems.

Ebenfalls von großer Bedeutung ist die Weiterleitung von Daten aus der Konstruktion an die Fertigung. Es gelten ähnliche Voraussetzungen und es werden analoge Methoden verwendet, wie in den eben aufgezeigten Fällen. Die Kopplung CAD/CAM ist heute von so großem Interesse, auch für den wirtschaftlichen Einsatz solcher Systeme, daß ihr ein eigener Abschnitt gewidmet ist.

3.5.3 Einbringung von Informationen

In diesem Abschnitt soll aufgezeigt werden, in welcher Form Informationen von anderen Programmbausteinen in das CAD-System eingebracht werden können.

Bausteine, die Informationen erzeugen, die man dem CAD-System zur Verfügung stellt, sind Entwurfs- und Auswahlsysteme. Entwurfssysteme sind Berechnungsprogramme, die von einigen grundsätzlichen Größen ausgehend versuchen, Dimensionen für Bauteile zu ermitteln. Diese auf solche Art erstellten Bauteilgeometrien müssen meist vom Konstrukteur in Details geändert werden. Ausnahmen bilden hier Variantenkonstruktionsvorgänge, wo ein Entwurfsprogramm tatsächlich Bauteile erzeugen kann, die in unmodifizierter Form in die Zeichenbibliothek gestellt werden können. Hier ist also ein hoher Automatisierungsgrad erzielbar. Es ist allerdings zu prüfen, ob auch die entsprechenden Informationen für Stücklistenberechnung oder Fertigung in das Meisterzeichenblatt ein für alle mal eingetragen werden können. Grundsätzlich ist es auch möglich, daß ein Entwurfsrechenprogramm solche Eintragungen vornimmt. Solche Programme sollten aber nicht zu komplex konzipiert werden. In der Praxis zeigt sich, daß in vielen Fällen die technologische Entwicklung so rasch voran geht, daß die Adaptierung komplexer Entwurfssysteme auf eben diese geänderten Anforderungen immer hinterher hinkt. Der Einsatz eines Computersystems sollte aber nicht die gesamte technologische Entwicklung hemmen, sondern sie fördern.

Entwurfsrechensysteme können ähnliche Berechnungsalgorithmen verwenden wie Kontrollrechensysteme. Der Unterschied liegt nicht so sehr im mathematischen Verfahren, als in der Zielsetzung der Datenerzeugung und in der Art der Eingabegrößen. Hauptproblem bei Entwurfsverfahren ist das Festlegen der Kriterien, unter denen eine Lösung gefunden werden soll. Diese sind meist so komplex und unterschiedlich, daß sie weder eindeutig noch in einfacher Form vereinbart werden können.

Theoretisch ist hier vieles denkbar, die Praxis scheitert aber eben an der Komplexität solcher Kriterien. Die Vorstellung mancher technischer Informatiker, einen Entwurfsprozeß für einen bestimmten Anwendungsfall als funktional mit unterschiedlichen Haupt- und Nebenbedingungen darzustellen, und diesen somit rechnermäßig zu automatisieren, ist aus praktischer Sicht gesehen derzeit nicht anzustreben. Ausnahmen bilden hier selbstverständlich kleine überschaubare Bereiche. Die Entwurfssysteme sollen ein Hilfsmittel für den Konstrukteur sein, ähnlich wie er heute Faustformeln oder Entwurfstabellen für bestimmte Anwendungsfälle benutzt. Der menschliche Eingriff muß aber jederzeit gewährleistet sein.

Ähnliche Zielsetzung wie Entwurfssysteme haben Auswahlsysteme. Sie führen ebenfalls von grundsätzlichen Annahmen und der Eingabe einfacher Kriterien zu bestimmten Bauteildimensionen. Zur Ermittlung werden aber nicht Berechnungsmethoden sondern Auswahlverfahen benutzt. Klassische Anwendungsbeispiele für solche Methoden sind Norm- und Standardteile. Denkt man etwa an Wälzlager, so werden diese auch heute nach einfachen Formeln und nach Katalogen ausgewählt. Solche Kataloge können im Rechner abgespeichert werden. Die einfachen Formeln und Kriterien zur Auswahl werden ebenfalls festgelegt. Dies geschieht in der Praxis meist mit sogenannten Entscheidungstabellen. Dies sind Tabellen, bestehend aus Zeilen und Spalten. Den Zeilen werden etwa bestimmte Eingangsbedingungen zugeordnet, den Spalten die entsprechenden Teile. Im Schnitt der Zeilen und Spalten ist vermerkt, ob das Teil einer bestimmten Spalte den Eigenschaften und Bedingungen einer bestimmten Zeile genügt oder nicht. Ist die Bedingung erfüllt, kann der Bauteil verwendet werden, ist sie nicht erfüllt wird er ausgeschieden. Die auf diese Art ausgewählten Norm- und Standardteile können direkt in der Zeichnung verwendet werden.

Es gibt nun verschiedene Möglichkeiten, in welcher Form die aus Entwurfs- oder Auswahlsystem entstehenden Geometrien in das CAD-System eingebracht werden können. Die Mühsamste ist die, daß das Entwurfssystem den Zeichenvorgang nachvollzieht. Hier gibt es zwei Möglichkeiten. Entweder das System besitzt eine programmtechnische Schnittstelle, mit deren Hilfe solche plottähnlichen Vorgänge realisiert werden können, oder das Entwurfssystem simuliert die Kommandosprache des CAD-Paketes. Es erzeugt Befehle, die anschließend vom CAD-System verarbeitet werden. Die letztgenannte Methode ist technisch fast immer möglich und auch deshalb empfehlenswert, weil sie transparent bleibt und vom Anwender verfolgt werden kann. Das Entwurfs- oder Auswahlsystem benutzt bei dieser Vorgangsweise aber meist nur geringe Teile der Funktionalität des CAD-Paketes.

Eine weitere Möglichkeit, zumindest bei Auswahlsystemen, ist, die Geometrie interaktiv zu erstellen, abzulegen und vom Entwurfssystem automatisch aufrufen zu lassen. Im Grunde stellt das Auswahlsystem nur den entsprechenden Bauteilnamen und die Versionsnummer fest. Auf Grund dieser Informationen lädt das CAD-System den richtigen Teil in die Zeichnung.

Bei variantenähnlichen Entwürfen bietet sich das Ausnutzen von Variantenfunktionen des CAD-Systems an. Man kann die Bauteile entsprechend beschreiben, entweder in einer Variantenprogrammiersprache im Rahmen des CAD-Paketes, oder graphisch interaktiv, wenn damit Variationsfunktionen im System abgerufen werden können. Das Entwurfssystem lädt nun die richtigen Bauteile, und übermittelt die aktuellen Dimensionen. Damit erhält man als Ergebnis die richtige Bauteilgeometrie im CAD-System. Diese kann anschließend interaktiv weiter bearbeitet und modifiziert werden. In der Praxis wird die Kombination vieler solcher Überlegungen anzutreffen sein. Das CAD-System sollte effiziente Möglichkeiten der Kommandosprache und des Variantenkonstruktionsmoduls bieten.

Selbstverständlich können von Entwurfs- und Auswahlsystemen auch Tabellen in CAD/Zeichenblätter erzeugt oder ausgefüllt werden. Auch logische Zusammenhänge sollten hergestellt werden können. Instrumentarium muß wieder eine effiziente Kommandosprache des CAD-Systems sein. Mit ihrer Hilfe werden die Daten in das System eingebracht.

3.6 Arbeiten mit CAM-Systemen

Auf Grund der ständig wachsenden Bedeutung und wirtschaftlichen Überlegungen beim Einsatz der Datenverarbeitung in technischen Bereichen, wurde dieser Problemstellung ein eigener Abschnitt gewidmet.

3.6.1 Einführung in CAM-Systeme

Wie bereits an früherer Stelle erwähnt, ist der Begriff CAM die Abkürzung für „Computer Aided Manufacturing". Er bedeutet das automatische Ansteuern von speziellen Werkzeugmaschinen. Diese Maschinen werden mit CNC bezeichnet, was soviel wie Computerized Numerical Control heißt.

Anhand eines kurzen historischen Überblicks sollen die vergangenen und zukünftigen Möglichkeiten auf diesem Gebiet, sowie die Zielsetzung solcher Systeme aufgezeigt werden. Damit soll auch der wesentliche Unterschied zu CAD verdeutlicht werden. Diese grundlegend unterschiedlichen Philosophien und Zielsetzungen sind auch bei der Kopplung der beiden Systeme von entscheidender Wichtigkeit!

Am Anfang stand die Werkzeugmaschine! Als die Computer mit

ihren programmierbaren Möglichkeiten entstanden, versuchte man sie zur Steuerung gleicher, aber immer wiederkehrender Abläufe heranzuziehen. Da die normalen Computer vor etwa 10 bis 15 Jahren für einen Werkstättenbetrieb nicht geeignet waren, mußte man eigene Rechenwerke entwickeln, die möglichst klein und in sich abgekapselt vollständig in der Werkzeugmaschine integriert sein mußten. Man nannte diese Computer „Steuerungen". Auf Grund ihrer Kleinheit und der notwendigen finanziellen Begrenzungen waren diese Steuerungen nicht in dem Maße und Umfang programmierbar, wie leistungsfähige Großcomputeranlagen. Da Plattenlaufwerke oder Magnetbandeinheiten aus Umweltgründen in der Werkstätte kaum eingesetzt werden konnten, griff man als Speichermedium zum sogenannten „Lochstreifen". Hier wird auf einem Papierstreifen, der einige hundert Meter lang sein kann, die computermäßige Information in Form von genormten Lochkombinationen gespeichert. Solange solche Streifen nicht mechanisch beschädigt werden, geht die Information nicht verloren.

Auf Grund der Kleinheit der Rechner, waren solche Steuerungen recht mühsam zu programmieren. Der Arbeitsvorbereiter mußte in Form eines sogenannten Teileprogrammes der Steuerung sowohl die Geometrie- als auch die Fertigungstechnologiedaten vermitteln. Ein solches Teileprogramm bestand aus steuerungsspezifischen Befehlen und Zahlen (z. B. die Geometriedaten der Werkstückkontur in Form von Koordinaten, Werkzeugbezeichnungen, Werkzeugbahnen, Drehzahlen, Vorschubgeschwindigkeiten, etc.). Der Arbeitsvorbereiter mußte beim Programmieren die optische Werkstattzeichnung vollständig abstrahieren (d. h. in Befehle umwandeln) und hatte anschließend kaum eine Möglichkeit, das Ergebnis seiner Programmiertätigkeit in graphisch optischer Form zu kontrollieren. Dies deshalb, weil zu diesem Zeitpunkt der Einsatz von graphischen Bildschirmterminals entweder zu kostspielig oder noch gar nicht möglich war. Die Entwicklung graphischer Bildschirmterminals zu kostengünstigen Preisen fand ja bekanntlich erst in den letzten Jahren statt. Deshalb geschah diese Kontrolle vielfach erst durch Probefahrten an der NC-Werkzeugmaschine. Der Einsatz von kleinen mechanischen Plottern zur graphischen Kontrolle war hier der erste Schritt zu einer entscheidenden Verbesserung.

Dennoch hatte diese Vorgehensweise einen wesentlichen Nachteil! Das zum Fertigen an der Maschine notwendige Teileprogramm war maschinenspezifisch, genauer gesagt steuerungsabhängig. Hatte man zum Beispiel in der Werkstätte mehrere Drehautomaten mit verschiedenen Steuerungen von unterschiedlichen Herstellern, so war es notwendig, dasselbe Teil mehrmals zu programmieren, wollte man es auf verschiedenen NC-Drehmaschinen fertigen. Diese Forderung stellte sich sehr häufig aus rein organisatorischen Gründen, weil eine gleichmäßige Auslastung aller Maschinen erzielt werden sollte.

Ein weiterer Nachteil ist, daß bei Anschaffung einer neuen Maschine mit einer neuen Steuerung wieder eine Ausbildung im Erlernen der unterschiedlichen Befehle erfolgen muß. Man spricht im Zusammenhang mit dem Aneinanderreihen von Befehlen zu Kommandoketten auch von Programmiersprachen. In der Praxis führte dies dazu, daß man für jede Maschinensteuerung einen eigenen Teileprogrammierer benötigt. Wenn dieser einmal aus verschiedenen Gründen ausfiel, war es kaum möglich, hier einen mit dieser Steuerungssprache nicht vertrauten Teileprogrammierer einzusetzen.

Mit den immer preiswerter werdenden Normalcomputeranlagen lag es auf der Hand, Programmpakete zu entwickeln, die folgende Vorgangsweise ermöglichen:

Es wird in einer bestimmten Programmiersprache ein Teileprogramm erstellt, welches maschinen- bzw. steuerungsunabhängig ist. Es enthält alle Daten des Steuerungsteileprogramms, mit Ausnahme jener, die sich auf ganz bestimmte Eigenschaften einer speziellen Steuerung beziehen. Dieses Teileprogramm wird von einem Programmsystem, welches auf einer Computeranlage unabhängig von der Steuerung läuft, verarbeitet und die Information in einer in ihrem Aufbau genormten Datei abgelgt. Man nennt diese Datei auch CL-Data-File. Diese Datei wird nun von steuerungsabhängigen Programmbausteinen eingelesen. Sie verarbeiten diese Information, fügen die steuerungsabhängigen Eigenschaften noch hinzu, und erzeugen somit eine Ausgabe der Datei, die die Steuerung direkt einlesen und verarbeiten kann. Diese Programmbausteine, die auch Postprozessoren genannt werden, laufen ebenfalls auf einer von der Steuerung unabhängigen Computeranlage, meist auf derselben, wie alle anderen Programme, z. B. das CAD-System. Diese Rechenanlage muß selbstverständlich nicht in der Werkstätte aufgestellt werden. Aus Umweltgründen und der bisher mangelnden Robustheit der normalen Rechenanlagen, erfolgt der Datentransport vom normalen Computer zur Steuerung an der Werkzeugmaschine in der Werkstätte mit Hilfe eines Lochstreifens. Ein spezielles Ausgabegerät an der Rechenanlage, der Lochstreifenstanzer, erzeugte vollautomatisch den entsprechenden Streifen, welcher in die Werkstätte getragen wurde, wo ihn der Bedienungsmann an der NC-Maschine einspannte. Heute beginnt man bereits diesen Datentransport mittels Rechnerleitungen durchzuführen. Man spricht in diesem Zusammenhang auch von DNC (Direct Numerical Control).

Systeme, die die eben beschriebene Vorgangsweise verwirklichen, nennt man CAM-Systeme. Der Vorteil liegt darin, daß gleiche Teile vom Arbeitsvorbereiter nur ein einziges Mal in einer steuerungsunabhängigen, also vereinheitlichten Sprache programmiert werden müssen. Man benötigt daher nicht mehr einen speziellen Teileprogrammierer für eine Steuerung. Ein Teileprogrammierer kann leichter für einen anderen einspringen. Die Mehrfachprogrammierung einzelner Bauteile entfällt.

Die Postprozessoren zu den verschiedenen am Markt befindlichen Steuerungen werden gewöhnlich vom Anbieter eines CAM-Systems mitgeliefert. Seriöse Anbieter verbürgen sich dafür, auch zukünftige Steuerungen zu unterstützen und entsprechende Postprozessoren zu liefern. Ebenso ist es möglich, solche Postprozessoren an Kundenwünsche bzw. Erfordernisse anzupassen. Ein Postprozessor ist keine Konfektionsware, sondern ein „Maßanzug", oder ein „halbfertiger Anzug", welcher speziell konfektioniert wird. Postprozessoren können auch Einrichteblätter für den Mann an der Maschine vollautomatisch in Listenform liefern. Ebenso kann dieser Programmbaustein Informationen und Statistiken über Maschinenzeiten und Ähnliches erstellen und in Listenform ausgeben.

Um die Flexibilität der Postprozessoren noch zu erhöhen, sollten sie nicht nur vom Anbieter auf Kundenwünsche speziell konfektioniert werden, sondern über Konfigurationsdateien auch vom Anwender selbst in bestimmten Bereichen anpaßbar sein. Der ursprüngliche Gedanke, daß die Postprozessoren vom Maschinenhersteller mitgeliefert werden, weil sie ja auf einer genormten Schnittstelle aufsetzen, scheitert in der Praxis daran, daß sich viele NC-Systeme nicht vollständig an diese Norm halten. Es sollte allerdings an dieser Stelle nicht unerwähnt bleiben, daß der Normungsumfang einfach zu gering ist, um effizient die gesamte Information vom maschinenunabhängigen Systemteil in den abhängigen Teil zu übergeben. Dies war maßgeblich der Grund, warum systemabhängige Erweiterungen durchgeführt wurden. Im anderen Falle müßten sehr viele Informationen auf der Ebene des Postprozessors hinzugefügt werden.

Die weltweit am weitest verbreiteste Programmiersprache zur Erstellung von Teileprogrammen in einem CAM-System ist das aus den USA stammende APT. In Europa haben sich eine Reihe von Abarten, auch Dialekte genannt, von APT entwickelt, darunter EUROAPT, EXAPT, TCAPT, MINIAPT, TELE-APT, etc. Da APT eine relativ alte Sprache ist, und vor noch relativ kurzer Zeit graphische Terminals sehr kostspielig waren, wird die Eingabe auf alphanumerischen Bildschirmterminals in Form textlicher Befehle durchgeführt. Bei modernen CAM-Systemen wird jedoch bereits sowohl die Eingabe, als auch vor allem die Kontrollausgabe bereits in graphischer Form geliefert. Das entstehende Teileprogramm kann aber durchaus noch APT-Format besitzen. Dies hat den Vorteil, daß der Teileprogrammierer eine ihm vertraute Beschreibungsform aller Daten zur Verfügung hat. Die graphische Kontrolle kann nicht nur die Werkzeugbahnen, sondern auch die Werkstückkonturen und die Werkzeuge selbst umfassen. Stehen keine graphischen Terminals zur Verfügung, kann die graphische Kontrollausgabe auch auf einem Plotter erfolgen. Eine Reihe preiswerter kleiner Geräte kann hierfür eingesetzt werden.

Die Abb. 23 bis 25 (S. 100, 101) zeigen Kontrollausgaben für Werkstückkonturen und Werkzeugbahnen. Ähnliche Graphiken zu Kontrollzwecken können selbstverständlich für alle Fertigungsverfahren erstellt werden. Damit hat der Arbeitsvorbereiter eine sehr gute Möglichkeit, die einzelnen Bearbeitungsschritte zu kontrollieren. Aufwendige Probefahrten direkt an der Werkzeugmaschine lassen sich weitestgehend vermeiden. Sind solche Kontrollinformationen noch maschinenunabhängig, setzen sie auf der CL-Data-Information auf. In manchen Fällen wird auch die Wirkungsweise der Steuerung selbst für eine graphische Ausgabe simuliert. Dann setzt ein solcher Kontrollbaustein auf der Steuerungs-(d. h. Lochstreifen) Information auf.

3.6.2 Arbeitsweisen

Der Arbeitsvorbereiter legt mit Hilfe des Teileprogrammes Geometrie- und Technologiedaten fest, mit deren Hilfe wiederum die Steuerung der Werkzeugmaschine bzw. diese selbst den Teil fertigen kann. Wie bereits mehrfach erwähnt, sind die Geometriedaten eigentlich Werkzeugbahnen, die während des Fertigungsvorganges die vom Konstrukteur gewünschten Bauteilkonturen erzeugen. Bei einer Reihe von Fertigungsverfahren können diese Geometrien, also Werkzeugbahnen und Bauteilkonturen sehr ähnlich sein.

Dieser Sachverhalt tritt bei einer Reihe von Blechbearbeitungsverfahren ein. Denkt man etwa an das Brennschneiden, so fährt der Brenner im wesentlichen die Werkstückkontur nach. Allerdings muß das Werkzeug, also der Brenner, um seinen Halbmesser versetzt werden. Ebenso muß die Anschnittsystematik festgelegt werden. Der Arbeitsvorbereiter muß dafür Sorge tragen, daß zuerst alle Innenkonturen vor den Außenkonturen gebrannt werden, da sonst die Platten herausfallen würden, bevor die Innenkonturen noch gefertigt sind. Ähnliche Überlegungen gelten für das Laserschneiden oder das Nippeln. Bei letztgenanntem Verfahren müssen noch die Werkzeuge und die Vorschübe beigegeben werden. Ebenso wird die Fahrtrichtung des Werkzeuges festgelegt. Man erkennt bereits an diesen Beispielen, daß eine Reihe von Informationen für die Fertigung nötig sind, die sich aus der Geometrie des Bauteiles, wie er in der Konstruktion festgelegt wird, nicht ergeben.

Bei den drei erwähnten Blechfertigungsmethoden kommt noch hinzu, daß die Teile ja nicht als Einzelteile gefertigt werden. Normalerweis werden auf einer entsprechend großen Blechtafel die einzelnen Teile angeordnet und gemeinsam gefertigt. Man nennt diesen Vorgang auch Schachteln. Auch diese Aufgabe fällt in den Arbeitsbereich des Arbeitsvorbereiters. CAM-Systeme bieten die Möglichkeit, auch diesen Vorgang computerunterstützt durchführen zu können. Es gibt Versuche, die reine Geometrieverschachtelung vom Rechner selbsttätig durchführen und gleichzeitig hinsichtlich Blechausnützung optimieren zu lassen. Die Anschnittvergabe muß aber vom Menschen in interaktiver Form durchgeführt werden. Es ist also kein vollautomatischer Vorgang. Das automatische Verschachteln bringt hohe Lasten auf die Rechenanlage. Ein guter „Schachtler" kann auf Grund seiner Erfahrung auch mit interaktiven Vorgangsweisen in sehr kurzer Zeit sehr gute Ergebnisse erzielen. Die dabei auf den Rechner gebrachte Last ist wesentlich geringer. Deshalb werden vollautomatische Schachtelprogramme nur in bestimmten Bereichen eingesetzt. Vor allem bei sehr unterschiedlichen Teilespektren ist die menschliche Erfahrung durch keinen Optimierungslauf zu ersetzen. Die interaktiven Vorgangshilfen sind dabei ähnlich wie bei zweidimensionalen CAD-Systemen. Der Rechner kann den Verschnitt selbst ermitteln, und somit die Güte eines Schachtelplanes aufzeigen.

Bei einem weiteren Blechverarbeitungsverfahren muß der Arbeitsvorbereiter ganz anders vorgehen. Es ist hier die Rede vom Stanzen. Der Konstrukteur legt bei seinem Bauteil etwa die Kontur von Ausbrüchen fest. Der Arbeitsvorbereiter hat zu entscheiden, ob es Formenstempel gibt, mit deren Hilfe solche Ausbrüche durch einen einzigen Stanzhub erzeugt werden können. Es ist naturgemäß nicht zweckmäßig, für einen einzigen Ausbruch ein eigenes Werkzeug zu fertigen. Deshalb muß sich der Arbeitsvorbereiter mit einem beschränkten Stempelvorrat begnügen. Durch Rücksprache mit dem Konstrukteur können hier auch geringfügige Änderungen solcher Konturen durchgeführt werden. Ist das Werkzeug ausgewählt, programmiert der Arbeitsvorbereiter nur mehr den Werkzeugweg an die entsprechende Stelle und den anschließenden Absenkvorgang, das eigentliche Stanzen. Anschließend wird der Werkzeugwechsel

3.6 Arbeiten mit CAM-Systemen

oder Werkzeugweg zum nächsten Einzelstanzhub vorgegeben. Beim Stanzen hat die Geometrieprogrammierung durch den Teileprogrammierer kaum mehr etwas mit der tatsächlichen Konturfestlegung durch den Konstrukteur zu tun. Auch beim Schachteln von zu stanzenden Teilen auf Blechtafeln hat der Arbeitsvorbereiter vor allem auf optimale Werkzeugbahnen zu achten. Auch bei dieser Problemstellung können ihn bestimmte Funktionen des CAM-Systems unterstützen. Bei Drehvorgängen werden gewöhnlich nur Teile von Bauteilkonturen hinsichtlich Fertigung festgelegt. Dies deshalb, weil für einen Einspannzustand auf der Drehbank nur bestimmte Bereiche fertigbar sind. Um die Bearbeitung zu vervollständigen muß das Teil neu gespannt werden. Der Gesamtbearbeitungsvorgang zerfällt in mehrere Schritte. Auch innerhalb einer Einspannung wird die Kontur meist mit Hilfe von Marken in eine Reihe von Abschnitten unterteilt. Innerhalb solcher Abschnitte gelten gleiche Technologievorschriften. Es werden ja nicht alle Bereiche mit dem gleichen Werkzeug oder den gleichen Schnittbedingungen gefertigt. Für die eigentlichen Werkzeugbahnen sind die entstehenden Konturen sozusagen Kontrollflächen bis zu welchen gefahren wird.

Bei Fräsvorgängen werden in sehr starkem Maße Werkzeugbahnen programmiert, die mit den Körperkanten oder Flächen nur mehr in einem sehr weiten logischen Zusammenhang stehen. Am ähnlichsten der Werkstückgeometrie ist die Werkzeugbahn noch beim Konturfräsen. Allerdings müssen gewisse Bereiche in vielen Fällen mit einem zweiten oder dritten Werkzeug nachbearbeitet werden. Man denke etwa an schmale Einkerbungen, in die man mit einem Fräser größeren Durchmessers nicht hineingelangt. Es wäre aber auch nicht effizient, würde man die gesamte Kontur mit dem kleinen Fräser bearbeiten, weil die Fertigungszeiten damit sehr schnell unnötig anwachsen würden. Hier zählt vor allem die Erfahrung des Arbeitsvorbereiters. Beim Oberflächenfräsen fährt der Fräser unabhängig von der Seitenflächenkontur über den gesamten Maximalbereich. Beim Taschenfräsen müssen Inseln aus fertigungstechnischen Gründen in einem Zug und richtiger Folge freigemacht werden. Der Nutenfräsvorgang besteht aus dem Absenken eines entsprechenden Werkzeuges das sich aus der Geometrie der Nut ergibt, einer Fahranweisung und einem entsprechenden Anheben. Der Konstrukteur hat an der gleichen Stelle ein Langloch festgelegt. In manchen Fällen muß aus Gründen der Bearbeitungsgüte die zweite Fläche der Nut nochmals nachbearbeitet werden, das bedeutet, der Fräser fährt mit geringfügiger Versetzung die Mittelbahn zweimal. Auch diese Entscheidung liegt im Erfahrungsbereich des Arbeitsvorbereiters.

Beim Bohren legt der Arbeitsvorbereiter wieder nur die Mittelpunkte der Bohrlöcher in seinem Teileprogramm fest. Wichtig ist die Reihenfolge der Abarbeitung. Die vom Konstrukteur festgelegten Konturen haben wieder nur sehr beschränkte Bedeutung bei der Fertigung.

Die hier vorgebrachten Beispiele erheben keinen Anspruch auf Vollständigkeit.

Zu den Problemen der Geometriebeschreibung hat der Arbeitsvorbereiter auch noch die technologische Sicht zu beachten. Darunter versteht man die Zuweisung bestimmter Werkzeuge, deren Anstellung, deren Schnittbedingungen (Schnittgeschwindigkeit, Schnitt-Tiefe), etc. Die Festlegung dieser Daten hat unter Randbedingungen zu erfolgen, die zum Teil wieder der Konstrukteur festlegt. Man denke an Werkstoff, Materialstärke und ähnliche Größen.

Bisweilen hat der Arbeitsvorbereiter auch zu entscheiden, mit welchem Fertigungsverfahren bestimmte Bereiche eines Werkstückes hergestellt werden. Solche Entscheidungen können unter anderem sein: Hobeln oder Flächenfräsen, Stanzen oder Lasern, Gewindedrehen oder Gewindeschneiden, Nippeln oder Lasern und vieles mehr. Dabei ist auch der Maschinenpark der Werkstätte oder Auslastungszustände derselben zu beachten. Deshalb sind Automatismen in diesen Fällen schwer möglich. Der kurzfristige Ausfall einer Werkzeugmaschine kann etwa solche Entscheidungen beeinflussen.

Es wurden und werden auch seit längerer Zeit Versuche unternommen, die Auswahl der Technologiedaten zu automatisieren. Entsprechend große Technologiedatenbanken wurden aufgebaut. Durch Vorgabe entsprechend differenzierter Kriterien sollte eine automatische Auswahl der entsprechenden Größen aus der Technologiedatenbank erfolgen. Die Formulierung der Auswahlkriterien muß aber unter gewissen standardisierten Randbedingungen erfolgen. Es hat sich in der Praxis gezeigt, daß solche Standardannahmen in weiten Bereichen nicht genügen. Zu unterschiedlich sind die Anforderungen und Möglichkeiten der einzelnen Anwender. Unterschiedliche Maschinenparks, verschiedenartige Erfahrungen, eigenes Wissen, Entwicklung eigener technologischer Möglichkeiten und vieles mehr beeinflussen den Entscheidungsprozeß durch den Arbeitsvorbereiter bei der Auswahl der technologischen Größen. Hier ist menschliche Erfahrung nicht durch Standardannahmen zu ersetzen. Bei Anwendung von Systemen, die solche Automatismen zuließen, wurden diese stets mit besonderen Befehlen aufgehoben, die die Eingabe von Sonderfällen zuließen. Damit wurde aber die Ausnahme zur Regel, wodurch der ganze Automatismus in Frage gestellt wird.

Natürlich sind im Rahmen eines Anwenders gewisse Kriterien formulierbar, mit denen Teilebereiche automatisiert werden können. An Stelle des Vollautomatismus ist eine Anwenderanpassung mit Hilfe von Konfigurationsdateien zu empfehlen. Dies führt zu ähnlichen Überlegungen, wie sie bei flexiblen CAD-Systemen oder Listengeneratoren angestellt wurden. Somit bleibt die Flexibilität verbunden mit einem möglichst hohem Maß an Computerunterstützung erhalten.

Diese Bemerkungen sollen die Notwendigkeit des Arbeitsvorbereiters als Partner des Konstrukteurs aufzeigen. Sie gemeinsam sind für die Produktwerdung verantwortlich. Gleichzeitig soll ein Verständnis für die unterschiedlichen Arbeitsweisen beider Partner geweckt werden. Keiner ist durch den Computer zu ersetzen, beiden kann dieser aber wertvolle Hilfe leisten.

Als praktisches Instrumentarium zur Formulierung seiner Probleme hat der Arbeitsvorbereiter in den meisten CAM-Systemen die sogenannte Macro-Technik zur Verfügung. Dabei handelt es sich um die Möglichkeit, einzelne Teile von Teileprogrammen in Form von Unterprogrammen zu formulieren und in Bibliotheken abzulegen. Beim Erstellen von Teileprogrammen kann auf solche bestehende Macros aus den benutzerspezifischen Bibliotheken jederzeit zurückgegriffen werden. Mit Hilfe solcher Macros kann einerseits Geometrievariation durchgeführt werden – diese Vorgehensweise kann mit der Variantenprogrammierung in CAD- Systemen verglichen werden – können andererseits aber auch immer wiederkehrende technologische Bedingungen ein für allemal formuliert werden. Man denke etwa an die verschiedenen Bearbeitungsschritte beim Gewindebohren. Auch Normeinstichvorgänge beim Drehen können fest aber firmenabhängig formuliert werden. Wahl des Werkzeuges, Anstellwinkel, Anfahrvorgang, eigentlicher Bearbeitungsvorgang können in einem solchen Macro festgelegt werden. Dieses wird im Teileprogramm mit Hilfe eines einzigen Befehls und einiger Parameter, die etwa die Lage festlegen, aufgerufen. Entsprechend der Anwendung spricht man auch von Geometrie- und Technologiemacros. Letztere spielen bei der Kopplung zwischen CAD und CAM-Systemen eine nicht unbeträchtliche Rolle. Diese Vorgänge werden im nächsten Abschnitt ausführlich beschrieben.

3.6.3 Kopplung zwischen CAD und CAM-Systemen

Auf die praktische Bedeutung der Kopplung zwischen CAD und CAM-Systemen wurde bereits ausführlich hingewiesen. Nun soll die Wirkungsweise verschiedener Systeme aufgezeigt werden.

Die meisten, heute in der Praxis verwirklichten und einsatzfähigen Kopplungsbausteine versuchen, einen Teil der Zeichnungsinformation aus dem CAD-System in das CAM-System zu tragen. Dies sind vor allem Geometriedaten. In welcher Form diese Größen aus der Gesamtinformation der CAD-Zeichnung abgeleitet werden können, hängt von den Möglichkeiten des Konstruktionssystems ab. In vielen Fällen müssen die entsprechenden Geometriedaten, das sind im wesentlichen Linieninformationen, durch interaktives Anpicken identifiziert werden. Dieser Aufwand ist sehr mühsam. Bei leistungsfähigeren Systemen kann dieser Auswahlprozeß vereinfacht werden. Auf die Methode wurde bereits an anderer Stelle hingewiesen.

Die nun sich im CAM-System befindlichen Informationen müssen in diesem System vom Arbeitsvorbereiter ergänzt werden. Das bedeutet, daß vor allem die Technologieinformationen an dieser Stelle hinzugefügt werden müssen.

So zweckmäßig diese Vorgehensweise im ersten Moment erscheint, so wirft sie doch eine Reihe sehr großer, in manchen Fällen sogar unüberwindlicher Probleme auf. Es wurde bereits mehrfach erwähnt, daß die Geometrieinformation, die der Konstrukteur erzeugt und festlegt, nicht identisch ist mit jener, die der Arbeitsvorbereiter verarbeiten muß. Der Konstrukteur legt ja, wie bereits ebenfalls mehrfach erwähnt, keine Bauteilgeometrien und Begrenzungsflächen fest, sondern eigentlich die Werkzeugbahnen, die diese erzeugen. Die Zusammenhänge zwischen Werkzeugbahnen und Bauteilkonturen hängen aber wieder von den verwendeten Fertigungsverfahren bzw. deren Anwendung ab. So muß der Arbeitsvorbereiter durchaus auch im Bereich der vom Kopplungsbaustein übertragenen Geometrieinformationen Änderungen vornehmen. Dazu kommt noch, daß in manchen Fällen, auf Grund fertigungstechnischer Gegebenheiten, auch Bauteilgeometrien in Details durchaus verändert werden können. Auch dies bedeutet die Manipulation von Geometriedaten im CAM-System. Bei der Hinzufügung der Technologiedaten muß ebenfalls wieder an den verschiedensten Stellen auf die Geometriedaten Bezug genommen werden. Diese Überlegungen bedeuten, daß der Arbeitsvorbereiter die vom Kopplungsbaustein automatisch ins CAM-System gebrachte Geometrieinformation neuerlich interpretieren muß, um sie für die weitere Vorgangsweise heranziehen zu können.

In APT ähnlichen Systemen liefert der Kopplungsbaustein in der Regel einen Satz von Geometriebefehlen, deren Parameter die Punktkoordinaten darstellen. Der Arbeitsvorbereiter muß auf diese Befehle aufbauen. Da er sie aber selbst nicht erstellt hat, fällt es bisweilen sehr schwer, sich in dem automatisch generierten Befehlssatz zurecht zu finden. Vielfach geht bei diesem menschlichen Interpretieren ein Gutteil der Zeit verloren, die ein nochmaliges händisches Erstellen dieses Befehlssatzes in Anspruch genommen hätte. Da die Geometriedaten in einer abstrakten Struktur anschließend aus bereits erwähnten Gründen nochmals überarbeitet und geändert werden müssen, ergibt sich, ähnlich wie bei der Variantenkonstruktion, die programmtechnisch realisiert wird, eine relativ große Fehlerhäufigkeit. Fehler werden erst auf den Kontrollbildern der Werkzeugbahnen erkannt. Diese Form der Kopplung kann als nicht besonders zweckmäßig angesehen werden. Eine Reihe von praktischen Anwendungsergebnissen bestätigen diese Aussage.

Etwas günstiger liegt der Fall, wenn das CAM-System selbst eine interaktiv graphische Eingabe- und Korrekturform zuläßt. In diesem Fall kann die Geometriekorrektur und Überarbeitung wesentlich leichter und effizienter durchgeführt werden. Bei manchen Systemen wird auch die Geometrie- bzw. Informationsselektion erst auf dieser Ebene durchgeführt. Dies bedeutet, daß die gesamte CAD-Zeichnungsinformation in den interaktiven Teil des CAM-Systems übernommen wird. Mit Hilfe der graphischen Manipulationsfunktionen des CAM-Systems wird nun einerseits die entsprechende Selektion der Information und andererseits die entsprechende Überarbeitung durchgeführt. Dies bedeutet aber, daß das CAM-System in seiner zweidimensionalen Manipulationsmächtigkeit dem CAD-System ebenbürtig sein muß. Sonst würde diese Vorgehensweise bedeuten, daß der Arbeitsaufwand im CAM-System größer wäre, als im CAD-System. Meist ist allerdings heute die Mächtigkeit der CAM-Systeme auf dem Gebiet der graphischen Interaktion keineswegs mit jenen der CAD-Systeme vergleichbar.

Den beschriebenen Wirkungsweisen von Kopplungen ist die Tatsache gemeinsam, daß die Überarbeitung der Geometriedaten und die Hinzufügung der Technologiedaten in einem eigenen System durchgeführt wird. Dies bedeutet, daß in der Regel Änderungen oder Ergänzungen keine Rückwirkungen auf die Information haben, die im CAD-System festgelegt worden ist. Die von der Konstruktion und von der Fertigung erzeugten Datensätze werden auch vom Rechner und seinen Programmsystemen durchaus unterschiedlich verwaltet. Querverbindungen können nur durch organisatorische Maßnahmen erreicht und hergestellt werden. In der Praxis zeigt sich, daß solche Maßnahmen nur schwierig realisierbar und nicht immer zielführend sind. Die Folge davon ist aber, daß Änderungen in der Konstruktion nicht immer mit Sicherheit in die Fertigung durchschlagen und umgekehrt. Die Datenbestände werden doppelt gewartet, wobei neben den Kosten für erhöhten Massenspeicherbedarf und größeren Personalaufwendungen eben die organisatorischen Schwierigkeiten der aufeinander bezogenen Abstimmbarkeit kommt.

Anzustreben ist also, daß der Konstrukteur, ein etwaiger Fertigungszeichner und vor allem der Arbeitsvorbereiter ihre Informationen bzw. deren Korrekturen im gleichen System durchführen. Das kann zweckmäßigerweise nur das CAD-System selbst sein. Über die Anforderungen, die an ein solches CAD-System gestellt werden, wurde ja bereits an anderer Stelle vielfach berichtet. Dies bedeutet, daß der Arbeitsvorbereiter die Geometrieüberarbeitung im gleichen System und am gleichen Medium mit den gleichen Befehlen durchführt wie der Konstrukteur. Die weitere Information, die er hinzufügen muß, kann in Form von Symbolen oder Texten, zum Beispiel in Tabellenform, durchgeführt werden. Es werden im CAD-System alle Informationen auf diese Art festgelegt, wie sie auch in einem Teileprogramm eines CAM-Systems anzutreffen sind. Nur die Form und Darstellungsweise dieser Information ist eine völlig andere. Sie ist aber meist wesentlich einfacher handhabbar als jene der klassischen CAM-Systeme. Der Kopplungsbaustein hat nun die Aufgabe, diese Information zu verarbeiten und dem eigentlichen NC-Prozessor zur Verfügung zu stellen. Der NC-Prozessor selbst läuft nur mehr im Hintergrund ab, erzeugt das CL-Data-File und anschliessend beginnt die Kette, wie im vorherigen Punkt beschrieben, weiterzulaufen. Aus psychologischen Gründen erzeugt der Kopplungsbaustein heute vielfach noch ein Teileprogramm in klassischer Form, das vom NC-Prozessor automatisch verarbeitet wird. So hat der Arbeitsvorbereiter das Gefühl, daß der Kopplungsbaustein ein ihm vertrautes Medium erzeugt, das er lesen und ändern könnte, wenn dies erforderlich wäre. Die Praxis zeigt, daß weder aus praktischen arbeitstechnischen noch aus organisatorischen Gründen eine Änderung auf der Ebene des Teileprogrammes zweckmäßig ist. Sie wird auch bei längerem Einsatz solcher Systeme keineswegs mehr gehandhabt. Die zukünftige Entwicklung geht also dahin, daß die Information, die im CAD-System von verschiedenen Personen festgelegt wird, automatisch bis zur Lochstreifeninformation führt. Die Kontrollausgaben für Werkzeuge und Werkzeugbahnen werden selbstverständlich vom CAM-System durchgeführt. Dabei ist zu beachten, daß der Anwender eigentlich gar nicht merkt, in unterschiedlichen Systemen zu arbeiten. Die entsprechenden Ausgaben müssen auf den gleichen Geräten der gleichen Arbeitsstation durchgeführt werden können.

Weiters bedeutet diese Vorgehensweise höhere Anforderungen an den Kopplungsbaustein. Er muß ja eine Reihe von Fehlerquellen und deren Ursachen bereits erkennen können. Hinsichtlich Fehlerverarbeitung nimmt er dem NC-Prozessor bereits einen Gutteil der Arbeit ab. Er muß die Fehlermeldungen ja auch in einer dem CAD-System angepaßten Philosophie durchführen. Da der Kopplungsbaustein vollständig in das CAD-System integriert sein sollte, kann bereits der Konstrukteur mit formalen Technologieparametern gewisse Überprüfungen seiner Geometrien durchführen. Der Kopplungsbaustein kann ja bereits von selbst wesentlich mehr und gezieltere Überprüfungen hinsichtlich der Fertigungsgerechtheit durchführen, als das CAD-System selbst. Durch die Wahl des Fertigungsverfahrens kennt er bereits in wesentlich stärkerem Maße Aufgabe und Fertigungsanforderungen des Bauteils. Das, was für das CAD-System vielfach noch reine Linien sind, die eigentlich noch keinen echten Bezug zu einer bestimmten Funktion besitzen, ist für den Kopplungsbaustein bereits ein realer Gegenstand. Dem CAD-System ist in den meisten Fällen etwa nicht bekannt, ob Linien die Begrenzung eines mechanischen Teiles, oder etwa Schalterleitungen in der Elektrotechnik darstellen. Durch die Angabe eines Fertigungsverfahrens wird dies aber bereits sehr wohl eindeutig. Gibt man über Konfigurationsdateien, wie sie ebenfalls bereits besprochen wurden, gewisse Randbedingungen für die Fertigung vor, so kann der Kopplungsbaustein sogar Hinweise über firmenspezifische Fertigbarkeit von Bauteilen liefern. Damit kann sich der Konstrukteur etwa selbst überprüfen, ob gewisse Gewindeformen, Nuten, Fasern, Wandstärkenübergänge und viels mehr von der firmeneigenen Fertigung zweckmäßig und effizient erzeugt werden können.

Durch eine entsprechende Konfiguration des Kopplungsbausteines und der Hinzufügung der Technologiedaten im Konstruktionssystem wird in diesem eine vollständige Beschreibung des Bauteils nicht nur hinsichtlich Funktionalität sondern auch Fertigungsgerechtheit abgespeichert. Man besitzt nur mehr eine einzige Stelle, einen Datensatz, der den Bauteil in jeder Weise beschreibt. Damit ist ein Warten bei Änderungen auch durch verschiedene Personengruppen wesentlich einfacher als bei anderen Methoden. Selbstverständlich muß es auch in diesem Fall noch organisatorische Maßnahmen geben, die die Verantwortung und Zulässigkeit verschiedener Änderungen durch bestimmte Personengruppen regelt. Können solche organisatorische Maßnahmen für einen bestimmten Anwendungsfall formuliert werden, ist ihre Realisierung am Rechner kein größeres Problem.

Die letztgenannte Vorgehensweise hat sich, auch wenn sie große Anforderungen an CAD-System und Kopplungsbaustein stellt, in der Praxis sowohl aus technischer als auch organisatorischer Sicht hervorragend bewährt. Im nächsten Abschnitt sollen an Hand eines Beispiels sowohl die Vorgehensweisen als auch die organisatorischen Begleitprobleme nochmals verdeutlicht werden. An dieser Stelle soll nur abschließend darauf verwiesen werden, daß sich der erhöhte Kostenaufwand für einen leistungsfähigen Kopplungsbaustein mittelfristig durchaus bezahlt macht!

3.6.4 Vorgehensweisen beim Arbeiten mit CAD/CAM- gekoppelten Systemen

Wir gehen im Folgenden von einem CAD/System aus, in dem der Kopplungsbaustein vollständig integriert ist. Die gesamte Information wird in der „CAD-Zeichnung" aufbewahrt.

Der Arbeitsvorbereiter startet an seinem physikalischen Arbeitsplatz das CAD-System und zieht sich das vom Konstrukteur frei gegebene CAD-Zeichenblatt auf. Er holt sich dieses aus einer entsprechenden am Rechner abgelegten Bibliothek. Er beginnt nun die Geometrie bei Bedarf zu kontrollieren und zu überarbeiten. Aus organisatorischen Gründen kann er auch in einer Kopie der entsprechenden Geometrie auf einer anderen Ebene im gleichen CAD-Blatt arbeiten. Dies hat den Vorteil, daß die vom Konstrukteur selbst festgelegten Informationen nicht unmittelbar verändert werden können. Durch direkten Vergleich der beiden Ebenen ist aber sofort eine Änderung ersichtlich. Dies vereinfacht eine Reihe von organisatorischen Problemen sehr wesentlich. Zur Selektionierung der einzelnen Geometrien, sowie zum Aufteilen in verschiedenen Fertigungsverfahren werden nun vom Arbeitsvorbereiter Symbole und Texte als Zusatzinformation beigefügt. Auch diese Information sollte aus Zweckmäßigkeitsgründen auf bestimmten Ebenen abgelegt werden. Somit kann durch wahlweises Aus- und Einschalten verschiedener solcher Ebenen die Zeichnung in der entsprechenden optischen Form dargestellt und ausgeplottet werden. Mit Hilfe solcher Symbole oder textlicher Zusatzinformationen wird automatisch auch eine Selektion der entsprechenden Information im CAD/Zeichenblatt durchgeführt. Eine Segment- bzw. Logische- Einheiten-Technik kann hier zusätzlichen Komfort und weitere Möglichkeiten bieten. Die Technologiedaten werden vielfach in Form von Textinformationen dem Rechner zur Verfügung gestellt. Dies kann in der Praxis in Form von Tabellen, die sich auf dem CAD-Zeichenblatt befinden, geschehen. Selbstverständlich können solche Tabellen jederzeit auch ausgeblendet werden, wenn sie auf bestimmten Ebenen abgelegt sind. Auch das Darstellen solcher Tabellen in bestimmten Fensterausschnitten ist leicht organisierbar. Teile solcher Tabellen können wieder mit Hilfe der Technik der logischen Einheiten eine entsprechende Struktur bekommen und zusammengefaßt werden. Die Tabellen selbst sind selbstverständlich bereits vorkonfektioniert, werden mittels Befehl in das CAD-Zeichenblatt hineingeladen oder werden bereits mit dem Schriftrahmen in die Zeichnung eingebracht. Der Arbeitsvorbereiter braucht die Tabellen nur mehr graphisch interaktiv auszufüllen. Nicht ausgefüllte Tabellenteile können entweder die Annahme von Standardwerten bewirken, oder in anderen Fällen zu Warnungen und Fehlermeldungen durch den Kopplungsbaustein führen. Alle eben beschriebenen Manipulationen werden zweckmäßigerweise mittels Menütechnik durchgeführt. Diese Technik sollte ja vom CAD-System selbst bereits in effizienter Weise unterstützt werden.

Nun wird, ebenfalls wieder unter Zuhilfenahme der Menütechnik, der Kopplungsbaustein gestartet. Er stellt eine erweiterte Funktionalität des CAD-Systems dar. Es ist also kein weiteres getrennt vom CAD-System laufendes Programmsystem. Auf Grund von allgemein gültigen Kriterien und Annahmen, die in einer speziellen, benutzerabhängigen Konfigurationsdatei vereinbart und vom System eingelesen wurden, kann der Kopplungsbaustein seine Überprüfung von Geometrie- und Technologiedaten in Abhängigkeit von Fertigungsverfahren durchführen. Die entsprechenden Warnungen und Fehlermeldungen können nun einerseits am alphanumerischen Bildschirm in Form von Texten dargestellt, oder an die entsprechenden Stellen der Zeichnung ebenfalls in Form von Texten oder Symbolen direkt eingetragen werden. Die zuletzt geschilderte Vorgehensweise hat den Vorteil, daß etwa bei Geometriefehlern diese unmittelbar an der entsprechenden Stelle der Zeichnung angezeigt werden. Dies erleichtert Fehlererkennung und Korrektur ganz erheblich.

Ist der Kopplungsbaustein erfolgreich gelaufen, kann ebenfalls über einen Menübefehl der NC-Prozessor sowie die sich daran anschließende Kette von Postprozessoren und Kontrollausgaben angestartet werden. Diese Programmsystembausteine benötigen nun keine zusätzlichen Eingaben und menschlichen Eingriffe. Es werden vollautomatisch das CL-Data-File und anschließend die Lochstreifeninformation bzw. weitere statistische Auswertungen für die Arbeitsvorbereiter ermittelt. Auf Wunsch können nun am gleichen physikalischen Arbeitsplatz die entsprechenden Kontrollgraphiken über die Werkzeugbahnen oder die Werkzeuge selbst ausgegeben werden. Damit hat der Arbeitsvorbereiter ein weiteres Instrumentarium, seine Arbeit kontrollieren zu können, bevor die entsprechende Information tatsächlich an die Werkzeugmaschine weitergeleitet wird. Obgleich diese Ausgabenbilder von einem anderen System erstellt werden, darf dem Anwender selbst diese Tatsache gar nicht bewußt werden. Sollten sich auf dieser Stelle noch Fehler oder Mängel ergeben, so werden sie wieder auf der Ebene des CAD-Systems korrigiert.

Soll ein bestimmtes Bauteil zu einem späteren Zeitpunkt nochmals gefertigt werden, genügt es, das entsprechende CAD-Zeichenblatt aus der Bibliothek aufzurufen. Es enthält alle Technologieinformationen, um die Steuerungsinformation neuerlich ableiten zu können. In vielen Fällen ist es allerdings organisatorisch zweckmäßig und notwendig, die Fertigungsdaten nochmals zu kontrollieren und zu überarbeiten. Es kann ja durchaus sein, das sich in der Zwischenzeit in der Werkstätte gewisse Änderungen in der Produktion ergeben haben, die in manchen Details eine andere Vorgangsweise hinsichtlich der Bearbeitung zweckmäßig erscheinen lassen.

Werden zwischenzeitlich vom Konstrukteur bestimmte Änderungen durchgeführt, so erkennt der Arbeitsvorbereiter beim Aufziehen des Blattes, daß seine auf einer anderen Ebene abgelegten Informationen, mit jenen neuen des Konstrukteurs nicht mehr übereinstimmen. So wird auch er fast automatisch gezwungen, in diesen Fällen seine Korrekturen neuerlich anzubringen, bzw. Rücksprache mit dem Konstrukteur zu halten.

Ein weiterer psychologischer Vorteil ergibt sich aus dieser Vorgehensweise. Konstrukteur und Arbeitsvorbereiter, bei manchen Organisationsformen auch zusätzlich hinzukommende Fertigungskonstrukteure oder Zeichner, arbeiten im gleichen System mit den gleichen Befehlen in der gleichen Programmphilosophie. Dies erleichtert die notwendigen zwischenmenschlichen Kontakte. Alle am Konstruktionsprozeß maßgeblich beteiligten Personengruppen sprechen die „gleiche Sprache!". Damit können Mißverständnisse oder Mehrdeutigkeiten von vornherein auf ein Minimum reduziert werden. So selbstverständlich und einfach diese Aussagen gelten, so zeigt sich in der Praxis doch, daß sie bisweilen erhebliche Schwierigkeiten bereiten.

Abb. 22 zeigt eine CAD-Zeichnung mit der vom Arbeitsvorbereiter hinzugefügten Technologieinformation für den Kopplungsbaustein. Die Abb. 23–25 zeigen Kontrollausgaben, die das CAM-System erzeugt hat. Es sind die Werkzeuge und Werkzeugbahnen für die entsprechenden Fertigungsschritte.

Auch bei einem technisch noch so ausgereiften und effizienten Kopplungsbaustein sind eine Reihe von vorbereitenden Maßnahmen durchzuführen. Diese sind sehr sorgfältig auszuarbeiten, weil das entsprechend wirtschaftliche Arbeiten in der Folge im hohen Maße hiervon abhängt. Dies sind zum einen die Konfiguration der

3.6 Arbeiten mit CAM-Systemen

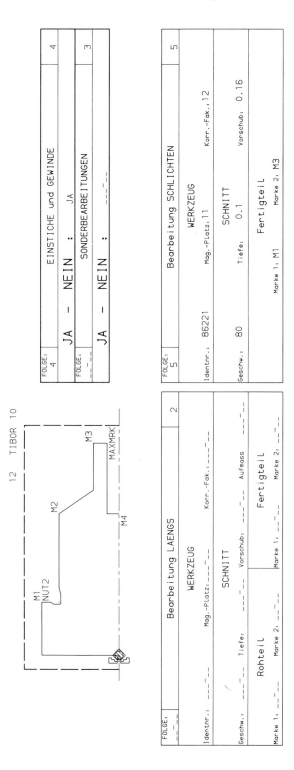

Abb. 22. CAD-Zeichnung mit Information für automatische NC-Kopplung

100   3. Praktisches Arbeiten mit integrierten CAD-Systemen

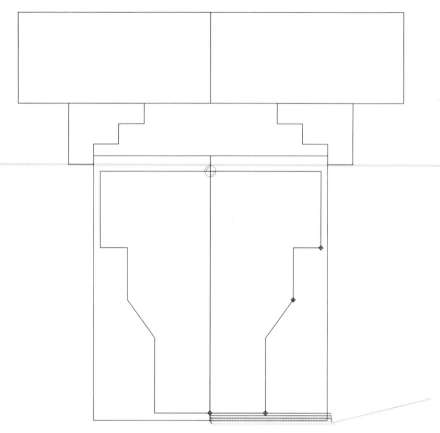

Abb. 23. Graphische CAM-Darstellung

entsprechenden Dateien hinsichtlich firmenspezifischer Fertigungsabläufe. An dieser Stelle kann bisweilen jahrzehntelange firmeneigene Erfahrung bei der Produktion eingebracht werden. Zum anderen sind auch im CAD-System selbst für die Handhabung eine Reihe von Maßnahmen zu treffen. So sollten spezielle Menüs für den Arbeitsvorbereiter erstellt werden. Diese sind einerseits fertigungs-, aber andererseits auch wieder firmenabhängig. Verschiedene Kombinationen von Technologiedaten sind stets mit dem Know-How eines Anwenders auf einem bestimmten Produktionsgebiet verbunden. Da der Kopplungsbaustein bestimmte Informationen aus der Zeichnung nur in spezieller Form interpretieren kann, muß auch dafür Sorge getragen werden, daß bereits der Konstrukteur auf bestimmte Menüfunktionen zurückgreift. Nur dann kann gewährleistet werden, daß sich die entsprechende Information in der richtigen Art und Weise im System befindet. Man denke etwa an das Erzeu-

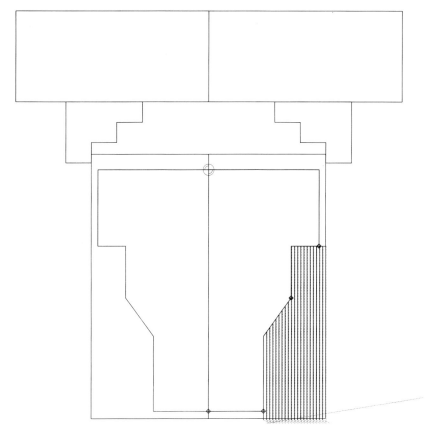

Abb. 24. Graphische CAM-Darstellung

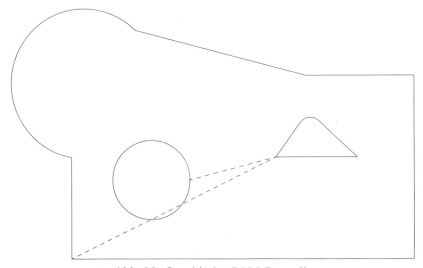

Abb. 25. Graphische CAM-Darstellung

gen von Einstichen oder Wandstärkenübergängen bei Drehteilen, an Gewindeschneiden oder an Bohren. Dies sind Informationen, die vielfach bereits der Konstrukteur symbolhaft in die Zeichnung einträgt. Wird dies über entsprechende Menüfelder gesteuert, kann diese Information etwa in Form logischer Einheiten in der richtigen Art nicht nur optisch, sondern auch für den Kopplungsbaustein interpretierbar in der Zeichnung abgelegt werden. Der Arbeitsvorbereiter braucht sich um solche Dinge nicht mehr zu kümmern, da sich der Kopplungsbaustein selbst aus der Symbolinformation alle Größen ermitteln kann, die er zum Fertigen benötigt. Der Fertigungszyklus selbst kann wiederum über die Konfigurationsdatei beeinflußt werden. So kann im Zusammenspiel zwischen logischen Einheiten, die in einfacher Weise über Menüfunktionen durch den Konstrukteur abgerufen werden, ein hohes Maß an Automatisation im Zusammenwirken mit Fertigungskonfigurationsdateien erzielt werden. Da auch solche Zusammenhänge wieder in hohem Maße anwenderabhängig sind, muß bereits bei der Konfiguration und Ausarbeitung solcher Maßnahmen ein enger Kontakt zwischen der Konstruktions- und der Fertigungsabteilung bestehen. Da beide wieder im gleichen System arbeiten, können sie gemeinsam zu schaffende neue Möglichkeiten rasch klären. Es soll auch an dieser Stelle nochmals darauf hingewiesen werden, daß im Ingenieurbereich eingesetzte Systeme, und hinzu zählen auch CAD-Kopplung-CAM-Bausteine, stets nur einen Rahmen für die tatsächlich von einem Anwender genutzten Möglichkeiten darstellen. Sie sind Werkzeuge, die der Benutzer selbst mit Leben erfüllt! Deshalb kann man auch bei der CAD/CAM-Kopplung nicht von einer „Knopfdruck-Computer-Philosophie" ausgehen! Es hat sich auch in der Praxis immer wieder gezeigt, daß dort, wo eine enge Zusammenarbeit zwischen Konstruktion und Fertigung auch hinsichtlich des Rechnereinsatzes besteht, die mögliche Effizienz solcher Kopplungen um ein Vielfaches gesteigert werden kann.

Aus dem eben Gesagten ergibt sich, daß beide Personengruppen von der Tätigkeit der anderen grundsätzlich informiert sein und ein Gefühl dafür entwickeln sollten. Bei der Einführung solcher Systeme sollte man die Kopplung auch von Anfang an ins Auge fassen. Man wird sie nicht von vorne weg in allen Bereichen sofort in die Praxis umsetzen, dennoch muß in beiden Abteilungen ein Gefühl dafür wachsen, was der andere benötigt. Sonst kann es geschehen, daß nach mehrmonatigem oder jahrelangem Arbeiten erkannt wird, auf die eine oder andere organisatorische oder vorbereitende Maßnahme vergessen zu haben, wodurch die optimale Effizienz der Kopplung nicht erreicht wird! Eine Überarbeitung der in diesem

Zeitraum angefallenen Konstruktionen wird aber aus praktischen Erwägungen meist nicht mehr realisiert werden können.

Je weniger der Arbeitsvorbereiter an der grundsätzlichen Geometrie des Bauteils ändern oder korrigieren muß, diese Tätigkeit kann bisweilen auch von einem Fertigungszeichner übernommen werden, umso effizienter kann eine Kopplung eingesetzt werden. Dies bedeutet aber, daß der Konstrukteur auf mehr Dinge zu achten haben wird, als dies heute vielfach der Fall ist. Er muß gewisse Grundregeln bei der Geometrieerstellung beachten, damit der Kopplungsbaustein seine Interpretation in einfacher Weise durchführen kann. Er bekommt dazu zwar als Unterstützung ein entsprechend vorbereitetes Menü mit benutzerspezifischer Anwenderführung, dennoch muß auch er selbst die eine oder andere Grundregel beachten. Der Kopplungsbaustein selbst bietet ihm die Möglichkeit, seine Konstruktion in gewissen Grenzen hinsichtlich der Fertigungsgerechtheit zu überprüfen. Dennoch bedeutet dies auch eine Reihe von menschlichen und organisatorischen Konsequenzen. Der Konstrukteur wird mit Dingen belastet, die er bisher nicht zu beachten hatte. Es fühlt sich deshalb in seiner kreativen Freiheit bisweilen beschnitten. Es kann auch sein, daß sein Arbeitsaufwand etwas vergrößert wird. Diese Probleme müssen von der Firmenleitung durch psychologische und organisatorische Maßnahmen eingedämmt werden. Zu den psychologischen Maßnahmen zählt die stärkere Integration der Konstruktions- und Fertigungsabteilung. Sie sollten auch örtlich näher zusammenrücken, als dies heute vielfach der Fall ist. Aus historischen Gründen sind ja Produktionsstätten oft an anderen Stellen entstanden als die Verwaltungsabteilungen. Konstruktionsabteilungen wurden vielfach den Letztgenannten zugezählt und örtlich an diesen Stellen untergebracht.

Wie immer bei organisatorischen Problemstellungen gibt es keine allgemein anwendbaren Lösungen. Auf Grund von Firmenerfahrungen, auch in der Anwendung von CAD/CAM-Kopplungen, müssen die benutzerspezifisch besten Lösungen für die eigene Organisation gefunden werden. Ich möchte an dieser Stelle nur mit aller Deutlichkeit aufzeigen, daß der Übergang von der Konstruktion zur Fertigung nicht nur ein technisches sondern in nicht unbeträchtlichem Maße auch ein organisatorisches Problem darstellt. Wenn eine Firmenleitung diesen Grundsatz erkannt hat, ist der erste Schritt zur effizienten Lösung bereits durchgeführt. Gerade dieser Problemkreis wird bei Vorführungen oder Workshops meist überspielt oder gar nicht erst erkannt, weil die gleiche Person Konstruktion und Arbeitsvorbereitung vorführt. Damit ist automatisch die entsprechende organisatorische Abstimmung durch die Personalunion gegeben.

Dies ist ein in der Praxis aber niemals vorkommender Fall. Weiteren organisatorischen Konsequenzen im Konstruktions- sowie Fertigungsbereich und allen damit zusammenhängenden Abteilungen ist ein eigener Abschnitt gewidmet.

4. Organisatorische Maßnahmen bei Verwendung von integrierten CAD-Systemen

Es wurde bereits an den verschiedensten Stellen bei Erläuterung der Funktionalitäten der einzelnen Bausteine von integrierten CAD-Systemen auf organisatorische Begleitmaßnahmen hingewiesen. In den folgenden Abschnitten sollen diese zusammengefaßt und unter weitreichenderen Gesichtspunkten erläutert werden. Die technische Bereitstellung von entsprechender Funktionalität ist die Grundvoraussetzung für den Computereinsatz im Ingenieurbereich. Die organisatorischen Maßnahmen entscheiden aber über die praktischen Erfolge des Einsatzes von Rechnersystemen. Gerade zu Beginn einer neuen technologischen Entwicklung, wenn man nicht auf jahrelange Erfahrungen zurückblicken kann, ist das Erkennen dieser Problematik von besonderer Bedeutung, weil sonst die Ursachen für mögliches Versagen an der falschen Stelle gesucht werden.

4.1 Veränderung im Konstruktionsbüro

Seit fast einem Jahrhundert ist das Werkzeug des Konstrukteurs, sieht man von Detailverbesserungen in der Ergonomie ab, im wesentlichen gleich geblieben. Bedingt durch diese Tatsache, haben sich auch die Vorgehensweisen nur in sehr bescheidenem Maße verändert. Durch den Einsatz der Computertechnologie haben sich einerseits neue Möglichkeiten ergeben, aber damit sind unvermeidlich auch neue Organisationsformen verbunden. Auch wenn ich nicht zu jenen gehöre, die ein radikales Umdenken in den kreativen und strategischen Überlegungen des Konstrukteurs fordern, stehe ich zu der erstgenannten Aussage. Auf Grund der durch die bisher verwendeten Zeichenmedien erzielbaren Genauigkeit war es notwendig, daß der Konstrukteur vieles symbolhaft darstellen mußte. Mit Hilfe der Computertechnologie kann, ja muß in vielen Fällen eine höhere darstellbare Genauigkeit erzielt werden. Dennoch muß die Zweckmäßigkeit einer Symboldarstellung auch weiterhin sehr genau geprüft werden, weil sie zur Lesbarkeit und damit Intepretierbarkeit durch den Menschen selbst beiträgt. Wir müssen einerseits die neuen Möglichkeiten ausschöpfen können, andererseits dürfen wir selbst nicht zum Sklaven einer Darstellbarkeit werden, die für den Rechner leichter zu verarbeiten ist. Hier muß in Zukunft ein entsprechender Mittelweg gefunden werden.

Der Computereinsatz hat aber auch eine Reihe von praktischen Auswirkungen auf das Arbeiten selbst. Kann man auf Grund der erwachsenden Kosten einem Konstrukteur ohne große Schwierigkeiten einen Zeichentisch zur ständigen Benutzbarkeit anvertrauen, auch wenn dieser nicht zu jeder Zeit genutzt wird, ist dies auf Grund des Preis-Leistungs-Verhältnisses bei CAD-Arbeitsplätzen nicht oder nur in sehr beschränktem Maße möglich. Es werden also stets mehrere Konstrukteure am gleichen Rechnerarbeitsplatz ihre Tätigkeit vollbringen müssen. Allein diese Tatsache kann schon zu einer Reihe von organisatorischen Problemen führen. Die Kapazität muß so ausgelegt werden, daß auch kurzfristige Engpässe überwunden werden können. Ein Arbeitsplatz muß einem Konstrukteur zeitlich gesehen solange zur Verfügung stehen, daß er auch tatsächlich sinnvolle in sich zusammenhängende kreative Manipulationen durchführen kann. Dies bedeutet in der Praxis, daß er den Arbeitsplatz zumindest drei bis fünf Stunden in ununterbrochener Folge zur Verfügung haben muß. Meist hat sich eine Dreierbelegung pro Tag im Vier-Stunden-Rhythmus in der Praxis als sehr günstig herausgestellt. Selbstverständlich kann es auch in dieser Zeit vorkommen, daß der Konstrukteur nicht ununterbrochen tatsächlich Eingaben tätigt, sondern dazwischen auch Denkpausen einschalten muß.

Will man aus Auslastungsgründen solche kurzen Phasen der Nichtbenutzung des Arbeitsplatzes vermeiden, kann sehr leicht der Effekt eintreten, daß der CAD-Einsatz grundsätzlich in eine falsche Bahn zu laufen beginnt. Es würden sich dann nämlich Arbeitsweisen herausbilden, in denen der Konstrukteur in immer stärkerem Maße skizzenhaft auf Papier entwickelt, und anschließend den CAD-Arbeitsplatz verbunden mit dem Rechnerprogramm nur mehr zu einer reinen zeichnerischen optischen Manipulation benutzt, praktisch eine schnellere Zeichenerstellung als es bisher mit Bleistift und Maschine möglich war. Es wurde aber in den letzten Abschnitten aufgezeigt, daß ein effizienter CAD-Einsatz durchaus wesentlich mehr darstellt als eine reine Eingabebeschleunigung. Der Konstrukteur muß die Möglichkeit erhalten, gerade mit den Hilfsmitteln die ihm ein CAD-System bietet, seine Gedanken zu realisieren und weiterzuentwickeln. Die Zeichenbeschleunigung sollte also nur einer der Gesichtspunkte sein, wahrscheinlich noch nicht einmal der wesentlichste.

Aus diesen Thesen heraus ergibt sich zwangsläufig, daß der Einsatz von CAD-Systemen nicht zu einer minderwertigeren Eingabearbeit wird. Diese Befürchtung steht sehr oft im Raum, da bei anderen Formen des Computereinsatzes dies insofern zutrifft, als die eigentliche unmittelbare Eingabe der Daten für Rechensysteme nicht von jenen Personen erfolgt, die sie schaffen oder zu verantworten haben, sondern von dazwischen geschalteten angelernten Kräften. Auf den CAD-Einsatz übertragen würde das bedeuten, daß nicht der Konstrukteur selbst am CAD-Arbeitsplatz sitzt, sonder ein „minderwertigerer technischer Zeichner", der die vom Konstrukteur gelieferte Information möglichst rasch dem Rechner vermittelt. Damit nimmt sich aber der Konstrukteur die Möglichkeit, bereits bei der Kreation seiner Ideen auf die vom Rechner gelieferten Hilfsmittel zurückzugreifen. Die erstgenannte Vorgehensweise kann nur in solchen Problemstellungen eingesetzt werden, wo der Arbeitsprozeß in einer strengen hintereinanderfolgenden Verkettung von Schritten durchgeführt wird. Gerade das ist beim Konstruktionsprozeß aber in keinster Weise gegeben. Der Konstrukteur ist unmöglich in der Lage, bei einem komplexeren Gebilde dieses vollständig zu übersehen, gedanklich zu formulieren, und anschließend zu realisieren. Im Gegenteil, er wird auf Grund von Teilrealisationen stets sein Konzept korrigieren, seine Ideen der neuen Situation anpassen und sich so schrittweise, iterativ, zu einer Lösung vortasten. Dies ist im wesentlichen ein hochgradig interaktiver Prozeß, wenn man in der Computersprache bleiben möchte. Daher ist der Zwischenschritt mit dem eigenen Eingabemann, jenem „neuen technischen Zeichner" eher hemmend. Das CAD-System sollte in immer stärkerem Maße das unmittelbare Werkzeug des geistig kreativen Konstrukteurs sein. Gerade weil er den Rechner als „Zeichenknecht" benutzen kann und dieser williger und schneller als jeder technischer Zeichner ist, bekommt der Konstrukteur bei seinem schrittweisen Vorgehen völlig neue Möglichkeiten in die Hand.

Diese Aussagen bedeuten allerdings, daß sich bei der Personalzusammensetzung im Konstruktionsbüro mittel- und langfristig durchaus Konsequenzen ergeben können. Der „reine technische Zeichner", der bisher nur ohne eigene Entscheidungsmöglichkeit die Gedanken des Konstrukteurs zu Papier gebracht hat, oder vom Konstrukteur korrigierte Zeichnungen in neue, reine Darstellung gebracht hat, kann durch den Rechnereinsatz sehr wohl abgelöst werden. Das Produzieren beliebiger Originale nach entsprechend rasch durchgeführten interaktiven Korrekturen wurde ja bereits mehrfach dargelegt. Trotz der Tatsache, daß Computergeräte immer bedienungsfreundlicher und wartungsärmer werden, wird bei immer stärkerem Einsatz doch ein gewisser Bedarf an eingeschultem reinen Bedienungspersonal, auch Operator genannt, bestehen bleiben. Wie bereits mehrfach hingewiesen, sollte der CAD-Einsatz auch unter dem Gesichtspunkt der größeren Möglichkeiten und nicht zu sehr des Personaleinsparens gesehen werden. Andererseits ist es unbestreitbar, da der Computer gerade die Routinearbeiten dem Menschen abnehmen kann, daß die geistigen Anforderungen an den Menschen gerade durch den Einsatz dieser Technologie immer größer werden. Die Schaffenskraft des Menschen wird in immer stärkerem Maße gefordert, da die durch Rotinearbeiten bedingten oder notwendig gewordenen Ruhepausen entfallen. So gesehen entspricht es tatsächlich der Wahrheit, daß das Arbeiten für den Konstrukteur mit Hilfe eines CAD-Systems anstrengender werden kann. Gerade deshalb, weil er in der Lage ist, seine Ideen in immer rascherer Folge zu realisieren, wird er selbst auch gezwungen, solche geistig zu verarbeiten.

Nach diesen grundsätzlichen Überlegungen, die sich sehr wohl im Arbeitsablauf und damit auch in organisatorischen Maßnahmen niederschlagen, soll auf spezielle praktische Probleme eingegangen werden.

Der Konstrukteur selbst muß sich im klaren sein, daß er bei Einsatz eines integrierten Gesamtsystems wesentlich mehr Information bereits in Details festlegt. Dies hängt damit zusammen, daß seine Zeichnungsinformation als direkte Datenquelle für eine Reihe weiterer Abteilungen und deren Programmsysteme herangezogen wird. Bei der papiermäßigen Weitergabe einer Zeichnung wurde diese von Menschen anderer Abteilungen interpretiert. Ein Mensch ist nun auf Grund seiner Erfahrung und langjährigen Tätigkeit aber sehr wohl in der Lage, Informationen anders zu verarbeiten, als es der Rechner imstande ist. Der Mensch kann flexibler korrigieren, kann auf einen Lernprozeß, der sich über Jahre oder Jahrzehnte hin erstreckt, zurückgreifen und dieses Wissen bei der Korrektur einsetzen und verarbeiten. Der Rechner kann nur nach vorgegebenen streng logisch definierten Kriterien Entscheidungen treffen und auf dieser Grundlage korrigierend eingreifen. Gerade im Konstruktionsbereich ist vieles nicht immer logisch eindeutig. Es gibt eine Reihe von Graubereichen, wo das „Fingerspitzengefühl" verschiedener an der Produktentstehung beteiligter Menschen ausschlaggebend sein kann. Weil dem so ist, muß der Rechner mit bereits im Detail besser festgelegten Daten versorgt werden.

Neben der menschlichen Erfahrung bei der Überprüfung und Interpretation von Zeichnungen, besitzt der Mensch auch bessere Möglichkeiten einer Kommunikation. Der Rechner kann nur dann mit dem Menschen kommunizieren, in Verbindung treten, ihm Fragen stellen, wenn der Anwender, also der Mensch, bereit ist, diese

Kommunikation auch durchzuführen. Das bedeutet simpel gesagt, wenn der Rechner eine Entscheidung nicht selbst fällen kann, bricht er seinen Programmlauf ab und stelle die Frage. Solange diese Frage nicht beantwortet wird, wird keine Aktion durchgeführt. Der Rechner ist nicht in der Lage von sich aus aktiv einen am Entstehungsprozeß beteiligten Menschen anzusprechen oder zu aktivieren, wenn dieser nicht vor dem Eingabegerät sitzt. Ein anderer Mensch hat hier viel mehr Möglichkeiten jemanden anzurufen oder mit ihm auf andere Art und Weise, wenn die Zeit schon sehr drängt, in Verbindung zu treten. Dies hat aber, so einfach das alles klingen mag, eine Reihe von Auswirkungen auf die Arbeitsweise und auf die Behebung möglicher Fehlerursachen. Dort, wo der Rechner sehr langwierige Operationen durchzuführen hat, und im Normalfall keine Interaktion notwendig ist, hat es wenig Sinn, wenn der Rechnerlauf ständig vom Menschen überwacht wird. Sollten in diesen Fällen aber dennoch Fehler auftreten, die nur durch dialogorientierte Eingriffe behoben werden können, so ist eine gewisse Zeitverzögerung einfach mit einzurechnen. Um das Eintrittsrisiko zu minimieren, bedeutet das aber, daß die menschliche Eingabe nach Möglichkeit bereits überprüft werden muß. Es muß also beim Einsatz integrierter Systeme andere Stellen der menschlichen Kontrolle geben. Es müssen bisweilen auch andere Kontrollformen gefunden werden, weil die derzeit natürlichen in dieser Form nicht mehr existent sind. Man kann auch diese Kontrollen sehr effizient rechnerunterstützt durchführen, aber man kann sie in den meisten Fällen nicht ausschließlich und allein dem Rechner überlassen.

Dies bedeutet nun zweierlei! Einerseits sollte bereits der Konstrukteur die Möglichkeit, die ihm der Computereinsatz bei der Kontrolle bietet, voll ausnützen. Er ist damit in der Lage, eine Konstruktion zu liefern, die sowohl in ihrer Funktionalität fehlerfreier als bisher ist, als auch von der Darstellung her wesentlich exakter und genauer in den Dimensionen sein kann. Bei entsprechender Systemkonfektionierung gibt es bei leistungsfähigen CAD-Programmen durchaus Möglichkeiten, Toleranzen zu überprüfen, Funktionalitäten aufzuzeigen, Maße zu kontrollieren, und vieles mehr. Über Menüfunktionen kann man den Konstrukteur auch dazu anhalten, solche Kontrollmechanismen auszunutzen. Man kann sie nur nicht in jedem Fall zwingend vorschreiben, weil das den gesamten kreativen Entwicklungsprozeß in vielen Phasen entscheidend beschränken oder verzögern würde. Die Entscheidung, was wann auf welche Art und Weise überprüft werden muß, kann derzeit in den meisten Fällen nur vom Menschen getroffen werden. Diese Selbstkontrolle kann der Konstrukteur bisweilen auch als zusätzlichen Aufwand auffassen. Grundsätzlich hat er damit gar nicht so unrecht. Sieht man allerdings die Gesamtzusammenhänge, so erkennt man, daß viele Korrekturen die an späterer Stelle mit erheblich größerem Aufwand durchgeführt werden, durch diese Selbstkontrolle weitestgehend entfallen. Naturgemäß sieht aber jeder Mensch nur seinen eigenen in sich beschränkten Aufgaben- und Arbeitsbereich. Hier müssen psychologische Maßnahmen eingesetzt werden, um das Verständnis für die Gesamtzusammenhänge zu wecken und damit auch die Bereitschaft zu fördern, zu solchen Kontrollmaßnahmen zu greifen.

Zum anderen müssen neben der Selbstkontrolle durch den Konstrukteur vielfach auch zusätzliche Kontrollen durch andere Personen vorgesehen werden. In einer Reihe von Organisationsformen ist es zweckmäßig, eine Norm- und Funktionalitätsprüfung durch spezielle Prüfkonstrukteure durchführen zu lassen. Dies wird in manchen Bereichen ja auch heute schon durchgeführt. In Zukunft könnte sich eine solche Vorgehensweise noch verstärken. Selbstverständlich stehen auch diesen menschlichen Kontrollorganen alle Funktionen zur Überprüfung zur Verfügung, die ein leistungsfähiges CAD-System bieten kann. Damit wird auch die Arbeit eines solchen Personenkreises wesentlich erleichtert. Einerseits kann der zeitliche Ablauf verkürzt, andererseits aber auch die Rate der Fehlererkennung entscheidend verbessert werden.

Neben organisatorischen Maßnahmen, die auf die veränderte Arbeitsweise im Konstruktionsbüro Bezug nehmen, sind aber auch noch weitere Maßnahmen für den effizienten Einsatz der Computertechnologie im Konstruktionsbereich zu treffen. Wie bereits immer wieder erwähnt wurde, muß ein CAD-System für effizienten Einsatz benutzerspezifisch adaptiert werden. Da sich auch die menschliche Arbeitsweise im Laufe der Zeit durch verschiedenste Veränderungen in den Randbedingungen anders gestaltet, müssen auch CAD-Systeme stets aufs Neue angepaßt und adaptiert werden. Was für den Menschen selbst eine Weiterbildung und neuerliche Schulung bedeutet, ist für ein Computersystem eine neuerliche und erweiterte Adaptierung entsprechend den neuen Anforderungen. Solche Adaptierungen können aber nicht mehr vom Anbieter selbst durchgeführt werden. Dazu sind sie viel zu sehr firmenspezifisch und auf die Erfahrung eines bestimmten Anwenderkreises aufgebaut. Daher müssen sie im Rahmen einer Konstruktionsabteilung selbst durchgeführt werden. Um solches in geregelte Bahnen zu lenken, bedarf es aber bestimmter firmenangepaßter Organisationsformen.

Einem, bei größeren Einheiten auch mehreren Mitarbeitern der Konstruktionsabteilung sollte man die Möglichkeit geben, sich mit den internen Anpassungsmöglichkeiten eines speziellen CAD-Systems besser vertraut zu machen. Diese Personen, auch Systembetreuer genannt, sollen die Realisierung entsprechender Adaptierungen durchführen. Die Anregungen müssen einerseits durch neue Anforderungen an das Konstruktionsbüro, andererseits aber auch durch Leute aus den eigenen Reihen kommen. Damit aber nicht jeder Konstrukteur seine eigenen Anpassungen durchführt, was organisatorisch zu einem Chaos führen kann, weil vieles mehrfach und doch in etwas anderer Form geschieht, muß dies durch den Systembetreuer vereinheitlicht werden. Er wird bestimmte Menüs vorbereiten, Varianten- Macros erstellen, Dialogprogramme zum besseren Verarbeiten von Katalogdaten bereitstellen, die benutzergerechte Handhabung der Verknüpfung verschiedener Systembausteine zur Verfügung stellen und noch vieles mehr. Damit wird das System durch die anderen Anwender effizienter benutzbar, was zur besseren Annahme des Systems durch die eigenen Leute und letztlich auch zur besseren wirtschaftlicheren Nutzung des Systems führt. Durch solche Adaptierungsarbeiten beginnt das System die „Sprache einer bestimmten Firma" zu sprechen.

Von der Dynamik und dem Einfallsreichtum solcher Systembetreuer kann ein effizienter Einsatz eines CAD-Systems durchaus entscheidend abhängen. Man sollte daher auf solche Positionen besonders fähige und von den Möglichkeiten der modernen CAD- Technologie überzeugte Leute setzen. Es ist aber mit Sicherheit *nicht der Aufgabenbereich eines Informatikers.* Diese Personen müssen aus dem Konstruktionsbereich kommen, weil sie sonst den Kontakt zum eigenen Mitarbeiter verlieren und seine Gedankengänge nicht mehr nachvollziehen können. Dies ist aber von entscheidender Bedeutung. Gerade diese Aussagen haben sich in der Praxis vielfach bestätigt. Ein solcher Systembetreuer darf nicht fernab in einem Rechenzentrum sitzen, sondern muß hautnah unter seinen konstruktiv arbeitenden Kollegen sitzen. Bei kleineren Frimen wird er ja selbst vielfach zu konstruktiven Aufgaben herangezogen werden. Letztlich sind seine Aufgaben auch als Systembetreuer ja von konstruktiver Natur, nur werden sie vom Tagesgeschehen etwas gesondert betrachtet und sind als vorbereitende Maßnahmen anzusprechen.

Dieser Systembetreuer hat auch die Aufgabe der Kommunikation mit anderen Abteilungen. Er muß die vorbereitenden Maßnahmen so durchführen, daß die Daten in kontrollierter und effizienter Form über Rechnerleitungen an die Systeme anderer Abteilungen weitergeleitet werden können. Diese verarbeiten ja mit ihren Systembausteinen diese Informationen weiter. Ich denke dabei etwa an das Stücklistenwesen, an Kontrollrechenprogramme, an die Fertigungsschnittstelle, an Lagerverwaltung und vieles mehr. Einige dieser Probleme werden in den folgenden Abschnitten noch intensiver dargelegt. Daß eine solche Datenkommunikation heute vielfach nicht in dem Maße funktionsfähig ist, wie sie es eigentlich sein sollte, liegt meist nicht oder nur zum geringen Teil an den technischen Voraussetzungen. Es müssen organisatorische Maßnahmen getroffen werden. Dies kann aber nur von Personen geschehen, die mit den Möglichkeiten der einzelnen Systeme vertraut sind, und andererseits auch die innerbetrieblichen Anforderungen genau kennen oder in Erfahrung bringen können. Diese Aufgabe ist den entsprechenden Systembetreuern zu übertragen. Sie kennen ihr System, sie kennen die Arbeitsweise ihrer Abteilungen und sie müssen auch die Anforderungen auf Grund der bisherigen Zusammenarbeit mit anderen Abteilungen kennen, die von diesen an sie gerichtet werden. Auf Grund dieses Wissens sollten sie befähigt sein, die entsprechenden programmtechnischen Adaptierungen und vor allem organisatorischen Maßnahmen setzen zu können, um einen solchen Datenfluß nicht nur grundsätzlich sondern auch in zweckmäßig zu verarbeitender Form ins Leben rufen zu können. Da auch solche Maßnahmen stets dem Wandel der Zeit unterliegen, hat der Systembetreuer die Aufgabe, sie stets zu überprüfen und bei Bedarf zu modifizieren und zu adaptieren. Hierbei muß die Notwendigkeit solcher Maßnahmen auch den einzelnen Mitarbeitern in den entsprechenden Abteilungen nahegebracht werden. Durch die menschliche Trägheit bedingt, können sonst an solchen Stellen neuerliche Schwierigkeiten auftreten.

Für den Systembetreuer ergeben sich somit eine Reihe unterschiedlichster und interessanter Problemstellungen, die zu lösen sind. Durch die Neuheit der Technologie, ist es nicht möglich, allgemeingültige Aussagen für Detailprobleme zu machen. Der Systembetreuer ist also vielfach auf sein eigenes Wissen, seine Erfahrung und sein Fingenspitzengefühl für neue Dinge angewiesen. Erfreulicherweise liegt der Erfolg aber weniger in der Verfolgung einer bestimmten Philosophie, sondern in der praktischen Realisierung eigener Gedanken.

4.2 Die Kopplung zur automatischen Fertigung

Bereits beim herkömmlichen Arbeiten sind Konstruktion und Fertigung zwei Abteilungen, die in sehr starkem Maße miteinander zu tun haben und auf Zusammenarbeit angewiesen sind. Diese Überlegungen haben natürlich auch beim Rechnereinsatz vorrangige Bedeutung. Die technische Realisierung solcher CAD/CAM-Kopplungen wurde bereits in Abschnitt 3.6.4 ausführlich dargelegt.

Konstrukteur und Arbeitsvorbereiter sollen beide im gleichen Programmsystem arbeiten, nämlich dem Konstruktionssystem. Der Kopplungsbaustein verarbeitet die hier festgelegte Information beider Personengruppen und führt sie in entsprechender Form dem NC- System zu. Dieses kann weitgehend ohne menschlichen Eingriff im Hintergrund die Daten weiterverarbeiten und die Steuerungsinformation für die Werkzeugmaschine erzeugen. Die entsprechenden optischen Kontrollen, wie Werkzeuge und Werkzeugbahnen müssen auf demselben physikalischen Arbeitsplatz sichtbar gemacht werden können, an dem auch das CAD-System bedient wird. Der Mensch merkt also kaum, daß er in zwei von der Funktionalität her durchaus unterschiedlichen Programmsystemen arbeitet. Eine Reihe von organisatorischen Maßnahmen müssen aber bedacht werden, soll dieser Kopplungseinsatz von Erfolg gezeichnet werden.

Wie bereits in Abschnitt 4.1 erwähnt, legt der Konstrukteur in einem integrierten Gesamtsystem wesentlich mehr Informationen im Detail fest als bisher. Diese Aussage gilt auch für die Fertigung. Soll der Arbeitsvorbereiter nicht einen Großteil der Geometrie neuerlich überarbeiten, muß der Konstrukteur gewisse Grundregeln bereits einhalten. Auch die absolute Genauigkeit von Dimensionen ist von großer Bedeutung. Sie kann allerdings mit Hilfe von CAD-Systemen leichter erreicht und vor allem besser kontrolliert und korrigiert werden. Über die Kontrollmaßnahmen wurde bereits im vorigen Abschnitt ausführlich gesprochen. Solche Kontrollen müssen auch hinsichtlich der Fertigung durchgeführt werden.

Das Grundproblem liegt ja wohl darin, daß der Konstrukteur eine Bauteilgeometrie hinsichtlich ihrer Funktionengerechtheit festlegt und nicht hinsichtlich ihrer Fertigungsgerechtheit. Es hängt von der Komplexität von Konstruktionsteilen ab, ob man dem Konstrukteur zumuten kann, bereits auf Fertigungsgerechtheit zu achten. Ist dies nicht der Fall, so muß entweder der Arbeitsvorbereiter größere Geometriekorrekturen vornehmen, oder diese Tätigkeit wird einem eigenen Fertigungszeichner übertragen. Ähnliche Organisationsformen gibt es ja schon heute beim klassischen Konstruieren. Mit Hilfe des CAD-Systems arbeiten aber all diese Personenkreise in einem einheitlichen System an einem einheitlichen Medium. Das bedeutet, daß die Änderungen in der gleichen Datei durchgeführt werden. Alle Personenkreise sprechen, bedingt durch die Philosophie des Konstruktionssystems, die gleiche Sprache. So kann durch Erfahrungsaustausch der eine oder andere Hinweis von einer Personengruppe die Vorgehensweise einer anderen durchaus positiv beeinflussen. Wichtig ist in diesem Zusammenhang, daß sich möglichst alle Personenkreise zu gleicher Zeit mit den Möglichkeiten des

Systemseinsatzes vertraut machen können. Auch wenn es nicht immer möglich ist, von der Stunde Null weg auf allen Gebieten den Computereinsatz zu erwirken, so muß man sich doch gedanklich an allen diesen Stellen mit ihm vertraut machen. Sonst könnte es erforderlich werden, daß zu einem späteren Zeitpunkt Überarbeitungen von mit Hilfe von CAD-Systemen erstellten Daten, also Computerzeichnungen, in erheblichem Maße durchgeführt werden müssen. Die andere Alternative wäre, an einer Reihe von Stellen auf einen effizienten CAD-Einsatz zu verzichten!

Werden alle Informationen in einer einzigen Datei, nämlich der rechnerinternen Beschreibung eines Bauteiles, also der CAD- Zeichnung, abgelegt, ist ein Änderungs- und Kontrolldienst organisatorisch leichter durchführbar. Dennoch muß bedacht werden, welcher Personenkreis, welche Änderungen durchführen darf, bzw. für welche er verantwortlich zeichnet. Dies kann durch Arbeiten auf verschiedenen Ebenen organisiert werden, wobei bestimmte Personenkreise bestimmte Ebenen nicht verändern dürfen. Trotzdem bleibt die optische Kontrolle der Informationsinhalte verschiedener Ebenen. Weiters wäre es empfehlenswert, wenn Konstruktions- und Fertigungsabteilungen in Zukunft auch örtlich wieder im stärkeren Maße integriert werden könnten. Dies war bisher in vielen Fällen aus praktischen Überlegungen nicht der Fall, weil sich die Konstruktionsabteilung an einem anderen Standort befand, als die Fertigung. Standorte für Fertigungsabteilungen wurden nach ganz anderen Gesichtspunkten, Verkehrsbedingungen und vieles mehr gewählt. Durch Möglichkeiten wie DNC kann aber auch die Arbeitsvorbereitung von der eigentlichen Fertigungsmaschine getrennt etabliert werden. Zwischen dem Arbeitsvorbereiter und dem Mann an der Maschine kann die Kommunikation auch über Rechnerleitungen erfolgen. Der Arbeitsvorbereiter selbst ist aber gemeinsam mit dem Konstrukteur in einem wesentlich stärkeren interaktiven Prozeß mit dem Rechner verbunden, als es der Mann an der Maschine selbst ist. Er erhält Informationen, die er mit wenigen Handgriffen, zum Beispiel das Einrichten von Werkzeugen, in die Tat umsetzt. Anschließend ist seine Funktion die Überwachung der Maschine, die durch die Steuerungsinformation ihre Tätigkeit aufnimmt.

Ebenfalls wurde bereits erwähnt, daß die Tätigkeit des Arbeitsvorbereiters mit Ausnahme weniger Fälle nicht vollautomatisch durch ein Computerprogrammsystem ersetzt werden kann. Dies mögen Wunschvorstellungen sowohl von Systemanbietern als auch von Firmenleitungen sein. Es ist deshalb unrealistisch, weil in der Technologie- bzw. Fertigungsinformation sehr viel persönliche Erfahrung und firmenspezifisches Wissen enthalten ist.

Die Automatisation des Hinzufügens von Technologieinformationen ist nur dann möglich, wenn es gelingt, Teilespektren innerhalb eines Betriebes zu finden, die mit gleicher Information versorgt werden. Die Fertigungsdaten werden einmal vom Arbeitsvorbereiter auf Grund seines Wissens und seiner Erfahrung für eine ganze Reihe von zu fertigenden Einheiten bereitgestellt. In der Praxis liegen die Probleme im Erkennen der Strukturen für bestimmte vereinheitlichte Fertigungsfälle. Da die Produktspektren und Fertigungsmöglichkeiten bei den Anwendern derart unterschiedlich sind, muß ein solcher Vorgang firmenspezifisch unter Beteiligung der Mitarbeiter der entsprechenden Abteilungen durchgeführt werden. Auch externe Berater können nur unterstützende Arbeit leisten. Erst nach Realisierung eines solchen Konzeptes und fester vorliegender Strategien ist es sinnvoll, an die Verwirklichung eines Automatisationskonzeptes zu gehen. Grundvoraussetzung sind naturgemäß das Vorhandensein entsprechender Teilefamilien oder Variantenkonstruktionsbedingungen.

Automatisation bedeutet stets Vereinheitlichung in gewissen Grenzen. Um zu solchen Gemeinsamkeiten zu gelangen, sind stets auch eine Reihe von Kompromissen notwendig. Die dem Menschen eigene Individualität und Flexibilität, mit der er selbst arbeiten kann, geht bei Automatisationsbestrebungen im Rechnereinsatz in nicht unbeträchtlichem Maße verloren. Dieser Tatsache sollte sich ein zukünftiger Anwender vom Beginn an voll bewußt sein. Deshalb ist in vielen technischen Bereichen, darunter auch bei der Kopplung von Konstruktion und Fertigung, eine Rechnerunterstützung für den Menschen zweckmäßiger als seine Ersetzung.

4.3 Maßnahmen für die Kommunikation zu anderen Abteilungen

Über die technischen Voraussetzungen wurde an anderer Stelle bereits ausführlich berichtet. Aus gerätemäßiger Sicht ist dies die Vernetzungsmöglichkeit verschiedener Rechner bzw. Systeme. Ist dies gewährleistet, können Informationen, die auf Anlagen verschiedener Abteilungen, auch von verschiedenen Programmsystemen, erzeugt wurden, untereinander ausgetauscht werden. Die Programmsysteme selbst müssen flexibel und anpassungsfähig sein. Dies einerseits hinsichtlich der Kommunikation mit anderen Programmsystemen, andererseits aber aus Gründen der Anpassungsfähigkeit an bestimmte Anwenderanforderungen. Die letzte Aussage führt zum wesentlichen Punkt des vorliegenden Abschnittes, den organisatorischen Maßnahmen.

In der Praxis ist es keineswegs so, daß Daten von einem Programmsystem erzeugt werden und in der Folge in strenger Reihenfolge dem nächsten System übertragen werden. Dies würde bedeuten, daß etwa die Ausgangsinformation vom Konstrukteur im CAD-System festgelegt wird und diese dem nächsten System in der nächsten Abteilung übergeben wird. An dieser Stelle werden die Daten weiterverarbeitet und geändert, anschließend an die nächste Abteilung weitergeleitet, usf. Dieser Vorgang wäre zwar einfach steuerbar, wird aber selten anzutreffen sein.

Der Regelfall ist eher der, daß Daten an den verschiedensten Stellen erzeugt und gewartet werden. Diese Daten werden zusammengeführt, in verschiedenen Kombinationen verschiedenen Abteilungen zur Verfügung gestellt, die die unterschiedlichsten Modifikationen durchführen. Anschließend werden diese Daten zum Teil wieder zurück- oder an andere Stellen weitergeleitet. Die Art und Weise dieser Vernetzungen hängt in hohem Maße von der Organisation eines Unternehmens ab.

Man könnte nun der Meinung sein, daß es auf Grund verschiedener moderner wissenschaftlicher Erkenntnisse auf dem Gebiet der Arbeitsorganisation möglich wäre, für bestimmte Gruppen von Anwendern Standardorganisations-Modelle anzubieten. Diese könnten von Software-Häusern rechnermäßig realisiert und den entsprechenden Klassen von Firmen angeboten werden. Solche Organisationsprogramme bräuchten dann in keiner Weise an Anwenderwünsche adaptiert zu werden.

So ideal der einen oder anderen Firmenleitung das Einkaufen von solchen Organisationstechnologien, noch dazu rechnermäßig gesteuert, erscheinen möge, sprechen in der Praxis gewichtige Gründe dagegen.

Es ist nicht so einfach, Firmen in bestimmte Gruppen und Klassen einzuteilen. Die Funktionsfähigkeit einer Firmenorganisation wird von den Mitarbeitern, also von individuell denkenden Menschen gestaltet und mit Leben erfüllt. Auch die Randbedingungen, unter denen verschiedene, auch in ihrer Größe und Zielsetzung ähnliche Unternehmen arbeiten, können völlig verschiedenartig sein. Demgemäß bilden sich auch unterschiedliche Organisationsformen heraus. Diese sind in nicht unbeträchtlichem Maße auch von unterschiedlichen Erfahrungen in den einzelnen Unternehmen geprägt. Dies führt zum nächsten entscheidenden Gesichtspunkt: Unternehmen sind historisch gewachsen. Auch auf Grund dieser Tatsache ergeben sich eine Reihe organisatorischer Merkmale, die nicht über Nacht umgestoßen werden können.

Aus diesen Gründen müssen alle am Informationsfluß beteiligten Programmsysteme flexibel und an die speziellen Organisationsformen verschiedener Anwender anpaßbar sein. Die Handhabung muß dermaßen gestaltet werden, daß auch der Anwender selbst ohne größeren Aufwand und Mühen solche Adaptierungen durchführen kann. Es sind bereits eine Reihe von Systemen am Markt, die solchen Anforderungen genügen. Das Hauptproblem liegt in der Tatsache, daß der Anwender seine Wünsche und Anforderungen an die einzelnen Systeme formulieren muß.

In der bestehenden Organisationsform sind die meisten an ihr beteiligten Personen nur mit bestimmten, relativ begrenzten Teilgebieten vertraut. Nur wenige kennen die gesamten Zusammenhänge. Verschiedene Maßnahmen können aber nur auf Grund eines solchen Wissens erklärt werden. Deshalb ist es notwendig, vor Inangriffnahme größerer Rechnersystemadaptierungen die Organisationsstruktur des eigenen Unternehmens zu erfassen und zu analysieren. Dies sollte Aufgabe des entsprechenden Systembetreuers sein. Der entsprechende Arbeitsaufwand sollte auch aus zeitlicher Sicht nicht unterschätzt werden. Eine Vielzahl von Personen ist letztlich an diesem Prozeß beteiligt. Verschiedene Auffassungen und Meinungen müssen nicht nur erfaßt sondern auch aufeinander abgestimmt werden. Natürlich kann der Rechnereinsatz in der Organisation auch dazu benutzt werden, um eine Reihe von an sich längst fälligen Änderungen durchzuführen. Auch ein kritisches Auseinandersetzen mit verschiedenen Maßnahmen sollte zu diesem Zeitpunkt stattfinden. Verschiedene Tätigkeiten müssen unter dem Gesichtspunkt der neuen Möglichkeiten gesehen werden. Ist die Organisationsstruktur erfaßt, sind alle Durchführungsformen geklärt und sind die vorbereitenden Maßnahmen abgeschlossen, kann zur entsprechenden Realisierung in Form von Systemadaptierungen geschritten werden.

Der Zeitaufwand, den die eigentliche Realisierung einnimmt, ist meist nur ein Bruchteil dessen, was in die vorbereitenden Maßnahmen investiert wurde. Es ist jedoch zu beachten, daß die entsprechend verwirklichten Programmformen nur im beschränkten Maße und in einer Übergangszeit ausprobiert werden können. Man sollte davon ausgehen, daß spätere Änderungen nach einem echten Anlaufen aller Programmsysteme im täglichen Betrieb möglichst vermieden werden sollten. Dies läßt sich naturgemäß nicht immer durchführen. Die technische Änderung eines Organisationsmerkmals in einem Programmsystem ist zwar meist rasch und sehr einfach durchgeführt. Dies ist es auch, was bei Messen oder Workshops demonstriert wird. Es wird jedoch nicht darauf verwiesen, daß auch geringfügige Änderungen in der Organisation große Folgeauswirkungen haben können. Diese sind bisweilen durchaus arbeitsintensiv. Dies soll an einigen Beispielen verdeutlicht werden.

Ein Gutteil der Stücklisteninformation etwa wird vom Konstrukteur festgelegt. Dies bedeutet, daß die Information aus dem CAD-System, bzw. dessen Datenorganisation – sie entspricht dem Zeichenblatt – herausgezogen werden muß. Es gibt aber eine Reihe weiterer Quellen für die Listenerstellung. Gewichte und Preise von Zulieferteilen, bzw. deren Hersteller und ähnliche Informationen werden mit Sicherheit in eigenen Katalogen aufbewahrt und verwaltet. Es sind ja Größen, die von den Abteilungen Einkauf oder Lagerverwaltung erfaßt und gewartet werden. Natürlich muß auch die Rückmeldung erfolgen, wie viel solcher Zulieferteile durch eine neue Konstruktion angeschafft und auf Lager gelegt werden müssen. In weiterer Folge wird die Stücklisteninformation für die gesamte Arbeitsorganisation benötigt werden.

Es soll nun angeommen werden, daß man durch einen längeren Zeitraum hindurch in der eben beschriebenen Weise nach bestimmten Kriterien mit Hilfe des Rechners vollautomatisch Stücklisteninformationen erzeugt und an die entsprechenden Abteilungen weitergeleitet hat. Nun erkennt man, daß auf Grund einer zusätzlichen Eintragung im CAD-Zeichenblatt weitere Informationen gesammelt und bereitgestellt werden könnten. Das programmtechnische Ändern ist in kurzer Zeit geschehen. Um ein entsprechend automatisches Verarbeiten aller CAD-Zeichnungen gewährleisten zu können, muß die fehlende Information auf allen bereits in den Bibiliotheken abgelegten CAD-Zeichnungen nachgetragen werden. In vielen Fällen ist aus Individualitätsgründen dieser Vorgang nicht oder nur in sehr beschränktem Maße automatisierbar. Das bedeutet, daß alle bestehenden Zeichnungen nochmals durch den Menschen angefaßt werden müssen. Dies kann einen nicht unbeträchtlichen Zeitaufwand darstellen. Hätte man diesen Gesichtspunkt von Anfang an berücksichtigt, wäre der Mehraufwand bei der Erstellung der Zeichnung so minimal gewesen, daß er kaum ins Gewicht gefallen wäre. Deshalb sollten bei der Einführung von CAD-Systemen bereits auch ein Großteil der organisatorischen Begleitmaßnahmen berücksichtigt werden.

Wie bereits an anderer Stelle erwähnt wurde, ist es gerade die Automatisation solcher Informationsflüsse, die die Effizienz des Einsatzes von Rechnersystemen in Unternehmungen in hohem Maße beeinflussen und verbessern. Das Sammeln und Weiterleiten der Information ist mit keiner menschlichen Arbeitsleistung mehr verbunden. Sie ist schnell und völlig frei von Fehlern. Damit bearbeiten alle Abteilungen Informationen, die sich auf dem neuesten Stand befinden. Da jede Information nur einen einzigen, definierten und bestimmten Ursprung hat, sind Fehler und Mängel sehr leicht zu erkennen und auch an der entsprechenden Stelle zu beheben. Damit werden aber auch alle Folgeinformationen automatisch auf den neuesten Stand gebracht.

Bei der Verwirklichung organisatorischer Maßnahmen können gute externe Berater mit entsprechendem Sachwissen durchaus hilfreich zur Seite stehen. Sie können aber in keinem Falle allein die notwendigen Systemadaptierungen durchführen. Sie sind stets auf die Unterstützung mit der Organisation vertrauter, auf langjährige Erfahrung zurückblickender Mitarbeiter im Unternehmen angewiesen. Diese Mitarbeiter sollten, trotz des Tagesgeschehens, einen entsprechenden sinnvollen Zeitrahmen für ihre Tätigkeit zur Verfügung gestellt bekommen. Dies sollte stets unter dem Gesichtspunkt gesehen werden, daß die mangelhafte oder übereilte Planung in der Organisation zu einem späteren Zeitpunkt ernstliche Schwierigkeiten bringen kann.

5. Auswahl von Systemen

Bevor die eigentlichen Kriterien ausführlich dargelegt werden, sollen zwei Begriffe, die im folgenden häufig vorkommen, erläutert werden. Dies sind die der „Turn-Key"-, auch schlüsselfertiger, und jener der offenen Systeme.

Unter Turn-Key-System versteht man eine speziell aufeinander abgestimmte Geräteprogramm-Kombination, die meist für ganz spezielle Zwecke einsetzbar ist. Unter offenem System versteht man, daß ein Programmsystem auf einer Computeranlage läuft, die auch für andere Zwecke herangezogen werden kann. Das Erlernen eines schlüsselfertigen Systems kann in manchen Fällen rascher erfolgen, weil es bereits auf ganz bestimmte Funktionen zugeschnitten wurde. Das offene System bietet hingegen wesentlich mehr Möglichkeiten. Deshalb wird das Erfassen aller Funktionen eines solchen Systems längere Zeit in Anspruch nehmen. Trotz diesen höheren Aufwandes wird, von Ausnahmefällen abgesehen, der wirtschaftliche Einsatz eines offenen Systems langfristig größer sein. Darauf wird an späterer Stelle noch ausführlich eingegangen. Es ist ja grundsätzlich so, daß ein einfacheres Werkzeug rascher, aber keineswegs leichter zu erlernen ist, als ein leistungsfähigeres. Dies ist ein Gesichtspunkt, der mittel- und langfristige Überlegungen beeinflussen sollte und durch kurzfristige Erfolgsaussichten nicht abgewertet werden darf.

5.1 Kriterien aus technischer Sicht

Einer der wohl am meisten zu beachtenden Punkte sind die Eingabeformen und damit die Handhabung des Systems. Ein interaktives System wird grundsätzlich mit Befehlen bedient, welchen bestimmte Eigenschaften, auch Parameter genannt, zugeordnet sind. Diese Eigenschaften können textlicher, zahlenmäßiger oder graphischer Art sein. Graphische Eingaben müssen in interaktiver Form durch Positionieren eines sogenannten Cursors, ein Symbol am Bildschirm, z. B. ein Fadenkreuz, mit Hilfe eines entsprechenden Gerätes wie Steuerknüppel oder Rollkugel und vieles mehr, durchgeführt werden. Vor allem Rollkugel und Steuerknüppel haben sich bestens bewährt. Der Lichtstift ist ein Identifizierungs- und kein

Eingabegerät, sollte in diesem Zusammenhang nur mit Vorsicht genannt werden, er läßt auch kein Zeichnen am Bildschirm zu, wie dies vielfach behauptet wird. Auch von der Ergonomie des Arbeitens her stellt er keine günstige Lösung dar. Bildschirmcursor-Steuerungen mit Hilfe eines graphischen Tabletts sind nur in ganz bestimmten Fällen sinnvoll. Diese sind dann gegeben, wenn sehr häufig eine auf Papier vorliegende Geometrie dem Rechner vermittelt werden soll. Das Identifizieren und Korrigieren bereits im System sich befindlicher Geometrien ist mit anderen Eingabegeräten leichter möglich.

Die Befehle selbst, textliche oder zahlenmäßige Eingaben können über die Tastatur erfolgen. Diese Tätigkeit ist jedoch in vielen Fällen mühsam und zeitaufwendig. Mit Hilfe sogenannter Menütechniken kann hier Abhilfe geschafft werden. Über verschiedene Formen solcher Vorgangsweisen wurde bereits an anderer Stelle ausführlich berichtet. Es müssen mit Hilfe dieser Technik jedoch ganze Befehlsketten zusammengefaßt werden können. Diese werden durch das Auslösen einer bestimmten Funktion aktiviert. Diese kann eine Funktionstaste oder das Antippen eines Feldes mit Hilfe eines Digitalisierstiftes sein. Manche Menüs befinden sich auch am Bildschirm und werden mit Hilfe des graphischen Cursors ausgelöst. In der Praxis hat sich am stärksten die Menütechnik am Digitalisierbrett in Zusammenhang mit einem Stift durchgesetzt. Diese Vorgehensweise ist in der Handhabung dem Konstrukteur, der ja auch jetzt in hohem Maße mit einem Stift arbeitet, am vertrautesten. Das Arbeiten der einzelnen Befehlsketten muß an den Stellen der entsprechenden Eingaben unterbrochen werden. Dort muß der Benutzer auch Möglichkeiten haben, selbst einen Dialog einbauen zu können, man spricht von anwenderorientierter Benutzerführung. Die Menütechnik soll das Festlegen einer benutzerspezifischen Befehlsfolge und damit einen vorgegebenen Funktionsablauf zulassen. Dies sollte nicht, wie bei hierarchischen Menüs vielfach anzutreffen, fest im System vorgesehen sein. Solche Ablaufketten sind von Benutzer zu Benutzer sehr verschieden.

Diese Überlegung führt bereits zum nächsten Punkt der Betrachtung. Es ist nicht nur von entscheidender Bedeutung, in welcher Form, sondern auch in welchem Zusammenhang Befehle aufgerufen werden können. Letzteres entscheidet in hohem Maße die Philosophie, die Denk- und damit auch die Arbeitsweise des Anwenders. Selbstverständlich zählt hierzu auch die Funktionalität der einzelnen Befehle. Vom System festgelegte, starr vorgegebene Befehlsfolgen führen zwar den ungeübten Benutzer in zweckmäßigerweise durch das System, behindern aber den erfahrenen Anwender sehr oft, an einer gedanklich richtigen Stelle eine Korrektur durchzuführen. Dies deshalb, weil eine Vielzahl von Zwangsoperationen durchgeführt werden muß, bis man endlich die Korrektur oder Änderung gezielt absetzen kann. Deshalb ist eine flexible Gestaltung hier von erheblicher Bedeutung, weil sie den Anwender sonst zwingt, sein Gebilde in anderer Art zu erstellen, als es den Strategien, die seine Kreativität erfordern, entspricht. Gerade darauf sollte aber besonderes Augenmerk bei der Auswahl gelegt werden. Es ist ja nicht die Aufgabe eines Konstruktionssystems, ein gedanklich bereits vollständig festgelegtes Gebilde dem Rechner möglichst rasch zu vermitteln, sondern es soll dem Menschen bei der Entwicklung eines solchen maßgeblich unterstützen. Deshalb darf der Mensch nicht, oder nur in sehr beschränktem Maße gezwungen werden, den gedanklichen Ablauf bei der Entwicklung einer Konstruktion zu verändern. Auch auf die Funktionalität der einzelnen Befehle muß in diesem Zusammenhang in Hinblick auf den eigenen Aufgabenbereich geachtet werden. Diese Forderungen können in einem Schlagwort zusammengefaßt werden:

„Das System soll sich nach dem Menschen und nicht dieser nach dem Computer richten".

Ein weiterer, wichtiger Punkt ist die Art des Plott-Betriebes. Das System sollte einen sogenannten Plotter-Spooler verwenden. Dieser hat zwei grundsätzliche Funktionen. Einerseits ermöglicht er, einen Großteil aller handelsüblichen Geräte, auch unterschiedlicher Arbeitsweise, anzusteuern. Es sollen auch mehrere Plotter unterschiedlicher Art gleichzeitig bedient werden können. Andererseits läßt ein solcher Spooler einen sogenannten Warteschlangen-Betrieb zu. Der Plott-Vorgang selbst kann ja bisweilen einen nicht unbeträchtlichen Zeitbedarf erfordern. In dieser Zeitspanne darf der graphische Arbeitsplatz für den Konstrukteur nicht blockiert werden. Das bedeutet, daß nach Absetzen eines Ausgabebefehles eine Datei mit entsprechenden Inhalt in eine Warteschlange gestellt wird, die zu einem späteren Zeitpunkt abgearbeitet werden kann. Nach dem Absetzen des entsprechenden Befehls im Konstruktionssystem ist der Arbeitsplatz für andere Aufgaben und Tätigkeiten bereit. Diese Warteschlange, auch Plot-Queue genannt, kann nun entweder vollautomatisch abgearbeitet oder durch menschlichen Eingriff gesteuert werden. Letzteres ist dann erforderlich, wenn mit mechanischen Geräten unter Verwendung von Tusche gearbeitet wird. In diesem Fall ist ein vollautomatischer Betrieb nicht zweckmäßig. Das System sollte all diese Arbeitsweisen unterstützen.

Weiters ist von Bedeutung, daß das System unterschiedliche Arbeitsplatzkonfigurationen gleichzeitig ansteuern kann. An anderer

Stelle wurden bereits die unterschiedlichen Eigenschaften, die sich durch Anwendung verschiedener Technologien sich ergeben, von graphischen Bildschirmgeräten aufgezeigt. Hierzu kommen noch unterschiedliche Gerätekonfigurationen, wie etwa die Verwendung eines eigenen alphanumerischen Bildschirmgerätes oder die Eingabemöglichkeit mittels graphischen Tabletts. Die vom Anwender bevorzugten Arbeitsweisen und damit die Anforderungen an die Eigenschaften der Arbeitsplatzkonfiguration hängen in hohem Maße von seinem Aufgabengebiet ab. So kann etwa eine farbige Darstellung einzelner Linienzüge in Schematakonstruktionen, um bestimmte Funktionen hervorzuheben, eine größere Rolle spielen als in der mechanischen Konstruktion. In dieser wird vor allem die hohe Auflösung und damit entsprechend klare Darstellung eines sehr dichten Bildes von Bedeutung sein. Infolge der dichteren Zeichnungen wird bei mechanischer Konstruktion auch die Verwendung eines zusätzlichen alphanumerischen Bildschirms für die Benutzerführung von größerer Wichtigkeit sein. Die Notwendigkeit der Verwendung eines graphischen Tabletts für unterschiedliche Anwendungen wird ebenfalls vom Einsatzgebiet abhängig sein. In diesem Sinne kann global keine optimale Arbeitsplatzzusammenstellung angegeben werden. Selbst innerhalb einer Firma können unterschiedliche Abteilungen bei Verwendung des gleichen Systems andere Konfigurationen benötigen. Deshalb sollte das CAD-System die gleichzeitige Ansteuerung unterschiedlicher Arbeitsplätze unterstützen.

Ein weiterer Punkt, der für die Bedeutung der flexiblen Arbeitsplatzgestaltung spricht, ist die extrem rasche Entwicklung auf diesem Gebiet in technologischer Sicht. Ist ein System nicht in der Lage, neue Möglichkeiten von Arbeitsplatzgeräten voll auszuschöpfen, wird der Anwender in seinen Möglichkeiten beschränkt bleiben. Auch bei programmtechnischen Verbesserungen würde ein solches System innerhalb eines relativ kurzen Zeitraumes veralten. Aus diesem Grunde sollte man bei der Systemauswahl auch dem Arbeitsplatzansteuerungs-Baustein eines Systems entsprechende Bedeutung beimessen. Sie wird deshalb vielfach unterschätzt, weil sie der Anwender als Selbstverständlichkeit für die Funktionalität des Programmes ansieht. Dieser Baustein kann aber auch rein technisch einen nicht unbeträchtlichen Anteil eines CAD-Systems betragen.

Die Funktionalität der einzelnen Befehle eines Systems muß vor allem unter dem Gesichtspunkt der Anwenderanforderungen geprüft werden. Es gibt aber eine Reihe von grundsätzlichen Systemarbeitsweisen, die für alle Anwender von Bedeutung sind.

Dazu zählen folgende Grundmanipulationen:

Das Auffinden von Punkten, Identifizieren von Linien, Erkennen und Manipulieren von Texten, das Setzen von neuen Punkten auf bestehende oder auf Schnittpunkte von Kurvenzügen, das Legen von Tangenten oder Normalen aus beliebigen Stellungen auf Linien, zählen hierzu. Einzelne Elemente, also Texte und Linienzüge, müssen manipuliert werden können, dazu zählt vor allem die Transformation. Einzelne Punkte von Linienzügen müssen verschoben werden können. Texte sollen editierbar sein, das bedeutet, daß einzelne Teile eines solchen ausgewechselt werden können. Zur Transformation gesamter Elemente zählen das Verschieben, Verdrehen, Vergrößern oder Verkleinern und das Spiegeln. Es müssen nach verschiedenen Gesichtspunkten eine Vielzahl von Elementen solchen Tätigkeiten auf einmal unterworfen werden können. Elemente sind optisch durch Linien zu Gruppen zusammenzufassen. Eine weitere Möglichkeit ist, die Zusammengehörigkeit auf Grund von Eigenschaften zu erkennen. Manche Systeme lassen es zu, Elementen sogenannte Flags zuzuweisen, das sind „Fahnen", die Zusammengehörigkeiten kennzeichnen. Auch die an anderer Stelle beschriebene Layer-Technik kann zum Zusammenfassen benützt werden. Schraffieren zusammengehöriger Elemente und möglichst einfaches Vermassen von Bauteilen sind weitere Anforderungen. Einzelelemente oder Gruppen von solchen sind sehr rasch zu vervielfältigen. Sie müssen auch aus Bibliotheken abzurufen sein. Damit wird das Setzen von Symbolen oder Standardbauteilen wesentlich vereinfacht. Auch das Erstellen solcher Bibliotheken soll vom System unterstützt werden. Einfache Veränderungsmöglichkeiten der optischen Darstellung sind zu beachten. Kurven oder Texte sollen in Farbdarstellung, Strichstärke oder Aussehen der einzelnen Linien leicht veränderbar sein. Man spricht in diesem Zusammenhang vielfach auch vom Ändern des Codes einzelner Elemente. Das Definieren und einfache Auswechseln von graphischen Symbolen soll im System vorgesehen sein. Symbole spielen nicht nur in der Schematakonstruktion, wie etwa Elektrotechnik oder Hydraulik, eine Rolle, sondern sind auch auf ganz anderen Gebieten, wie etwa der mechanischen Konstruktion von Bedeutung.

Das Zusammenfassen von Elementen kann zur logischen Strukturierung einer Zeichnung benutzt werden, wenn die Gemeinsamkeit der Eigenschaften nicht nur von temporärer Art ist. Letzteres stellt etwa die Gruppenlinien dar, nach ihrem Löschen ist der Hinweis über die Zusammengehörigkeit der von ihr zusammengefaßten Elemente verloren gegangen. Andere Techniken wie Layer oder Flag sind dem System über längere Zeiträume bekannt. Die logische Strukturierung der Information einer Zeichnung ist aber für deren Interpretation von größter Bedeutung. Nur wenn diese im entsprechenden Maße durchgeführt werden kann, ist das Aufsetzen von Berechnungs- oder Fertigungsprogrammen, das Erzeugen von Stücklisten und vieles mehr, möglich. Deshalb sollte darauf geachtet werden, ob das System weitere Möglichkeiten zum logischen Zusammenfassen von einer Vielzahl von Elementen vorsieht. Das kann in Form von logischen Einheiten oder Segmenten verwirklicht sein.

Die Flexibilität eines Systems ist ebenfalls von großer Bedeutung. Das Konstruktionsprogramm soll ja mit Systemen anderer Abteilungen Daten austauschen können. Um diese gezielt in den CAD-Baustein zu bringen oder aus ihm herauszulesen, ist wieder die Möglichkeit der logischen Strukturierung von entscheidender Bedeutung. Für den Datenaustausch soll das System allgemeine Schnittstellen besitzen, die von anderen Programmbausteinen ausgewertet werden können. Diese müssen in der Regel entsprechend den Schnittstellen adaptiert werden. Für besondere Aufgaben, wie etwa die Datenübergabe zur Fertigung oder zu allgemein verwendbaren Berechnungsprogrammen sollten bereits spezielle Schnittstellenprogramme im System vorgesehen sein. Die Kopplung zwischen CAD und CAM ist für einen großen Anwendungsbereich fast eine Grundvoraussetzung für effizientes Arbeiten. Der Datenaustausch mit Finite-Elementprogrammen wächst in der Praxis ebenfalls in zunehmendem Maße. Da die Leistungsfähigkeit von Finite-Elemente und CAM-Systemen durchaus unterschiedlich ist, sollten Schnittstellen nicht nur zu den vom CAD-Anbieter mitgelieferten Programmbausteinen vorhanden sein. Der Anwender sollte die Möglichkeit besitzen, Ergänzungsbausteine nach eigenen Anforderungen auswählen und mit dem CAD-System koppeln zu können. Weiters ist in diesem Zusammenhang darauf zu achten, daß verschiedene Systembausteine auf den gleichen Geräten lauffähig sind. Damit ist nicht nur der Rechner sondern auch die entsprechenden Peripherieeinheiten gemeint. Es wäre nicht nur aus wirtschaftlichen Überlegungen unzumutbar, wenn etwa Kontrollausgaben von CAM- oder FEM-Systemen auf anderen graphischen Einheiten ausgegeben werden müßten. In Form des sogenannten GKS und IGES gibt es heute zwei genormte, graphische Schnittstellenformate. Sie wurden dazu geschaffen, daß unterschiedliche graphische Systeme miteinander Daten austauschen können. Das Vorhandensein solcher Norminterfaces kann durchaus zweckmäßig sein. Man sollte dabei allerdings beachten, daß bei Übertragung von Daten über solche Schnittstellen in vielen Fällen logische Zusammenhänge verlorengehen. Die Norm stellt eben nur das kleinste gemeinsame Vielfache einer großen Zahl von Systemmöglichkeiten dar.

In vielen Anwendungsgebieten spielt die Variantenkonstruktion eine entscheidende Rolle. Deshalb muß auf die Systemmöglichkeiten, die zu ihrer Realisierung führen, geachtet werden. Wie bereits an anderer Stelle aufgezeigt, sind grundsätzlich zwei Vorgehensweisen möglich:

Die programmtechnische und die graphisch interaktive Erzeugung von Ur-Varianten.

In beiden Fällen muß die Variation sowohl über interaktive Programmfunktionen, als auch über programmtechnisch realisierte Automatismen erfolgen können. Die graphisch interaktive Erstellung von Ur-Varianten, mit anschließend vollautomatischer, in keiner Weise eingeschränkter Variationsmöglichkeit ist zwar erst seit kurzem verfügbar, hat sich aber in der Praxis in sehr hohem Maße durchgesetzt. Gerade auf dem Gebiet der Variantenkontruktion kann der CAD-Einsatz besonders effizient gestaltet werden. Neben den echten, firmenbezogenen Varianten, sind praktisch alle Norm- und Standardbauteile ebenfalls als solche zu bezeichnen. Letztere werden aber auch dann angewendet und eingesetzt, wenn keine Variantenkonstruktion im eigentlichen Sinne vorliegt. Norm- und Standardbauteil-Bibliotheken können mit Varianten-Funktionen erzeugt werden, sofern sie vom Anbieter nicht geliefert werden können. Auf Grund international unterschiedlicher Normen ist das Angebot an Teilebibliotheken heute als gering anzusehen. Auch unter diesem Gesichtspunkt kommen Variantenfunktionen entsprechende Bedeutung zu.

Wird eine dreidimensionale Darstellung benötigt, ist die Integration zwischen zwei- und dreidimensionaler Arbeitsweise von besonderer Bedeutung. Wie bereits an anderer Stelle sehr ausführlich dargelegt, ist ja nur ein geringer Teil der Beschreibung eines räumlichen Körpers tatsächlich eine dreidimensionale Darstellung. Ein Großteil der ergänzenden technischen Information kann in Form von Symbolen und Tabellen festgehalten werden. Das CAD-System muß beide Formen in optimaler Weise verwalten können. Das Eingabemedium, der Bildschirm, ist seinerseits flächig, ebenso wie der bisher benutzte Zeichentisch. Das System muß eine anwendergerechte Umsetzungsmöglichkeit von der zweidimensionalen Definition zum räumlichen Gebilde ermöglichen. Dies kann etwa durch rißorientierte Eingabe geschehen. Die Vorgehensweise sollte dem funktionalen Denken und der Notwendigkeit beim Konstruieren entsprechen. Es gibt eine Reihe von Eingabeformen, wie etwa das bausteinartige Zusammensetzen von komplexen Gebilden, die meiner Meinung nach nicht dem funktionalen Konstruktionsprozeß entsprechen. Für viele Anwendungsfälle ist eine volumenorientierte, interne Darstellung von Körpern notwendig. Dies kann vor allem für die Fertigung von entscheidender Bedeutung sein. Bei der Ausgabe ist auf die Möglichkeit des Ausblendens von verdeckten Kanten zu achten. Die Praxis zeigt, daß komplexere Gebilde ohne diese Möglichkeit vom Menschen kaum mehr erfaßt und interpretiert werden können. In der Realität vorkommende Gebilde sind aber zum Großteil als komplex anzusprechen. Farbdarstellungen sind für viele technische Gebiete heute wohl eher als willkommene Ergänzung anzusehen.

Aus hardware-technischer Sicht sollten sowohl die Programme, als auch die Geräte selbst als flexibel anzusprechen sein. Turn-Key-Systeme bieten in einem Großteil der praktischen Anwendungsfälle nur beschränkte Möglichkeiten. Die Programmsysteme sollten unterschiedlichste Geräte ansteuern. Die Geräte selber sollten in unterschiedlichen Kombinationen und Variationen zusammengestellt werden können. Der Aufbau von Netzwerken soll sowohl programm- als auch gerätetechnisch realisierbar sein. Speziell in der technischen Datenverarbeitung, die sich über eine Vielzahl von Abteilungen erstreckt, ist dieser Punkt von Wichtigkeit. Immer mehr Funktionalität wird in den einzelnen Arbeitsplatz gebracht. Man spricht von lokaler Intelligenz. Diese bringt aber nur bei raschen und effizienten Datenaustausch mit anderen Einheiten wirklich Vorteile. Dies bedeutet wieder den Aufbau lokaler und globaler Netzwerke, man spricht auch von Distributed-Prozessing. Auch wenn heute viele dieser Möglichkeiten noch nicht oder nur zum Teil ausgeschöpft werden, sollten die einzelnen Systeme sie vorsehen. Sonst kann es geschehen, daß zukünftige Entwicklungen nicht in vollem Umfang mitgemacht werden können. Der Umstieg auf andere Systeme ist aber, wie an anderer Stelle bereits schon deutlich aufgezeigt, mit erheblichen organisatorischen Schwierigkeiten verbunden.

5.2 Kriterien aus wirtschaftlicher Sicht

Die wohl fundamentalste Frage, die sich aus wirtschaftlichen Überlegungen stellt, ist, ab wann ein CAD-Einsatz gerechtfertigt ist. Die Beantwortung dieser Frage ist sehr schwierig, vor allem dann, wenn man sich auch quantitaive Aussagen erwartet. So verständlich und groß der Wunsch sein mag, Nutzen und Kosteneinsparungen durch Einsatz eines CAD- Systems rechtzeitig erfassen zu können, muß dennoch mit aller Deutlichkeit gesagt werden, daß alle Versuche einer entsprechenden Vergleichsrechnung zwischen den Zuständen mit und ohne CAD-Einsatz nur bedingte Aussagen liefern. Zu unterschiedlich sind die beiden Betriebsformen in ihrer praktischen Anwendung. Der CAD-Einsatz bietet neue Möglichkeiten und in ihrer Folge bilden sich neue Arbeitsweisen heran. Zielsetzung der

Anwendung eines CAD-Systems sollte nicht nur Kosteneinsparung bei gleichbleibender und vergleichbarer Arbeitsweise sein, sondern Qualitätsverbesserung von Produkten, weniger Zeitaufwand für Konzeption und Konstruktion einer Einheit, um damit in der Folge als Erstanbieter seines Produktes größeren Marktanteil zu erzielen, besseres Angebotswesen, genauere Kalkulation und damit verbunden, Herabsetzung von Entwicklungsrisken, und vieles dergleichen mehr. Bei einem Großteil der heutigen CAD-Anwender ist die jetzige Situation unter Berücksichtigung des Computereinsatzes dermaßen verschieden von jener bevor mit einem solchen System gearbeitet wurde, daß sich echte Vergleiche nicht durchführen lassen. Dennoch will keiner, der einmal mit dieser Technologie zu arbeiten begonnen hat, auf sie verzichten.

Naturgemäß hängt die Wirtschaftlichkeit eines Konstruktionssystems auch von der Art und Weise ab, in der es eingesetzt wird. Solche Möglichkeiten sollen im nächsten Abschnitt „Einführung von Systemen" genauer dargelegt werden.

Dennoch sollen an dieser Stelle einige Arbeitsgebiete aufgezeigt werden, in welchen sich der CAD-Einsatz beonders bewährt hat und eine hohe wirtschaftliche Effizienz zu erwarten ist.

Schematakonstruktionen sind besonders für den Computereinsatz geeignet. Immer wiederkehrende Symbole werden verwendet. Diese können, einmal vorbereitet, in einer entsprechenden Bibliothek aufbewahrt und jederzeit abgerufen werden. Auf einigen Anwendungsgebieten liefern auch Systemhersteller Standard- und Normalbibliotheken. Es sollte darauf geachtet werden, daß diese mit geringem Aufwand auch verändert und angepaßt werden können. Sonst wird eine Einschränkung des Arbeitens herbeigeführt oder durch aufwendige zusätzliche Kosten die Wirtschaftlichkeit wieder beeinträchtigt. Durch die meist gegebene Ähnlichkeit in Teilgruppen von Schemataplänen kann man durch rechnerunterstützte Manipulation solcher Einheiten sehr rasch weitere vollständige Zeichnungen erstellen. Durch vorbereitete Symbole und Tabellen läßt sich auch das „Vergessen" von Informationseinträgen vermeiden oder zumindest stark reduzieren. Zu dieser rein zeichnerischen Beschleunigung, die durchaus einen Faktor zwischen fünf und zehn erreichen kann, kommt in vielen Fällen die Möglichkeit einer automatischen Auswertung hinzu. Viele Informationen sollen aus solchen Plänen herausgezogen, nach bestimmten Kriterien in Listenform zusammengestellt oder mit Hilfe von Berechnungsprogrammen weiter verarbeitet werden. Bei entsprechender Funktionalität des CAD-Systems kann die Informationserfassung und Bereitstellung weitgehend automatisiert werden. Die firmenspezifische Adaption ist eher eine Frage der Organisation und nicht des Realisierungsaufwandes in programmtechnischer Hinsicht. Wurde eine solche Adaptierung durchgeführt, können entsprechende Listen oder Berechnungen vollautomatisch durchgeführt werden. Bedenkt man, daß bei händischer Vorgangsweise diese Arbeiten bei einem Projekt 50% bis 80% ausmachen können, erkennt man die Möglichkeit hoher Beschleunigungsraten. So können durchaus Faktoren zwischen zehn und zwanzig, in manchen Fällen sogar noch darüber, für gesamte Projekte erzielt werden. Hinzu kommt noch die Tatsache, daß bei der Informationsweiterleitung keinerlei Fehler auftreten können. Falsche Eingaben müssen bereits bei der Erstellung der Ausgangspläne erzeugt worden sein. Bestimmte Arten von Fehlern können vom System bereits rechtzeitig erkannt und durch entsprechenden Eintrag in die Zeichnung gemeldet werden. Somit kann auch die Fehlersuche erleichtert und damit der zeitliche Ablauf des gesamten Projektes verkürzt werden. Gerade diese Tatsache wirkt sich aber in der Wirtschaftlichkeitsrechnung in höchstem Maße aus. Die meisten Anwendungsgebiete in der Schematakonstruktion stellen die Hydraulik und Elektrotechnik dar.

Auch in der mechanischen Konstruktion kann die Weiterleitung von Daten aus der Konstruktionszeichnung heraus den wirtschaftlichen Einsatz in hohem Maße beeinflussen. Ein weiterer Gesichtspunkt ist die Verwendung von stets wiederkehrenden Teilen in verschiedenen Variationen. Dieser Fall ist häufiger gegeben, als man vorab vermuten würde. Man denke an die Verwendung von Norm- und Standardteilen. Ähnlich wie bei Symbolen, sollten Grundbibliotheken vom Anbieter geliefert, aber vom Anwender modifiziert und ergänzt werden. Deshalb ist auch in diesen Fällen die einfache Erzeugung und Handhabung von Varianten von Bedeutung.

In noch stärkerem Maße ist der Computereinsatz bei echter Variantenkonstruktion wirtschaftlich gerechtfertigt. Nach entsprechenden Adaptierungen und Vorbereitungen, die durchaus eingeplant werden sollten, kann ein sehr hohes Maß an Automatisation in Konstruktion und Fertigung erzielt werden. Dabei ist auch ein hoher Komfort bei der Fehlererkennung und damit rasche Korrektur zu berücksichtigen.

In Fällen, wo die eben aufgezeichneten Gesichtspunkte in keiner Weise zutreffen, ist der CAD-Einsatz wohl schwieriger zu rechtfertigen. Die reine Zeichnungsbeschleunigung hält sich in Grenzen. Sie liegt in der Praxis bei Faktoren zwischen zwei und drei. Selbstverständlich muß die Möglichkeit der Zeichnungsverwaltung, wo der Rechner ebenfalls entsprechende Unterstützung bieten kann, berücksichtigt werden. Natürlich gibt es hier vergleichbare Alternativen, wie Mikrofilmarchivierung, die durchaus computermäßig verwaltet werden kann, und ähnliches mehr.

Können von in jedem Falle neuerlich erstellte Zeichnungen neue Informationen abgeleitet werden, kann der wirtschaftliche Einsatz wieder leichter begründet werden. Man denke etwa an die Architektur. Ist eine Raumgestaltung eindeutig festgelegt, kann der Rechner verschiedene Blickwinkel, Perspektiven, Gänge durch ein Gebäude selbsttätig erzeugen und optisch darstellen. Ohne Rechnereinsatz ist jede weitere Ansicht eine neuerliche Zeichnung. Auch die Fehlerquelle beim menschlichen Erstellen einer weiteren Ansicht aus einer vorgegebenen ist zu berücksichtigen. Auf dem Gebiet der Industrial Design können auch Farbdarstellungen, die die Wirklichkeit simulieren, von Bedeutung sein. Durch einfache Befehle können in Sekundenschnelle die Farben geändert werden. Auch in diesen Fällen muß ohne Rechnereinsatz der Mensch jedes einzelne Teilbild neuerlich erstellen. Unter diesen Voraussetzungen scheint ein wirtschaftlicher Einsatz ebenfalls gegeben zu sein.

Nach diesen grundsätzlichen Bemerkungen sollen weitere Gesichtspunkte aufgezeigt werden.

In Zusammenhang mit Wirtschaftlichkeitsüberlegungen soll der Einsatzumfang von CAD innerhalb eines Betriebes rechtzeitig erfaßt werden. Ist Variantenkonstruktion gegeben? Ist der Einsatz räumlicher Systeme notwendig? Welche Anforderungen werden an Informationsweiterleitung gestellt? In welchen Abteilungen soll das System eingesetzt werden? Aus diesen Erkenntnissen ergeben sich einerseits die Anforderungen, die an ein zukünftiges System gestellt werden, andererseits auch die Anzahl der entsprechenden Bausteine eines Systems. Man sollte in diesem Zusammenhang auch zukünftige Tendenzen und Ausbaumöglichkeiten beachten. Kann ein System in mehreren Abteilungen eingesetzt werden, wird die wirtschaftliche Effizienz ebenfalls gesteigert. So haben etwa Werkzeugmaschinenhersteller bereits frühzeitig erkannt, daß mechanische Konstruktion, Hydraulik- und Elektrotechnikschemata mit gleichartigen Systemen verarbeitet werden können.

Aus manchen Funktionen eines Systems, wie etwa Erstellung räumlicher Gebilde oder deren Darstellung in beliebigen Farbschattierungen, erwachsen nicht nur Kosten aus den zusätzlichen Programmbausteinen, sondern sie erfordern auch einen entsprechenden Rechnerausbau. Solche Funktionen können ein Vielfaches der Last auf eine Computeranlage bringen. Auch solche Gesichtspunkte sollten nicht außer Acht gelassen werden.

Die Flexibilität einer Rechneranlage und der auf ihr laufenden Programmsysteme erleichtert die Integration von Bausteinen verschiedener Funktionalität. Ein optimaler Datentransfer verringert Fehlerquellen, beschleunigt die zur Verfügungstellung der Daten vom neuesten Stand und erspart und verringert zusätzliche Eingabearbeiten. Deshalb sollten solche Systemkopplungen trotz organisatorischer Probleme angestrebt werden. Eine weitere Voraussetzung für den erfolgreichen Einsatz eines Systems und damit für dessen wirtschaftliche Begründbarkeit ist seine Akzeptanz. Das System muß von der überwiegenden Mehrheit der Anwender innerhalb eines verhältnismäßig kurzen Zeitraums angenommen werden. Die Notwendigkeit langwierigen Einschulens und die Notwendigkeit von großem Umdenken in der Arbeitsweise wird neben entsprechenden Randkosten die Akzeptanz in nicht vertretbarem Maße verschlechtern. Dies bedeutet, daß die Handhabung dem Anwender möglichst vertraut sein muß. Die Grundphilosophie in der Bedienung des Systems muß mit der herkömmlichen Denkweise eines bestimmten Benutzerkreises harmonieren.

Um ein Konstruktionssystem effizient einsetzen zu können, sind in vielen Fällen vorbereitende Adaptierungsmaßnahmen im System selbst durchzuführen. Was diese im einzelnen beinhalten, wurde bereits an anderer Stelle sehr ausführlich dargelegt. Solche Überlegungen sind aber auch bei der Wirtschaftlichkeitsberechnung zu berücksichtigen. Selbstverständlich ist man bei Art und Umfang solcher Vorbereitungsarbeiten auf Schätzungen angewiesen. Die Vorgabezeiten hängen zu sehr vom Anwender und dem System ab. Die Erfassung organisatorischer Informationen hängt vielfach auch vom gegenwärtigen Dokumentationsstand eines Betriebes ab. All dies ist in Rechnung zu stellen.

Abschließend noch einige Worte zu sogenannten Turn-Key oder schlüsselfertigen Systemen.

Dies sind feste Hardware-Software-Kombinationen, die meist für ganz bestimmte Anwendungsfälle zugeschnitten sind. Sie sind in Flexibilität und Adaptierungsmöglichkeiten, sowie in Erweiterungen beschränkt. Eigene Programmbausteine oder Systeme anderer Anbieter können auf solchen Anlagen nicht betrieben werden. Auch der Datenaustausch zu anderen Rechnersystemen und der Aufbau von Netzwerken ist in vielen Fällen nicht oder nur mit großen Schwierigkeiten möglich. Vorteile für den Einkauf mögen die Tatsache bedeuten, daß alles aus einer Hand kommt. Die Erlernbarkeit solcher Systeme mag auf Grund des ganz auf einen spezifischen Anwendungsfall abgestimmten Systems rascher erfolgen, als bei offenen Lösungen. Letztgenannte benötigen auf Grund ihrer großen Möglichkeitsvielfalt längere Erfahrung mit dem System, um dieses vollständig auszunützen. Der große Vorteil liegt aber in der firmenspezifischen Anpaßbarkeit und dem flexiblen Ausbau zu einem wirklich integrierten Hochleistungs-Gesamtsystem. Man sollte bei Wirtschaftlichkeitsüberlegungen nicht immer nur den recht kurzfristigen Zeitraum der kommenden Monate oder Jahre berücksichtigen. Wie bereits ja des öfteren erwähnt wurde, kann der Umstieg auf andere Systeme durchaus größere organisatorische Probleme mit sich bringen. Deshalb scheint es günstiger, ein System flexibler zu konzipieren um damit die Möglichkeit zu erhalten, auch zukünftige Entwicklungen mit ihm berücksichtigen zu können. Naturgemäß sind dies Fakten, die zum gegenwärtigen Zeitpunkt nur schwer quantifizierbar und unmittelbar wirtschaftlich umsetzbar sind.

5.3 Erstellung firmenspezifischer Bewertungen

Ähnlich wie bei der Wirtschaftlichkeitsbetrachtung ist auch hier die grundsätzliche Frage, wie man bei der Auswahl eines geeigneten CAD-Systems vorgehen sollte, nur schwierig zu beantworten. Meist werden Funktionskataloge aufgestellt, die nach einem firmenspezifischen Anforderungsschema bewertet werden. Nach solchen Frage- bzw. Punktekatalogen wird versucht, unterschiedliche Systeme zu bewerten. Man hofft, im System mit der abschließend höchsten Punktezahl das Geeignete gefunden zu haben. Zum Teil werden solche Bewertungskataloge auch von unabhängigen Beratern oder anderen Institutionen angeboten. Die Grundproblematik dieser hier angeführten, recht einfach aussehenden Vorgehensweise ist, daß heutige CAD-Systeme in Funktionalität und vor allem in der Realisierungsphilosophie bestimmter zu erzielender Aktionen noch zu unterschiedlich sind. Man kann sie im Detail nur schwer vergleichen, weil man zu gleichen Ergebnissen auf völlig unterschiedlichen Wegen gelangen kann. Welcher Weg für welchen Anwendungsfall besonders zweckmäßig erscheint, kann aber nur schwierig in einem Punkteschema behandelt werden. Deshalb können die einzelnen Fragen solcher Kataloge auch schwer mit „ja" oder „nein" beantwortet werden. Meist wird eine Fülle von Zusatzinformation hinzugefügt, was die Auswertung erschwert und eindeutige Ergebnisse wieder verhindert.

Zweckmäßiger ist es, sich mit grundsätzlichen Möglichkeiten des Rechnereinsatzes im technischen Bereich vertraut zu machen. Anschließend sollte man die gegenwärtige Situation im Betrieb erfassen und prüfen, in welchen Abteilungen CAD oder mit ihm kommunizierende andere Systeme eingesetzt werden können. Darauf folgt die Erstellung eines Anforderungskataloges, der die Tätigkeiten enthält, die mit einem Konstruktionssystem abgedeckt werden sollen. Heutige Strategien und Vorgehensweisen sollen dabei ebenfalls erfaßt und kritisch beleuchtet werden. Diese Anforderungen sollen aber noch keine Einzelfunktionen für das System beinhalten. Es kann ja durchaus der Fall sein, daß verschiedene Systemstrategien möglich sind und es sich im Vergleich einzelner Produkte herausstellt, welche Strategie die tatsächlich geeignete ist. So lange man nicht eine möglichst große Vielfalt solcher Rechnerstrategien kennt, sollte man einen Lösungsvorschlag nicht präjudizieren.

Im nächsten Schritt muß sich der Interessent im Rahmen von Vorführungen, Demonstrationen und Workshops mit den Möglichkeiten der einzelnen Systeme vertraut machen. Auch dieses sollte wieder schrittweise erfolgen. Zuerst sollte man die grundsätzlichen Eigenschaften, Möglichkeiten, Vorgehensweisen und Philosophien der einzelnen Systeme erfassen. Erst dadurch wird es möglich, gedanklich den eigenen Anwenderfall in die verschiedenartigen Verwirklichungsformen der einzelnen Systeme einzureihen. Mit diesem Wissen sollte man die in Frage kommenden Systeme in Richtung der eigenen Anwendung testen. Dabei liegt das praktische Problem meist darin, daß der zukünftige Anwender zwar seine eigene Problemstellung sehr gut, die Möglichkeiten des Systems aus dem ersten Überblick aber nur sehr mangelhaft kennt. Dem Demonstrator muß andererseits wiederum die Möglichkeit gegeben werden, sich mit firmenspezifischen Gegebenheiten auseinandersetzen zu können. Trotzdem wird auch er die Problemstellung des Betriebes nur mangelhaft erfassen, dafür ist die Erfahrung auf seinem eigenen System sehr groß. So muß versucht werden, unter diesen recht schwierigen Voraussetzungen, Möglichkeiten für anwenderbezogene Strategien auf einem bestimmten System für einen einfachen, aber repräsentativen Fall zu entwickeln. Selbstverständlich muß sich der Interessent über die Umsetzungsproblematik in die Praxis im klaren sein. Einerseits fehlt der im zukünftigen Produktionsbetrieb erfahrene Mann, der sowohl Problemstellungen des Betriebes als auch Systemmöglichkeiten in ausreichendem Maße kennt. Andererseits können auch beim besten Workshop nicht alle im praktischen Produktionsbetrieb eine Rolle spielenden Faktoren in gleicher Art berücksichtigt werden. Hierzu müßte man eine Reihe firmenspezifischer Adaptierungen, vorbereitender Maßnahmen und organisatorischer Begleiterscheinungen treffen. Dies würde aber sowohl die zeitlichen Möglichkeiten des Anbieters für den Presales-Support bei weitem überschreiten, als auch die Auswahl eines Interessenten in fast uferlose Voruntersuchungen ausarten lassen. Hier muß wohl das Fingerspitzengefühl des Interessenten, das Vertrauen in ein Produkt und die Mannschaft, die dahinter steht, den Ausschlag geben.

5.3 Erstellung firmenspezifischer Bewertungen

Vielfach wird versucht, Systeme bei bestehenden Anwendern im sogenannten Produktionsbetrieb zu testen. Auch hier ist das Gewinnen von Erkenntnissen schwierig. Durch das Befassen der bestehenden Anwender mit einer ganz bestimmten Problematik, läuft für den Außenstehenden der Vorgang wie ein Film ab. Es ist meist schwierig für ihn, die firmenspezifischen Zusammenhänge und die damit verbundenen Realisierungsformen im Detail zu erfassen. Besser ist es, sich über Erfahrungen bei Einführung und praktischen Betrieb eines Systems mit einem Anwender zu besprechen. Auch hier sind unmittelbare Vergleiche wieder schwierig, weil nicht zwei Anwender mit der gleichen Mannschaft und unter den gleichen organisatorischen Voraussetzungen arbeiten. Der zukünftige Anwender sollte sich darüber im klaren sein, daß nur grundsätzliche Erkenntnisse übernommen werden können, auf die eigenen Anwendungsfälle aber übertragen werden müssen.

Nun einige Bemerkungen zu den sogenannten Bench-Marks. Dies sind in der Datenverarbeitung übliche Tests zum Erfassen von der Verarbeitungsschnelligkeit bestimmter Software-Hardware-Kombinationen. Sie sind meiner Meinung nach auf die Auswahl von CAD-Systemen nicht oder nur in sehr beschränktem Maße anwendbar. Es wird bisweilen versucht, mit einfachen Zeichnungen solche Tests durchzuführen. Dies läuft dann so ab, daß während einzelner Konstruktionsschritte die Zeiten, die der Demonstrator hierfür benötigt, gemessen werden. Diese sollen bei der Auswertung zu Vergleichszwecken herangezogen werden. Tatsächlich wird bei solchen Vorgangsweisen einerseits die rasche Auffassungsgabe des Demonstrators bewertet, der die Zeichnung liest und in das System überträgt. Dies sind Dinge, die zum Teil von der Geschicklichkeit, aber auch der Tagesverfassung eines Demonstrators abhängen können. Andererseits kann bestenfalls die Zeichnungsbeschleunigung auf solche Art und Weise gemessen werden. Dem Demonstrator fehlt ja vielfach der Gesamteinblick und der organisatorische Hintergrund. Er kann nicht viel mehr, als die vor ihm liegende Graphik in Form einer Zeichnung linienweise optisch nachzuvollziehen. Es gibt keine Aussagen über nachträgliche Manipulationen oder Interpretation solcher Zeichnungen im Rechner. Auch die Anpassungsfähigkeit der Systeme an Organisationsformen und Arbeitsweisen kann nicht erfaßt werden. Damit gehen aber die wesentlichen Kriterien, die für einen effizienten CAD-Einsatz sorgen sollen, in solche Bewertungen nicht ein. Wie bereits erwähnt, müßte man ja, um einen echten Produktionsfall heranziehen zu können, eine Reihe von vorbereitenden Maßnahmen durchführen. Es ist daher wesentlich besser, ohne auf zeitliche Abläufe zu achten, die Möglichkeiten des Systems hinsichtlich Aufbau von Normteilbibliotheken, Adaptierungsmöglichkeiten, Variantenkonstruktion und vieles mehr zu untersuchen.

Diese Erkenntnisse führen letztendlich zu dem bedauerlichen Schluß, daß es keine objektiven, auf jeden Anwendungsfall anwendbaren Kriterien für den „Laien" gibt. Der Interessent und zukünftige Anwender muß sich vor der Systemauswahl mit Möglichkeiten unterschiedlichster Systeme vertraut machen und versuchen, diese auf seinen eigenen Fall zu übertragen. Hinzu müssen Informationen über gegenwärtige Anwendungsfälle und zukünftige Entwicklungstendenzen treten. Nicht nur der bestehende Vergleichszustand, sondern etwa auch die Dynamik und Flexibilität einer Entwicklungstruppe können für die Entscheidung maßgeblich sein. Da, wie bereits des öfteren erwähnt, der Wechsel eines Konstruktionssystems mit Problemen behaftet ist, muß man davon ausgehen, mit dem ausgewählten System über einen längeren Zeitraum leben zu müssen. Daraus folgt, daß sich ein dynamisch entwickelndes und flexibles System auch bei momentan geringerer Leistungsfähigkeit zukünftigen Tendenzen eher Rechnung tragen kann. Die Auswahl hinsichtlich solcher Kriterien ist aber nur schwer objektivierbar und dem Gefühl und Vertrauen des zukünftigen Anwenders überlassen. Das Einschalten externer Berater kann nützlich sein, man sollte sich aber nicht zu viel von ihnen erwarten. Sie können das Problem haben, daß sie weder die einzelnen Systeme so gut kennen wie etwa Demonstratoren von Anbietern, andererseits aber auch nicht über den entsprechenden Hintergrund des eigenen Firmengeschehens verfügen. Sie sind meist mit den im Betrieb bestehenden Arbeitsweisen und Organisationsformen nicht so vertraut wie langjährige Mitarbeiter des Unternehmens. Deshalb können sie zwar ergänzende aber letztlich nicht entscheidende Funktionen ausfüllen.

6. Einführung von Systemen

Auf Grund der Neuheit der Technologie gibt es kein allgemein gültiges, in jedem Falle zu empfehlendes Einführungsmodell. Zu unterschiedlich ist auch die Zielsetzung und die Erwartung, die in den CAD-Einsatz gesetzt werden. In den folgenden Abschnitten sollen Vor- und Nachteile einzelner Einführungsmodelle und ihre Auswirkungen auf den folgenden praktischen Produktionsbetrieb aufgezeigt werden.

6.1 Einführungsmodelle

Zu Beginn dieses Abschnittes sind einige grundsätzliche und allgemeingültige Überlegungen anzustellen.

Die Einführung des Computers im Konstruktionsbereich und allen mit diesem zusammenhängenden Abteilungen ist bei genauer Betrachtung ein dermaßen revolutionärer Vorgang, daß auch die psychologische und menschliche Seite in Bezug auf die betroffenen Mitarbeiter berücksichtigt werden muß. Heute kann weder die Firmenleitung, noch der einzelne Mensch tatsächlich mit Sicherheit abschätzen, welche Änderungen sich im Aufgaben-, Tätigkeits- und Anforderungsbereich innerhalb der nächsten Jahre durch den Rechnereinsatz ergeben werden. Wie bereits an anderen Stellen angedeutet, wächst der Anwender mit den Systemmöglichkeiten und die Systeme mit den steigenden Anwenderanforderungen. Dieses Wechselspiel kann Vorgehensweisen bewirken, an die heute noch nicht einmal gedacht werden kannn. Solche Umwälzungen verunsichern aber den einzelnen Mitarbeiter. Er kann diesen Zustand entweder als Herausforderung betrachten, an der Einführung entscheidender Neuerungen beteiligt gewesen zu sein, oder diesen vollständig ablehnen und sich für herkömmliche Vorgehensweisen einsetzen. Solche, zum Teil auch persönlich getroffenen Entscheidungen tragen aber maßgeblich zum Gelingen und wirtschaftlichen Einsatz auf längere Sicht gesehen bei. Deshalb muß es auch im Sinne und Aufgabe einer Firmenleitung sein, durch entsprechende psychologische Maßnahmen diesen Entscheidungsprozeß des Einzelnen zu beeinflussen.

Alle Maßnahmen, die hierzu gehören, kann man unter dem Begriff „Motivation" zusammenfassen.

Da die Vorstellungen über Computereinsatz im allgemeinen und CAD-Systeme im besonderen beim Einzelnen meist nur verschwommen sind, sollte diesem Informationsmangel bereits rechtzeitig abgeholfen werden. Dies kann etwa dadurch geschehen, daß einzelne Mitarbeiter aus den betroffenen Abteilungen bereits in den Auswahlprozeß miteingebunden werden. Diese müßten auch ihre Mitarbeiter rechtzeitig, d. h. bereits vor der Einführungsphase, informieren. Neben den rein technischen Vorteilen, daß Mitarbeiter einzelner Abteilungen die Anforderungen organisatorischer und technologischer Art entsprechend formulieren können, trägt diese Vorgehensweise zum Abbau von Mißverständnissen bei und verhindert das Auftreten von Ausschließungsgefühlen bei Entscheidungen, die den Einzelnen in hohem Maße betreffen. Der Mitarbeiter muß sich realistische Gedanken über die Möglichkeiten seiner zukünftigen Tätigkeit machen. Er muß erkennen können, daß sich für ihn neue Tore der persönlichen Entfaltung öffnen. Dann wird er bereit sein, alle Probleme und Schwierigkeiten des CAD-Einsatzes, die sich in der Anfangsphase wohl ergeben, als Herausforderung zu betrachten, und sie überwinden helfen. Sicher werden sich jüngere Mitarbeiter mit größerer Begeisterung in diese Aufgabe stürzen. Sie sind einerseits durch herkömmliche Methoden noch nicht in dem Maße vorbelastet wie ältere Mitarbeiter, andererseits auch von einem größeren Wunsch beflügelt, sich mit neuen Möglichkeiten profilieren zu können. Es liegt an der Firmenleitung, solche persönliche Einsatzbereitschaft zu fördern und zu unterstützen.

In diesem Sinne sind auch die folgenden Aussagen zu verstehen. Der CAD-Einsatz stellt mit Sicherheit in der Einführungsphase eine höhere Belastung der Mitarbeiter direkt oder indirekt dar. Führt man CAD nicht gerade in einer firmenbezogenen Rezessionsphase ein oder nimmt einen neuen Stab von Mitarbeitern in größerer Zahl auf, haben die bestehenden Personen zusätzlich zum Tagesgeschehen die gesamte Einführungsarbeit und Problematik zu tragen. Es zeigt sich, daß dies in der Praxis der Regelfall ist. Entweder müssen einzelne Mitarbeiter sich sowohl dem Tages- als auch dem Einführungsgeschehen widmen, oder wenn eine Anzahl von ihnen freigestellt wird, müssen die übrigen ihren Anteil am Tagesgeschehen mit übernehmen. Die ersten greifbaren Erfolgsergebnisse können erst nach einer bestimmten Zeit, die entscheidend vom Mehraufwand durch die Einführung geprägt sind, erwartet werden. Wird derselbe Mehraufwand in einem kürzeren Zeitraum erbracht, ergeben sich daraus zwei für den Gesamteinsatz entscheidende Vorteile. Einerseits wird die Firmenleitung an höchster Stelle überzeugt, daß der CAD-Einsatz wirtschaftlich gerechtfertigt war und eine weitere Unterstützung des gesamten Projektes veranlassen. Andererseits wird ein solch rasches Erfolgserlebnis auch die Motivation der Mitarbeiter beflügeln. Es sollte daher im Interesse des Unternehmens sein, die durch die Herausforderung der neuen Technologie entstandene Bereitschaft der Mitarbeiter zu besonderer Mehrbelastung in jeder Form zu fördern.

Der Zeitraum für die ersten entscheidenden Erfolgserlebnisse sollte sich zwischen einem halben und einem Jahr nach der Einführung bewegen. Selbstverständlich müssen auch über diesen Zeitraum hinaus weitere Erfolge erzielt und eingeplant werden. Die Mehrbelastungen des Einzelnen nehmen allerdings ständig ab, weil die Vorzüge in beträchtlichem Maße zum Tragen kommen. Es hat sich in der Praxis bereits mehrfach gezeigt, daß dort, wo innerhalb des genannten Zeitraumes kein entscheidendes Erfolgserlebnis erzielt wurde, die Motivation der Mitarbeiter rasch nachläßt, und die Firmenleitung den Rechnereinsatz nicht mehr zu unterstützen geneigt ist. Damit kann der gesamte CAD-Einsatz in ein Chaos geraten.

Ein solcher Vorgang ist völlig unabhängig von der Qualität und Güte eines Systems zu betrachten. Auch die Qualifikation der Mitarbeiter ist nur im geringen Maße für einen solchen Ablauf entscheidend. Er wird wesentlich beeinflußt von organisatorischen und vor allem psychologischen Faktoren.

Nun sollen Maßnahmen für konkrete Tätigkeiten aufgezeigt werden.

An den Beginn sind jene gestellt, die für alle unterschiedliche Einführungsmodelle gelten.

Bereits bei der Auswahl eines Konstruktionssystems muß festgelegt werden, in welcher Form es eingesetzt und welche Abteilungen des Unternehmens direkt oder indirekt hiervon betroffen werden. Die sich daraus ableitenden organisatorischen Maßnahmen und Nebenbedingungen müssen noch vor der eigentlichen Einführung konkretisiert werden. Das Festhalten und Ausarbeiten der Realisierungsmöglichkeiten wird parallel zur Schulungs- und Übungsphase des Systems ablaufen. In diesem Zeitraum kann festgestellt werden, welche konkrete Unterstützung und Hilfestellung das ausgewählte System für diese Aufgaben bietet.

Selbstverständlich können im Regelfall nicht alle diese Maßnahmen vor oder während der Übungsphase durchgeführt werden. Dies könnte dazu führen, daß die Einführung eines Konstruktionssystems zum jahrelangen Prozeß wird. Dies sollte auf jeden Fall vermieden werden. Dennoch müssen die Randbedingungen bereits im

Detail festgelegt werden. Über die Bedeutung dieser Vorgehensweise wurde ja bereits im Abschnitt 4. „Organisatorische Maßnahmen" ausführlich berichtet. Der Systembetreuer, der für jedes Einführungsmodell benötigt wird, von dessen Notwendigkeit ebenfalls an den verschiedensten Stellen bereits gesprochen wurde, sollte diese Aufgabe wahrnehmen und koordinieren. Der Systembetreuer selbst muß ein von CAD überzeugter, entsprechend motivierter Mitarbeiter sein, der aus dem Aufgabengebiet der entsprechenden Abteilungen stammt. Eine solche Aufgabe kann erfahrungsgemäß nicht von Mitarbeitern eines Rechenzentrums übernommen werden.

Eine weitere bedeutsame Aufgabe des Systembetreuers ist, Anregungen und Realisierungsvorschläge motivierter Mitarbeiter in der Übungsphase aufzuzeigen und zu koordinieren. Wie bereits an anderer Stelle mehrfach berichtet, hängt die Effizienz eines CAD-Systems von der Möglichkeit der Interpretation erstellter Daten ab. Eine Interpretation fällt umso leichter, je besser und einheitlicher solche Datenmengen strukturiert sind. Dieser Vorgang hängt entscheidend auch von der Handhabung des Systems ab. Deshalb sollte der einzelne Mitarbeiter zwar in den grundsätzlichen Verwendungsmöglichkeiten unterschiedlicher Funktionalität nicht eingeschränkt, aber zur Erzeugung einheitlicher Strukturen angehalten werden. CAD-Systeme bieten hier eine Reihe von Möglichkeiten, darunter die Menütechnik. Die Steuerung solcher Gemeinsamkeiten läßt auch später notwendige Detailänderungen in Organisationsabläufen leichter durchführen.

Zweckmäßigen Schulungsmaßnahmen im Rahmen der Einführung ist ein eigener Abschnitt gewidmet.

Nach der Grundschulung muß mit einer ein- bis dreimonatigen Übungsphase gerechnet werden. Innerhalb dieses Zeitraumes sollten, zeitlich versetzt, weitere Schulungsmaßnahmen getroffen werden, bei welchen auf bereits gewonnene Erkenntnisse und Erfahrungen aufgebaut werden kann. Zweck der Übungsphase ist einerseits, das Werkzeug „CAD" in der Handhabung in den Griff zu bekommen, und andererseits erste Erfahrungen über Vorgehensweisen bzw. Einsatzmöglichkeiten zu erhalten. In dieser Phase sollen die Mitarbeiter die Möglichkeit erhalten, sich sehr intensiv mit den Geräten und dem System selbst auseinandersetzen zu können. Das Erlernen der Handhabung eines hochinteraktiven Rechnersystems ist vergleichbar mit jener eines Instrumentes. Fehlt eine intensive Übungsmöglichkeit, wird der Nutzen oder das Fortschreiten in keinem Einklang mit dem Lernprozeß stehen. Deshalb sollten auch sofort nach der Grundschulung entsprechende Übungsmöglichkeiten zur Verfügung stehen.

Die Länge des Übungszeitraumes hängt nicht nur von der Güte der Handhabung und der Grundphilosophie des CAD-Systems, sondern auch von der Komplexität der Aufgabenstellung innerhalb eines Unternehmens ab. Was diese Aussage in der Praxis in konkreten Fällen bedeuten kann, wird an Hand von Fallbeispielen im nächsten Abschnitt aufgezeigt.

Im folgenden sollen vier grundlegende Arten von Einführungsmodellen aufgezeigt werden. Selbstverständlich sind auch hier, wie bei allen Klassifizierungen, überschneidende Merkmale anzutreffen.

Auf Grund heutiger Erfahrungen ist die projektbezogene Einführung von CAD-Systemen und deren Erweiterung zu integrierten Gesamtlösungen zu empfehlen. Diese Vorgehensweise kann vor allem auch von mittleren Unternehmungen durchgeführt werden, die bereits innerhalb eines kürzeren Zeitraumes einen wirtschaftlichen Nutzen erzielen müssen. Nach der Festlegung fundamentaler Randbedingungen in der Übungsphase wird ein bestimmtes Projekt vollständig mit Hilfe des Konstruktionssystems durchgezogen. In diesem Zuge werden auch die notwendigen Adaptierungsarbeiten durchgeführt. Der Systembetreuer muß die entsprechenden Richtlinien ausgeben und für deren Beachtung sorgen, da mehrere Konstruktionsingenieure an dem Projekt beteiligt sein werden. Er ist für die Koordination aller Adaptierungsarbeiten zuständig. Es sollen nicht nur bestehende Standards mit Hilfe des CAD-Systems verwirklicht, sondern auch neue CAD-Standards geschaffen werden. Unter Adaptierungsarbeiten sind etwa das Erstellen von Norm- und Standardbibliotheken, die nicht von Systemanbietern bezogen werden können, das Organisieren von Informationsflüssen aus dem CAD-System zu anderen Abteilungen und vieles mehr zu verstehen. Im einzelnen wurden diese Probleme an anderer Stelle bereits besprochen. Diese Adaptierungsarbeiten werden aber nur soweit durchgeführt, als sie für das zu bearbeitende Projekt notwendig sind. Der Systembetreuer hat allerdings für die allgemein gültige Anwendbarkeit dieser Maßnahmen zu sorgen.

Die Effizienz des CAD-Einsatzes wird beim ersten, auf diese Weise durchgeführten Projekt bescheiden sein. Zu sehr ist man noch mit dem Erarbeiten begleitender Maßnahmen und dem Sammeln von Erfahrungen beschäftigt. Beim nächsten, mit Hilfe des Konstruktionssystems abgewickelten Projekt, wird man aber auf eine Reihe von schon getätigten Maßnahmen zurückgreifen können. Damit wird bereits die Effizienz des nächsten Projektablaufes nicht unbeträchtlich gesteigert. Die begleitenden Adaptierungsarbeiten werden von Projekt zu Projekt geringer, der wirtschaftliche Nutzen im gleichen Maße sichtbar.

Diese Vorgehensweise bedeutet auch, rein aus praktischen Erfordernissen, daß man nicht auf der gesamten Breite der Konstruktionsabteilung CAD einsetzen kann. Eine Reihe von Projekten müssen auf klassische, oft hergebrachte Weise durchgezogen werden. Mit fortschreitender Dauer des CAD-Einsatzes werden immer mehr Projekte parallel mit Rechnerunterstützung abgewickelt. Das bedeutet, daß eine vollständige Abwicklung aller Projekte auch erst nach zwei bis drei Jahren über CAD durchgeführt werden kann. Gelingt es nicht, diesen Zeitraum zu verkürzen, bedeutet dies ein relativ langes Nebeneinanderbestehen verschiedener Organisationsformen, die weit aus dem Konstruktionsbereich hinaus wirken können. Zeichnungsarchivierungs-Methoden, Datenübergaben an andere Abteilungen, wie Stücklisten oder Lagerhaltungswesen, etc., aber auch Fertigungsprogrammier-Methoden müssen zweigleisig gestaltet werden. Der automatische Datenfluß kann ja nur für solche Projekte verwendet werden, die bereits von der Konstruktion her am Computer durchgeführt werden. Die Praxis zeigt, daß diese Doppelgleisigkeit der Organisationsformen durchaus in den Griff zu bekommen ist. Trotz dieser Nachteile stellen sich derzeit der projektbezogenen Schritt-nach-Schritt-Einführung kaum Alternativen gegenüber.

Die Projekte können sich, zum Teil auch zeitlich parallel, über verschiedenartige Bereiche erstrecken. Der Systembetreuer hat für die Koordination auch über Bereichsgrenzen hinweg zu sorgen. Das Gesamtsystem wächst mit dem stetigen Arbeiten mit.

Das nächste Einführungsmodell geht davon aus, CAD am Beginn in jenen konstruktiven Bereichen und Aufgabenstellungen einzusetzen, wo besonders günstige Voraussetzungen gegeben sind. Dies können etwa Bereiche sein, die in großer Anzahl Varianten in Verbindung mit Baukastensystemen und Schematakonstruktion beinhalten. Hierfür werden unter Leitung des Systemsbetreuers sehr viele auch weit in die Tiefe gehende, vorbereitende Maßnahmen getroffen. Adaptierungsarbeiten werden nicht nur im Hinblick auf die Konstruktion, sondern auch auf den Datenfluß zu anderen Abteilungen ausgeführt. Auch auf diesen Gebieten müssen die entsprechenden Voraussetzungen geschaffen und die begleitenden Maßnahmen getroffen werden. Sind diese Tätigkeiten abgeschlossen, können praktisch alle sich in diesem Bereich bewegenden Projekte mit höchster Wirtschaftlichkeit auch hinsichtlich aller organisatorischer Konsequenzen durchgeführt werden. Da die vorbereitenden Maßnahmen sehr in die Tiefe gehen, können auch sehr hohe Beschleunigungs- und damit Effizienzfaktoren erreicht werden. Diese liegen in einigen Fällen durchaus bei zwanzig bezogen auf die Abwicklung des gesamten Projektes. Selbstverständlich sind sie nicht nur im zeichnerischen Bereich zu erzielen. Da die Vorbereitungen nur für ein ganz bestimmtes Aufgabengebiet durchgeführt worden sind, werden sie sich vom zeitlichen Aufwand ebenfalls in Grenzen halten. Man sollte etwa ein bis eineinhalb Jahre dafür veranschlagen. Nachteil dieser Vorgehensweise ist, daß eine Reihe von Aufgabengebieten in einem Unternehmen nicht oder erst sehr spät mit der CAD- Problematik konfrontiert werden. Dies bedeutet, daß das parallele Führen verschiedener Organisationsformen noch wesentlich länger beibehalten werden muß, als es bei der projektbezogenen Einführung der Fall sein würde. Die Anwendung des eben beschriebenen Einführungsmodells ist auch nur dann zu empfehlen, wenn Personen mit grundlegenden CAD-Erfahrungen zur Verfügung stehen, die die vorbereitenden Maßnahmen auf Grund ihres Wissens in einem vernünftigen Zeitraum erfüllen können. Weiters sollte man durch organisatorische Maßnahmen zu vermeiden trachten, daß durch die lange Doppelgleisigkeit der Arbeitsweisen auch zwei Klassen von Mitarbeitern, jene die mit und andere die ohne Rechnereinsatz arbeiten, entstehen. Dies könnte sonst wieder zu psychologischen Problemen führen, die einen weiteren CAD-Einsatz hemmen könnten.

Im dritten Einführungsmodell wird versucht, möglichst rasch auf großer Breite das System einzusetzen. Dies bedeutet in den meisten Fällen, daß die vorbereitenden Maßnahmen zu wenig Beachtung finden. Adaptierungsarbeiten werden meist nicht oder nur in äußerst geringem Umfang durchgeführt. Der einzelnen Mitarbeiter legt sich einfache Dinge selbst zurecht. Koordinations- und Vereinheitlichungsbestrebungen werden meist wegen Zeitmangel und der geringen Erfahrung durch den überstürzten Einsatz kaum oder gar nicht durchgeführt. Auch Strukturen zur vernünftigen Interpretation der erstellten Zeichnungen werden nicht oder in nur viel zu geringem Umfang beachtet. Dies bedeutet, daß das System im Endeffekt fast ausschließlich zur Zeichnungsbeschleunigung verwendet wird. Damit kann man in relativ kurzer Zeit Beschleunigungen zwischen zwei und drei erzielen, was optisch einen Einsatz gerechtfertigt erscheinen läßt. Wie bereits auch an anderer Stelle mehrfach erwähnt, verbaut man sich durch diese Vorgehensweise die Möglichkeit, weitere Maßnahmen zu treffen, um den effizienten wirtschaftlichen Einsatz zu steigern. Die so erzeugten Produkte können vielfach nur ausgeplottet und diese so mechanisch erstellten Zeichnungen auf klassische Weise weiterverarbeitet werden. Rechnergesteuerte Datenauszüge für andere Abteilungen oder eine rechnermäßige CAD/CAM- Kopplung scheitert an dem zu großen Aufwand der strukturellen Überarbeitung solcher mit CAD erstellter Geometrien. Für solche Vorgehensweisen genügt es ja nicht, daß die Zeichnung dem Aussehen nach richtig ist, sie muß auch bestimmten logischen Zusammenhängen genügen, auf die nicht oder nur zu wenig geachtet wurde. Deshalb führt meiner Erfahrung nach, dieses Einführungsmodell in vielen Fällen in die „Sackgaße". Es kann nur in kurzsichtiger Weise dazu dienen, eine Firmenleitung möglichst rasch zufrieden zu stellen, ohne auf weitere Konsequenzen zu achten.

Das vierte und letzte an dieser Stelle beschriebene Einführungsmodell geht davon aus, alle vorbereitenden Maßnahmen und Adaptierungsarbeiten nicht nur projekt- oder aufgabenstellungsbezogen, sondern quer über alle Unternehmenserfordernisse durchzuführen, bevor mit dem produktiven Einsatz des Konstruktionssystems begonnen wird. Die Überlegungen gehen davon aus, daß bereits bei Beginn des Produktionsbetriebes im gesamten Bereich mit einer einzigen Organisationsform größtmöglicher wirtschaftlicher Nutzen erzielt wird. Allerdings nimmt der Umfang dieser Arbeiten ein derartiges Maß an, daß eigene Forschungs- und Entwicklungsarbeiten mit einer nicht unbeträchtlichen Mannschaft dazu herangezogen werden müssen. Dies ist für mittlere und kleinere Unternehmen praktisch nicht durchführbar. Selbst bei großen Unternehmungen kann diese Vorgehensweise aber häufig nicht den gewünschten Effekt erzielen. Dies deshalb, weil die Mitarbeiter einer solchen Abteilung zuwenig in die Erfordernisse des Tagesgeschehens eingebunden sind und vielfach akademische Lösungen anstreben. Die fast explosive Entwicklung auf sowohl hardware- als auch softwaretechnischem Gebiet führt dazu, daß solche Forschungsabteilungen auch mit der praktischen Realisierung eigener Gedanken die unter bestimmten Möglichkeiten und Voraussetzungen geschaffen wurden, nicht nachkommen. Dadurch wird der Einsatz des Rechnern in der Praxis trotz relativ großen Personalaufwand zulange hinausgeschoben. Dies hat anschließend auch eine Reihe von psychologischen Konsequenzen, sowohl bei den Mitarbeitern als auch bei der Firmenleitung. Je länger die Forschungsabteilung für sich allein arbeitet, ohne jenen Abteilungen, die für einen zukünftigen Einsatz in Frage kommen, vernünftige Lösungen anzubieten, desto größer wird die Skepsis an dieser Stelle werden. Dies sind nur einige Argumente, die gegen dieses Einführungsmodell auch bei sehr großen Unternehmungen sprechen.

Abschließend kann gesagt werden, daß das Einführungsmodell 1 und in manchen Fällen das Modell 2 bestens zu empfehlen sind. Im nächsten Abschnitt werden an Hand von Fallbeispielen die praktische Anwendung dieser Einführungsmodelle besprochen.

6.2 Praktische Vorgehensweise von Anwendern: „Fallbeispiele"

Alle an dieser Stelle vorgebrachten Fallbeispiele sind mir persönlich bekannt. Sie sind im Rahmen meiner Beratung und Hilfestellung bei Einsätzen von CAD-Systemen entstanden. Ich habe mir erlaubt, Komponenten aus verschiedenen praktischen, ähnlich gelagerten Fällen zusammenzufassen und als ein Beispiel einer bestimmten Modelleinführung darzulegen. Deshalb können Namen an dieser Stelle nicht genannt werden.

Folgendes Beispiel zeigt einen Fall nach der Modelleinführung „Projektbezogener Ablauf".

Eine der Grundvoraussetzungen, die das Unternehmen an den CAD-Einsatz stellte, war die Kopplung zu CAM. Bei der entsprechenden Auswahl ging man sogar von der Ansteuerungsmöglichkeit von Fertigungsmaschinen aus. Dort versprach man sich den größten wirtschaftlichen Nutzen. Im Zuge der Beschäftigung mit CAM erkannte man, daß vieles, das auf dieser Ebene festgelegt wurde, auch den Konstruktionsablauf beeinflußt. Deshalb wollte man auch diesen auf den Rechner bringen. Man suchte daher nach Systemkombinationen, die den Konstruktionsablauf beschleunigen, gleichzeitig aber auch Informationen mit möglichst geringem Aufwand an die Fertigung und an die Berechnungsabteilung weiterleiten. Ein weiterer Gesichtspunkt war, eine spätere Hinzunahme von dreidimensionalen Darstellungen. Diese wurden einerseits zu Kontrollzwecken für komplexe Schnittdarstellungen, andererseits auch für kinematische Überlegungen benötigt. Verschiedenartige Berechnungen konnten nur aus dem dreidimensionalen Modell abgeleitet werden. Das System sollte nun aus gleichen interaktiven graphischen Definitionen klassische Zeichnungsinformationen, dreidimensionale Darstellungen sowie die Bereitstellung und Modifikation aller weiteren Daten gewährleisten. Da parallel zur Systemauswahl CAD/CAM auch Werkzeugmaschinen angeschafft wurden, wollte man vermeiden, diese maschinennah auf klassische NC-Weise zu programmieren. Deshalb sollten von Beginn an die vom Konstrukteur erstellten Zeichnungen mit möglichst geringem Aufwand direkt als Ausgangspunkt zur Ansteuerung besagter Maschinen verwendet werden. Deshalb wurde bereits in der Grundschulung der Konstrukteure, die unmittelbar nach der gesamten Systeminstallation durchgeführt wurde, auch auf jene Punkte Augenmerk gelegt, die ein problemloses Handhaben der CAD/CAM- Kopplung zulassen. Die Arbeitsvorbereiter erhielten ebenfalls eine kurze Einführung in die Grundzüge der Handhabung des CAD-Systems. Gleichzeitig wurden sie in wesentliche Teile des NC-Systems eingewiesen, die bei der Kopplungsbenutzung zu wissen noch nötig waren. Das war im vorliegenden Fall vor allem das interaktive Schachteln von Teilen auf Blechen. CAD, Kopplung und CAM-System werden am gleichen Rechner und an der gleichen Arbeitsstation betrieben. Damit merkt der Anwender praktisch nicht, daß er in unterschiedlichen Systemen arbeitet. Die Funktionalität der einzelnen Bausteine ist aber optimal auf seine Bedürfnisse zugeschnitten. Vom Systemanbieter selbst wurde die erste Gruppe von Konstrukteuren und einigen Arbeitsvorbereitern geschult. Nach einer etwa 14-tägigen bis dreiwöchigen Übungsphase war man soweit, die ersten einfachen Teile tatsächlich auch für den Produktionsbetrieb der Werkzeugmaschine zur Verfügung zu stellen. Ab diesem Zeitpunkt wurde vom Systembetreuer, der bereits einige Erfahrung mit dem System hatte, selbst weitere Personengruppen geschult. Ebenso wurde ein Plan für weitere organisatorische Begleitmaßnahmen erarbeitet. Diese konnten im speziellen Anwendungsfall einigermaßen rasch ermittelt und die entsprechenden Randbedingungen festgelegt werden. Die Konstrukteure arbeiteten bereits unter diesen Gesichtspunkten. Die Realisierung weiterer organisatorischer Maßnahmen nahm etwa ein halbes Jahr in Anspruch. Innerhalb dieses Zeitraumes, etwa drei bis vier Monate nach Einführungsbeginn, begann man auch, die bisherigen zweidimensionalen Teileinformationen durch einfaches Überarbeiten für dreidimensionale Darstellungszwecke bereitzustellen. Dadurch konnten räumliche Bewegungssimulationen und beliebige Kontrollschnitte und Zusammenstellungsdetails generiert werden. Das CAD-System stellte nun entsprechende Gewichts-, Trägheitsmoment- und Oberflächenberechnungen zur Verfügung. Durch ergänzende Programme, die vom Systembetreuer erarbeitet wurden, konnte die Effizienz des CAD-Einsatzes weiter gesteigert werden. Bereits bei der Installation wurde ein Schriftkopf festgelegt gemeinsam mit der Art der Positionsnummernvergabe, mit deren Hilfe gezielt die entsprechenden Stücklisten erzeugt werden konnten. Diese wurden nun direkt ausgegeben, waren aber auch für maschinelle Weiterverarbeitung konzipiert. Damit wurde allerdings nicht im ersten Jahr des CAD-Einsatzes begonnen. Bereits etwa drei Monate nach Einführung des Systems hatte man ca. 1000 Blechteile für die Weiterverarbeitung über NC CAD-mäßig bereitgestellt. Durch das Erkennen von Variationsstrukturen im eigenen Konstruktionsbereich konnte man in der zweiten Hälfte des ersten Einführungsjahres bereits sehr gezielt Variantenmodule in graphischer interaktiver Form erstellen. Diese wurden mit einfachen Prozeduren leicht bedienbar gemacht. Damit konnte die Erstellung der für die Fertigung geforderten Einzelteile zeitlich noch verkürzt und stärker beschleunigt werden.

6.2 Praktische Vorgangsweise von Anwendern: „Fallbeispiele" 147

Durch den gemeinsamen Beginn der Konstruktion und Arbeitsvorbereitung war gewährleistet, daß gewisse fertigungsbezogene Merkmale von Anfang an in der Konstruktion berücksichtigt wurden. Dies geschah fast automatisch durch das gemeinsame Arbeiten beider Abteilungen im gleichen System. Letztendlich führte dies soweit, daß der Konstrukteur den Koppelbaustein zur Überprüfung auf fertigungsgerechte Geometrie benutzt. Der Arbeitsvorbereiter ergänzte die Technologiedaten und führte den Schachtelprozeß durch. Durch entsprechende Simulation der Werkzeugbahnen im CAM-System war die Kontrollkette auf optimale Weise geschlossen. Bereits nach einem Jahr des Einsatzes des integrierten Gesamtsystems waren entscheidende wirtschaftliche Vorteile ablesbar. Anpassungs- und Adaptierungsarbeiten sind selbstverständlich auch in den darauffolgenden Jahren durchgeführt worden. Diese ergeben sich ja bereits aus den neuen Möglichkeiten, die das Fortschreiten der Systementwicklungen bieten.

Grundsätzlich muß gesagt werden, daß die firmenspezifische Aufgabenstellung nicht immer so günstig liegt, daß etwa ein Monat nach Beginn der Einführung bereits mit praktischen Ergebnissen aufzuwarten ist. Auch hängt es davon ab, wieviel Systemfunktionalität ein bestimmtes Anwendungsgebiet erfordert. Ein Zeitaufwand von etwa drei bis vier Monaten sollte jedoch genügen.

Etwas anders, nämlich nach dem bereichsbezogenen Einführungsmodell, ging ein anderes, mir bekanntes Unternehmen vor. Man erfaßte, welche Konstruktionsaufgabenstellungen sich besonders für CAD-Einsatz eignen würden. Für diese, der Variantenkonstruktion in allgemeinster Formulierung zuzuzählende Aufgabenstellungen wurden die entsprechenden vorbereitenden Maßnahmen von den Systembetreuern der mechanischen Konstruktion, der Hydraulik sowie der Elektrotechnik durchgeführt. Es wurde von Beginn an versucht, diese Abteilungen möglichst optimal entsprechend der konstruktiven Aufgabenstellungen aneinander rechnermäßig anzupassen. Gleichzeitig wurde vom Systembetreuer die Aufgabe übernommen zu erfassen, welche Daten an andere Abteilungen und die kommerzielle Rechenanlage zu übergeben waren. Nachdem man mit der Systemfunktionalität vertraut war, begann man die entsprechenden organisatorischen Randbedingungen festzulegen, unter denen eine Systemrealisierung getroffen werden sollte. Es wurden die Schnittstellen zwischen Elektrotechnik, mechanischer Konstruktion und Hydraulik einerseits sowie den übrigen Informationsverwaltungen andererseits festgelegt. Anschließend begann man mit der Erstellung der Variantenteile, das verwendete System ließ eine interaktive Generierung derselben zu. Mit Hilfe von Kommandoprozeduren und Menütechnik wurden Eingabeformen geschaffen, die dem einzelnen Konstrukteur die Handhabung wesentlich vereinfachten. Der Mitarbeiter in der Konstruktionsabteilung benutzte also nicht mehr den vollständigen Basisfunktionsumfang des CAD/CAM-Systems, sondern die bereits speziell für seinen Anwendungsfall durch den Systembetreuer aufbereiteten Möglichkeiten. Die Zusammenstellung abrufbarer Varianten erfolgte in zwei Richtungen. Einerseits vereinfachte Darstellungen für das Angebotswesen, andererseits die detaillierten Teilerzeugungen für Konstruktion und Fertigung.

Im Angebotswesen wurden die Automatismen, die bei Rechnerunterstützung möglich sind, soweit gebracht, daß die entsprechenden Ausarbeitungen, die bei rein händischem Einsatz etwa drei Wochen in Anspruch nahmen, innerhalb eines einzigen Tages erledigt werden konnten. Der Interessent kann bei einem eintägigen Besuch praktisch life verschiedene Angebotsvarianten erzeugt bekommen und die entsprechenden Zeichnungen, die sich daraus ableiten, mitnehmen. Neben Rationalisierungseffekten und der größeren Zahl von Angebotsbearbeitungen ergeben sich daraus auch eine Reihe psychologischer Vorteile.

Nach der Auftragserteilung in der Detailkonstruktion wird der zweite Ast der vorbereitenden Maßnahmen in Kraft gesetzt. Durch Vorgabe bestimmter Randbedingungen werden Variantenentwürfe durch den Rechner automatisch erzeugt. Diese werden in Details interaktiv überarbeitet. Dieser Vorgang nimmt meist nur einen sehr kurzen Zeitaufwand in Anspruch. Aus dieser Information können auch Vorgaben für Elektrotechnik und Hydraulik ermittelt werden. Die Schematakonstruktionen werden ebenfalls mittels des CAD-Systems durchgeführt. Die entsprechende Informationsverarbeitung aus diesen Blättern wird genau wie die Stücklistenerstellung vollautomatisch verarbeitet. Das Ergebnis sind entsprechende Listen, Auftragsblätter, und vieles mehr. Gerade an dieser Stelle kommt die Effizienz des Rechnereinsatzes besonders zur Geltung. In einem weiteren Zweig wird die NC- Information der Arbeitsvorbereitung zur Verfügung gestellt. Nach geringfügigen Korrekturen kann auch hier der Schachtelprozeß angeschlossen und die Maschinensteuerungsinformation automatisch erstellt werden. Die organisatorische Verwaltung der einzelnen Projekte findet ebenfalls mit Hilfe des Rechners statt.

Die Projektbeschleunigungszeiten belaufen sich auf etwa fünf bis zehn, in manchen Fällen sogar auf zwanzig bis dreißig. In diesen Zeiten sind allerdings die Aufwendungen für die vorbereitenden Maßnahmen nicht enthalten. Nach Angabe des Unternehmens wurden diese allerdings bereits beim dritten oder vierten Projekt hereingebracht. Zu diesen Zeiten muß allerdings gesagt werden, daß das in diesem Unternehmen arbeitende Team besondere Erfahrung im CAD-Einsatz hatte. So gelang es, gewisse Maßnahmen bereits in einem kurzen Zeitraum von drei bis vier Monate durchzuführen. Auch die Grundschulung konnte aus eben genannten Gründen sehr intensiv und rasch durchgeführt werden. Die Erfahrung bestand in einer fast dreijährigen Benutzung eines anderen CAD-Systems. Weiters sollte zu den Beschleunigungsfaktoren angemerkt werden, daß eben jene Aufgabenstellungen des Unternehmens für den CAD-Einsatz herangezogen wurden, die sich für diesen besonders eigneten. Es gibt für Sonderausgaben eine Konstruktionsabteilung im gleichen Unternehmen, die nach völlig herkömmlichen Methoden arbeitet und auch die Informationsweiterleitung daher per Hand durchführt. Allein für die Fertigung entschloß man sich, ebenfalls aus Effizienzgründen, bei jenen Aufgabenstellungen, die am Zeichentisch konstruiert werden, nur die für die Fertigung notwendige Information mit Hilfe des CAD-Systems bereitzustellen und diese über den Kopplungsbaustein an das NC-System und somit die Steuerungserzeugung der Werkzeugmaschine zu erstellen. Die großen Vorteile des CAD-Einsatzes sind also stets unter dem Gesichtspunkt zu sehen, daß über längere Zeiten zwei verschiedene Organisationsformen benötigt werden. Besagtes Unternehmen arbeitet bereits seit über fünf Jahren mit CAD- und CAM-Einsatz. Auf absehbare Zeit ist nicht daran gedacht, alle Aufgabenstellungen den Rechnersystemen anzuvertrauen.

Ein weiteres, mir bekanntes Unternehmen versuchte, nach dem Einführungsmodell drei, das CAD-System auf möglichst breiter Basis einzusetzen. Dies geschah in der Elektrotechnik in der Hydraulik und der mechanischen Konstruktion im Grunde völlig unabhängig voneinander. Während in der Schematakonstruktion zumindest formal sehr rasch sehr gute Ergebnisse erzielt worden sind, gelang dies in der mechanischen Konstruktion nur zum Teil. Dies liegt auch an der Struktur der Geometrie. In der Schematakonstruktion kann in wesentlich höherem Maße auf bestehende Symbole und Symbolgruppen, die über Menü abgerufen werden, zurückgegriffen werden. In der Elektrotechnik gelang es auch, in einem absehbaren Zeitraum von etwa einem halben bis einem dreiviertel Jahr, auf Grund der bereits in Normen und Standards vorgezeichneten Auswertungsverfahren die Schematakonstruktionen entsprechend zu interpretieren und in Listenform darzustellen. In der hydraulischen Konstruktion wurden solche Anforderungen auch von der Firma nur zum Teil gestellt. Die mechanische Konstruktion entwickelte sich weitgehend unabhängig von den anderen Abteilungen. Sie griff auch nicht auf deren Erfahrungen zurück. Zwar konnte ein gewisses Mindestmaß an Zeichenbeschleunigung innerhalb eines relativ kurzen Zeitraumes von ca. einem halben Jahr erzielt werden, doch in weiterer Folge gab es keine echten entscheidenden Leistungsverbesserungen mehr. Dies lag daran, daß das System nur in Hinsicht auf reine Zeichnungserstellung benutzt wurde. Es wurden zu wenig Rahmenbedingungen geschaffen und zu wenig koordinatorische Maßnahmen gesetzt, um einheitliche Strukturen zu weiterer Interpretation zu schaffen. Andererseits wurden auch nicht immer vollständige Projekte streng durchgezogen und entsprechende Standardbibliotheken aufgebaut. Dies hatte zur Folge, daß aus Zeitmangel, unter dem Druck des Tagesgeschehens sogar geplottete Zeichnungen noch verändert wurden. Damit gab es aber auch in den Archiven keinen gesicherten Stand an gültigen CAD-Informationen. Spätere Eingriffe nach ein oder zweijähriger Arbeitsweise mit dem System waren schwierig und nicht gerade von besonderem Erfolg gekrönt. Einerseits liegt es wohl daran, daß sich bei einzelnen Mitarbeitern bereits sehr unterschiedliche Handhabungen und Strukturmaßnahmen breit gemacht haben. Nach einem solch langen Zeitraum sind diese nur mehr äußerst schwierig zu vereinheitlichen und zu koordinieren. Zum anderen ist es auch schwer, eine große Anzahl von bereits erstellen Informationen zu überarbeiten und auf neue logische Zusammenhänge zu überprüfen. Gerade wenn unter dem Druck des Tagesgeschehens gearbeitet wird, ist man zu solchen Aufgabenstellungen nur bedingt bereit. Für das Unternehmen stellte sich aber die Erkenntnis ein, daß sich langfristig trotz der entsprechenden Mehrbelastung bei einer durchdachten und tiefergehenden Einführung ein größerer Erfolg herausgestellt hätte. Die zu Beginn durchgeführten Einführungsaufwendungen betrafen eine Woche Grundschulung für alle Mitarbeiter sowie eine Woche Systemschulung, die zeitlich versetzt etwa drei Wochen später durchgeführt wurde. Nach einer Einführungsphase von ca. vier bis sechs Wochen hatte man voll mit dem Produktionsbetrieb von Zeichnungserstellungen begonnen.

Das vierte Einführungsmodell wurde auf Grund seines großen Aufwandes nur selten in der Praxis realisiert. Vor allem zu Beginn der CAD-Entwicklung, wo es praktisch überhaupt noch keine Erfahrungen gab, wurde von einzelnen Großunternehmungen solche Grundlagenprojekte in Angriff genommen. Die Gründe für die nicht allzugroße Effizienz dieser Vorgehensweise wurden bereits im letzten Abschnitt dargelegt. So richtig sie vom wissenschaftlichen Standpunkt auch sein möge, sie scheitert an der entsprechend innigen Integration zwischen Praxisanforderung und Grundlagenwesen.

Speziell bei großen Unternehmungen wird eine einzelne Abteilung sehr leicht einem Eigenleben unterworfen. Gerade das sollte bei der Erforschung der Nutzbarkeit eines Hochleistungswerkzeuges nicht erfolgen. Hier muß ständig die Erfahrung des Praktikers, der unter dem Druck der erfolgreichen Produktion steht, einfließen.

Gleichgültig welches Einführungsmodell man bevorzugt, oder welche Variation bzw. Abart man für den eigenen Bedarf wählt, einer der wesentlichsten Entscheidungsmerkmale für den Erfolg des CAD-Einsatzes ist die Motivation und Bereitschaft der einzelnen Mitarbeiter, der Technologie zum Durchbruch und Erfolg zu verhelfen. Diese Erkenntnis sollte an höchster Stelle eingereiht werden.

7. Programmtechnischer Systemaufbau

In Kapitel 3 wurden die Funktionen eines CAD-Systems aus der Sicht des Anwenders aufgezeigt. Ziel war, auf die Notwendigkeit bestimmter Systemmöglichkeiten hinzuweisen, um ein Gefühl für deren Handhabung bei der Lösung der anwenderbezogenen Problemstellung zu vermitteln. An dieser Stelle sollen nun die systemtechnischen Hintergründe beleuchtet werden. Mögliche und zweckmäßige Realisierungsformen der einzelnen Funktionen sollen beschrieben und dargelegt werden. Diese Erkenntnisse sollen einerseits dazu beitragen, ein Gefühl dafür zu erhalten, was der Rechner tatsächlich ausführt, andererseits aber auch bei der Systemauswahl helfen, das für den eigenen Anwendungsfall geeignete System leichter zu finden. Die Flexibilität und die Interpretation logischer Zusammenhänge werden oft in entscheidendem Maße von der Realisierungsart einzelner Funktionen im komplexen Programmsystem bestimmt.

7.1 Überblick über Möglichkeiten des Systemaufbaues

Wie bereits in Kapitel 1, Abb. 1 aufgezeigt, besteht ein integriertes Konstruktionsprogramm-System aus einer Reihe von Bausteinen, auch Moduln genannt. Sie können in folgenden Gruppen zusammengefaßt werden: Auswahl für Konstruktionsmethoden, Entwurfs- und Auswahlrechensysteme für erste konstruktive Annahmen, Kontrollrechensysteme für bereits festgelegte Konstruktionen, das Konstruktions-(CAD)-System im engeren Sinn und der Fertigungsmodul. Eine Reihe solcher Bausteine sind käuflich erwerbbar, andere müssen vom Anwender selbst oder in dessen Auftrag als Einzellösung erstellt werden. Die Gründe dafür wurden bereits an anderer Stelle ausführlich dargelegt. Ein weiterer Modul ist für die Effizienz des integrierten Gesamtsystems von entscheidender Bedeutung: der Systemkern. Er hat die Aufgabe, die einzelnen Module, die unter unterschiedlichen Gesichtspunkten erstellt worden sein können, zusammenzufassen, zu verwalten, sowie die benötigten oder erzeugten Daten zu koordinieren und weiterzuleiten. Er ist also für die Verwaltung des gesamten Systems in jeder Hinsicht zuständig. Eine weitere Aufgabe ist es, die Erstellung neuer Module zu erleichtern. Dies kann durch die Bereitstellung einer Reihe von im Ingenieurbereich immer wieder benötigten Funktionen geschehen.

Betrachtet man nun das CAD-System im engeren Sinn, das die Aufgabe hat, im Arbeiten im interaktiven Dialog eine Konstruktionseinheit zu beschreiben, so besteht dieses wieder aus einer Reihe von Bausteinen. Diese können in drei Gruppen zusammengefaßt werden: Konstruktionsfunktionen, Verwaltungsfunktionen zum interaktiven Dialogbetrieb und die eigentlichen Gerätetreiberfunktionen. Die beiden letzten Gruppen werden vielfach zu Untersystemen zusammengefaßt. Man spricht von graphischen Basissystemen, das weltweit genormte „GKS", graphisches Kernsystem (Graphical Kernal System) stellt ein solches Basissystem dar. Abb. 26 gibt einen Überblick über die Struktur dieser Module.

Die Gruppe von Bausteinen, die unter dem Namen „Konstruktionsfunktionen" zusammengefaßt wurden, stellt die eigentliche, anwenderbezogene Funktionalität des CAD-Systems dar. Auf Grund menschlicher Eingaben werden die Beschreibungsmerkmale einer Konstruktion erzeugt, abgelegt und verwaltet. Die Datenorganisation wird mit Hilfe spezieller Datenstruktur gehandhabt. Vom Aufbau einer solchen Datenstruktur hängen die vielfältigen Möglichkeiten und die Effizienz des CAD-Systems in hohem Maße ab. Deshalb sollte darauf besonderes Augenmerk gelegt werden. Auf Grund ihrer Bedeutung ist der Datenstruktur ein eigener Abschnitt gewidmet. Weiters organisiert diese Bausteingruppe das sogenannte „Benutzer-Interface", also die „Mensch-Maschine-Kommunikation".

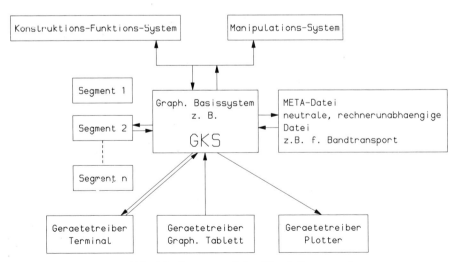

Abb. 26. Systemmodule (Blockdiagramm)

Dazu zählen alle Möglichkeiten der Befehlseingabe, besonders ist an dieser Stelle die Menühandhabung (z. B. durch einen Menügenerator) zu erwähnen. Schnittstellen-Bausteine interpretieren die Datenstruktur und stellen Teile der in der Datenstruktur verwalteten Informationen anderen Programmsystemen zur Verfügung. Eine sehr oft benötigte, spezielle Anwendung eines solchen Interpretationsvorganges stellt die Listenerzeugung (Listengenerator) dar. Ein weiterer Baustein ist die Verknüpfung zur Fertigung (CAM). Das Ergebnis des Arbeitens des Konstrukteurs mit den Bausteinen der Konstruktionsfunktionen ist eine Bauteilbeschreibung. Diese wird in Form einer Datei am Rechner abgelegt. Die Datei ist in spezieller Form, der eben erwähnten Datenstruktur, aufgebaut. Diese Bauteilbeschreibung, die auch Zeichnungen genannt werden können, müssen ebenfalls verwaltet werden. Solche Zeichnungsverwaltungs- und Archivierungsbausteine zählen ebenfalls zu der Modul-Gruppe der Konstruktionsfunktionen.

Das graphische Basissystem umfaßt jene Funktionen, die in irgend einer Form von den in einem Arbeitsplatz integrierten Geräten abhängen. Dabei wird versucht, die Eigenschaften und internen Funktionen unterschiedlicher graphischer Peripheriegeräte möglichst optimal auszunutzen. Um dem Systembildner die Möglichkeit zu geben, mit vertretbarem Aufwand unterschiedlichste Geräte verschiedener Hersteller entsprechend ihrer Funktionalität in sein System einbinden zu können, müßte ein Standard geschaffen werden. Da dieser derzeit gerätetechnisch nicht gegeben und in absehbarer Zeit auch nicht erzielbar ist, versuchte man, dieses Problem softwaretechnisch in den Griff zu bekommen. Es gab deshalb bereits einige Versuche, ein graphisches Basissystem zu standardisieren und zur Norm zu erklären. Die heute am gebräuchlichsten Standards sind das aus den USA stammende CORE und das neuere weltweit genormte graphische Kernsystem oder GKS (Graphical Kernal System). Die Verwendung eines solchen genormten Basissystems, wie etwa dem GKS, hat den Vorteil, daß auch andere, sich im integrierten Gesamtsystem befindliche Systemmodule, die ebenfalls mit Graphik arbeiten, auf die selben Funktionen zurückgreifen können wie das CAD-System im engeren Sinn. Da die Norm aber erst seit relativ kurzer Zeit besteht, besitzen viele käuflich erwerbbaren CAD-Systeme eigene Bausteine, die zwar nicht im vollen Umfang einer solchen Norm entsprechen, aber ähnliche Funktionalität aufweisen. So lange der Anwender keine eigenen Bausteine, die graphische Ein- und Ausgabefunktionen benötigen, erstellt, kann es ihm an sich gleichgültig sein, ob das Basissystem der Norm entspricht. Das graphische Kernsystem unterstützt allerdings eine Vielzahl von am

Markt befindlichen Geräten. Bestimmte CAD-Systeme sind in vielen Fällen allerdings auf ganz wenige vom Anbieter des Systems selbst mitvertriebene Gerätekombinationen beschränkt.

Das Aufgabengebiet, das sich mit einer möglichst effizienten Gestaltung der Normen eines solchen Basissystems befaßt, wird auch „Graphische Datenverarbeitung" genannt.

Das Basissystem selbst zerfällt wieder in zwei Gruppen von Bausteinen. Die erste Gruppe sind die Verwaltungsfunktionen zur graphischen Ein- und Ausgabe auf den unterschiedlichsten physikalischen Geräten. Hinzu zählt unter anderem auch das Identifizieren ganzer Linienzüge auf einem graphischen Bildschirm oder das Ausfüllen von Polygonzügen mit Farben oder Punktmustern und vieles mehr. Zum Teil werden solche Funktionen heute bereits in der Firmware entsprechender graphischer Geräte durchgeführt. Weniger intelligente Geräte haben keinen solchen großen Funktionsumfang. In diesen Fällen muß die fehlende Leistungsfähigkeit der Geräte durch entsprechende programmsystemtechnische Funktionen ersetzt und simuliert werden. Zweck des Basissystems ist, daß das Anwenderprogramm von den unterschiedlichen Gerätemöglichkeiten nichts zu merken braucht. Es kann auf einen wohl definierten Leistungsumfang zugreifen. Das Basissystem entscheidet, was das Gerät selbst durchführen kann und was programmtechnisch realisiert werden muß.

Die physikalischen Geräteeinheiten, wie graphische Bildschirmterminals mit Tastatur und Steuerknüppel oder Rollkugel, Plotter, Digitalisierbretter, usf. wurden bereits an anderer Stelle sehr ausführlich vorgestellt. Das graphische Basissytem muß die Funktionalität solcher Geräte klassifizieren können. Im graphischen Kernsystem (GKS) sind die folgenden Geräteklassen vorgesehen:

Klasse 1:
Graphische Ausgabegeräte

Das kann entweder die Ausgabefläche (der Bildschirm) eines graphischen Terminals oder ein Plotter jeglicher Bauart sein. Von Bedeutung ist, daß diese Geräte direkt vom Rechner angesteuert werden.

Klasse 2:
Hardcopy-Geräte

Auch das sind graphische Ausgabegeräte, die aber unmittelbar von einem Terminal angesteuert werden. Der Rechner kennt keinen Unterschied zwischen dem direkten Ausgabegerät und der Hardcopy.

Klasse 3:
Der Textgeber ist ein Eingabegerät für alphanumerische Zei-

chen. Physikalisch ist dies in den meisten Fällen das „Key-Board" des graphischen Terminals.

Klasse 4:

Unter Choice oder Button wird eine Funktionstaste verstanden, die aus einem bestimmten Bereich wohldefinierter Funktionen eine auswählt. Ein solches Choice kann durchaus in die Tastatur eines graphischen Terminals integriert sein.

Klasse 5:

Picker

Dieses Gerät dient zum Identifizieren von Linienzügen oder graphischen Repräsentationen von Texten am graphischen Bildschirm. Er ist also kein Zeichengerät. Physikalisch realisiert wird er durch einen Lichtstift oder die optische Repräsentanz eines Symbols, auch „Echo" genannt, in der Praxis meist ein Fadenkreuz, das von einem Steuerknüppel oder einer Rollkugel gesteuert wird.

Klasse 6:

Liniengeber (Stroke)

Diese Funktion dient zum Generieren ganzer Linienzüge auf einem Ausgabegerät, in der Regel dem graphischen Terminal. Physikalisch realisiert wird diese Funktion entweder durch das Führen eines Echos, meist ein Fadenkreuz am graphischen Bildschirm, durch Rollkugel oder Steuerknüppel oder durch Digitalisieren auf einem graphischen Tablett. In manchen Fällen kann auch ein Tablett zur Fadenkreuzsteuerung am Bildschirm benutzt werden.

Klasse 7:

Der Lokalisierer liest vom graphischen Bildschirm genau ein Wertepaar ein. Dieses Wertepaar wird meist durch die Stellung eines Cursors (graphisches Echo am Bildschirm), der mit Hilfe eines Steuerknüppels oder einer Rollkugel positioniert wurde, gekennzeichnet.

Klasse 8:

Der Wertegeber vermittelt dem Programmsystem durch Antippen einer Taste oder ähnlichen Einheit genau einen Zahlenwert.

Man erkennt, daß eine Reihe von Funktionen die den einzelnen Klassen zugeordnet werden, durchaus auch von der optisch und physikalisch gleichen Geräteeinheit ausgeführt werden können. Nur die Zielsetzung ist unterschiedlich. Andererseits können auch gleiche Funktionen von verschiedenen Geräten, die in einer Arbeitsstation integriert sind, wahrgenommen werden. Diese Vorgänge entsprechend zu organisieren, ohne erhöhten Aufwand in den übrigen Programmbausteinen durchführen zu müssen, ist Zweck dieser Gruppe von Systemmodul. Natürlich können programmtechnisch auch verschiedene Klassenfunktionen zu ähnlichen Aufgaben herangezogen werden. Man kann dem System auch mit dem Lokalisierer Linien zeichnerisch vermitteln oder Kurven identifizieren. Allerdings muß dann in einem Anwendersystembaustein etwa der Abstand zu allen in der Datenstruktur vorkommenden Punkten ermittelt und minimiert werden um den nächstliegenden Punkt oder die nächste Kurve erkennen zu können.

Eine weitere Funktion der Verwaltungsbausteine des Basissystems ist die Archivierung von graphischen Daten. Plattendateien oder Magnetbänder, bisweilen Disketten, können herangezogen werden. Solche Dateien für graphische Daten werden auch „Meta-Files" genannt. Ist ein solches Meta-File standardisiert, wie etwa im Rahmen des GKS nach DIN, kann dieses verwendet werden, um Bilddaten von einem System auf einem Rechner zu einem anderen System auf einem anderen Rechner zu übertragen. Wie bereits an anderer Stelle auch schon erwähnt wurde, können allerdings bei einer solchen Übergabe logische Zusammenhänge und innere Strukturen verloren gehen. Der Aufbau solcher Meta-Files ist heute keineswegs noch so komplex, um alle möglichen logischen Strukturen weiterleiten zu können.

Die letzte Gruppe von Bausteinen des Basissystems sind die sogenannten Treiber-Module. Jedes graphische Peripheriegerät wird über eine Standardrechnerleitung angesteuert. Solche Leitungen übertragen wohldefinierte Zeichencodes, z. B. den am häufigsten verwendeten ASCII-Character-Satz. Er umfaßt 256 Zeichen, entsprechend den Kombinationen, die sich aus einem 8-Bit-Byte ergeben. Ein Character ist genau ein Byte lang. Diese aus der Textübertragung stammende Datenübergabe muß auch für die graphischen Geräte Anwendung finden. Es gibt keine Norm, nach der Graphikgeräte etwa in analoger Form betrieben werden können. In der Praxis geschieht dies, in dem das graphische Peripheriegerät durch bestimmte Befehle dazu veranlaßt wird, seine graphischen Funktionen auszulösen. Diese Befehle könnten etwa in Klarschrift gesendet werden, wobei Zahlenparameter in Form einzelner Ziffern übergeben werden könnten. Nachteil dieser Form ist, daß sehr viele Zeichen gesendet werden müssen, um etwa einen einzigen Punkt lokalisieren zu können. Da bei der graphischen Datenverarbeitung sehr große Datenmengen anfallen, kann, selbst bei relativ hoher Übertragungsgeschwindigkeit, dies zu einem Zeitproblem führen. Der Aufbau eines noch so komplexen optischen Gebildes soll ja in sehr rascher Zeit erfolgen. Deshalb versucht man, diese Befehlsketten in möglichst kompakter Form zu übertragen. Zu diesem Zweck müssen sie in codierte Form gebracht werden. Die Codes selbst, hängen aber vielfach wieder von Funktionalität und Auflösung der einzelnen Geräte ab. Sie sind deshalb von Hersteller zu Hersteller verschieden und werden auch in absehbarer Zeit nicht genormt werden können. Deshalb ist es notwendig, eigene Programmbausteine zu besitzen, die wahlweise die unterschiedlichen Codes für die einzelnen Geräte der verschiedensten Hersteller erzeugen. Beim GKS ist es möglich, auch nachträglich neue Treibercodes für gerade auf dem Markt gekommene Geräteeinheiten einzubauen oder installieren zu lassen. Dies erhöht die Flexibilität des eigenen Anwendersystems in sehr großem Maße.

Bei modernen, hochentwickelten und sogenannten intelligenten Geräten wird diese Problematik deshalb etwas entschärft, weil die Hersteller einen GKS kompatiblen Layer von Funktionsaufrufen zur Verfügung stellen. Die treibermäßige Kommunikation zwischen dem GKS kompatiblen Software-Paket des Herstellers, das auf der Rechenanlage läuft, und der Firmware im Gerät selbst wird vom Hersteller organisiert. Ein Großteil des graphischen Basissystems läuft in der Firmware des Gerätes selbst. Diese Vorgangsweise entlastet den eigentlichen Rechner und beschleunigt in hohem Maße eine Reihe von Funktionalitäten.

Manche Hersteller stellen Funktionen eines graphischen Basissystems in nicht genormter Weise zur Verfügung. Bei in Basic programmierbaren Tischrechnern findet man vielfach eine solche Vorgehensweise. Man kann in solchen Systemen zwar mit recht geringem Aufwand als Anwenderprogrammierer die Graphik ansprechen, die Transportabilität dieser entwickelten Systeme auf andere Rechner oder Anlagenkombinationen ist allerdings praktisch unmöglich. Selbst bei Neuerungen im Bereich des gleichen Herstellers ist nicht immer die entsprechende Aufwärtskompatibilität gewährleistet. Deshalb sollte man solche Systeme nur mit äußerster Vorsicht benutzen.

7.2 Der Systemkern

Der Systemkern hat die Aufgabe, alle Systembausteine zu verwalten, die Datenübergabe zwischen den einzelnen Modulen zu organisieren, Daten abzulegen und zu archivieren und letztlich Unterstützung bei der Herstellung neuer interaktiver Module zu bieten.

Die Systemkernroutinen sind entsprechend ihren einzelnen Aufgaben zu Gruppen zusammengefaßt und in Bibliotheken abgelegt. Diese Unterprogrammbibliotheken können aktiviert und zu eigenen Bausteinen hinzugestellt werden. Ergänzt werden diese Bibliotheken durch einige Hauptprogramme, die Unterstützung bei der Herstellung eigener Systembausteine bieten. Sie ersetzen sozusagen im weitesten Sinne fehlende Betriebssystem- oder Compilierfunktionen. Darüber hinaus können Systemkernroutinen dazu benutzt werden, um das eigene Gesamtsystem rechner- und betriebssystemunabhängig zu gestalten. Es müssen nur einige, wohldefinierte Teile der Systemkernbibliothek ausgetauscht und an ein spezielles Betriebssystem einer Rechenanlage angepaßt werden. Durch die Tendenz, rechnerunabhängige Betriebssysteme zu entwickeln, man denke in diesem Zusammenhang an „Unix", verliert diese Eigenschaft des Systemkerns in zunehmendem Maße an Bedeutung.

Im folgenden sollen die wesentlichen Merkmale und Eigenschaften von Systemkernen aufgezeigt werden.

Die wohl wesentlichste Unterprogrammbibliothek eines Systemkerns sind die Ein- und Ausgaberoutinen, in diesem Zusammenhang im alphanumerischen Sinn gemeint. Die Handhabung der graphischen Ein- und Ausgabe wird ja durch einen speziellen Systemteil, das graphische Kernsystem, durchgeführt. Man unterscheidet zwischen dem interaktiven Bildschirmdialog und dem Lesen und Schreiben von der Platte, letzteres wird auch File-Handling genannt. Auf der Platte müssen die Daten ja in entsprechender Form abgelegt und verwaltet werden. Die Möglichkeiten, die sich hier ergeben, sind zum Teil betriebssystemabhängig. Sie müssen an die speziellen Anforderungen einer bestimmten Rechenanlage angepaßt werden. Man unterscheidet beim Erstellen von Plattendateien zwischen sequentiell orientierten und direkten Zugriffsdateien, sogenannten Direct Acceß Files. Erstere können nun recordweise hintereinander gelesen oder beschrieben werden, bei letzterem kann man direkt auf eine einzelne Zeile, einem Record, zugreifen. Da die Mechanismen nicht immer von Anlage zu Anlage übereinstimmen, müssen die Systemkernroutinen hier entsprechenden Ausgleich schaffen. Beim interaktiven Dialog ist es bisweilen notwendig, spezielle Kontrollzeichen zu senden. Auch solche Anpassungen müssen von Systemkernroutinen durchgeführt werden. Weitere Funktionen sind das Ein- und Ausschalten von Bildschirmechos, das Steuern von Kontrollsignalen, wie die Glocke, das Durchschalten von Betriebssystembefehlen für interaktive Dialogprogramme, und ähnliches mehr. Auch statistische Daten, wie Rechenzeiten oder Ein- und Ausgabelängen können mit Hilfe von Systemkernroutinen betriebssystemneutral in Anwenderprogramme eingebracht werden. Auch Testroutinen, die Plattendateien nach bestimmten Eigenschaften suchen oder vergleichen, sollen an dieser Stelle zur Verfügung stehen.

Eine weitere Unterprogrammbibliothek sollte dem sogenannten Character-Handling gewidmet sein. In einer Reihe von Programmiersprachen, dazu zählt vor allem Fortran, ist das Arbeiten mit

Einzelzeichen relativ aufwendig und schwierig. Zum Teil wird ein einzelnes Zeichen in einem Doppel- oder Vierfachwort abgespeichert und mit Hilfe meist vom Betriebssystem abhängiger Maskentricks können die einzelnen Zeichen ermittelt werden. Mit Hilfe von Systemkernroutinen sollten solche Vorgänge des sogenannten Entpackens und Packens von Zeichenketten standardisiert werden. Die Anpassung an verschiedene Betriebssysteme müssen wieder die Kernroutinen durchführen. Für Dialogeingabe stellen viele Compiler technisch-wissenschaftlicher Programmiersprachen ebenfalls nur geringe Unterstützung zur Verfügung. Man kann im Benutzerdialog nicht formatgebunden einlesen, wie dies etwa bei Lochkarten möglich war. Es ist dem Anwender nicht zuzumuten, in bestimmten Spalten bestimmte Eingaben am Bildschirm durchführen zu müssen. Man spricht von formatfreier Eingabe. In der Praxis bedeutet dies, daß eine komplette Eingabezeile als Text eingelesen und anschliessend vom Anwenderprogramm interpretiert wird. Dazu müssen einzelne Teile der Eingabezeile von Texten etwa in Zahlen umgewandelt werden. Auch dafür sollte der Systemkern die entsprechenden Hilfsfunktionen bereitstellen. Selbstverständlich gilt das gleiche in vielen Fällen auch für die Umkehrung. Beim Eintrag von Zahlen in Zeichnungen müssen in den meisten Fällen die Zahlen vorher in Texte umgewandelt werden. Diese Texte werden anschließend vom graphischen Kernsystem in graphischer Form, auch Softwareschrift genannt, in die Zeichnung in entsprechender Gestalt eingeblendet.

Vielfach sind bei Dialogsystemen Befehle oder Bezeichnungen maximal 3 oder 6 Stellen lang. Man verwendet Großbuchstaben, Ziffernkombinationen, ohne Kleinbuchstaben, Sonderzeichen und ähnliches. In diesen Fällen ist es möglich, drei Zeichen in ein 16-Bit-Wort oder 6 Zeichen in ein 32-Bit-Wort unterzubringen. Im normalen Character-Set würde man um ein bis zwei Bytes mehr benötigen. Für die Codierung oder Entcodierung solcher dicht gepackter Darstellungsarten sollten ebenfalls Hilfsfunktionen bereitgestellt werden.

Vielfach ist es zweckmäßig, eine Ausgabeeinheit nicht sofort an das entsprechende Gerät, dem Bildschirm oder die Plattendatei, weiterzuleiten, sondern eine Zeile, in diesem Zusammenhang auch Buffer genannt, schrittweise aufzubauen und ihn anschließend als Einheit auszugeben. Solche Buffer können auch vor der Ausgabe noch modifiziert oder entsprechend umformatiert werden. Auch die Umwandlung von Groß- und Kleinschrift auf reine Großschrift kann bisweilen von Vorteil sein und sollte unterstützt werden.

Eine Reihe von Hilfsroutinen, die verschiedene Formen von Checks durchführen, sollten in einer weiteren Unterprogrammbibliothek zusammengefaßt werden.

Bestimmte Systemkernfunktionen müssen initialisiert werden. Solche Maßnahmen brauchen nur einmal am Anfang eines Anwenderprogrammes aktiviert werden. Deshalb ist es zweckmäßig, auch diese Aufgaben eigenen Kernroutinen in einer eigenen Bibliothek zuzuordnen. Es ist dann organisatorisch leichter, die richtigen Initialisierungen zu erkennen, und an den Beginn des eigenen Systembausteines zu stellen.

Weitere Aufgaben des Systemkerns sind das Meldungswesen, das Syntax-Handling und damit verbunden auch die Menühandhabung. Für diese Aufgabenbereiche ist es zweckmäßig, nur einen Teil der Routinen in Form von Unterprogrammbibliotheken direkt zum Benutzersystem dazuzustellen, andere Funktionen mit Hilfe eigener, selbständiger Hauptprogramme durchzuführen, die die Information in Form von Daten den entsprechenden Unterprogrammen, die zum eigentlichen System hinzugestellt werden, zur Verfügung stellen. Diese Vorgangsweise soll im folgenden erläutert werden.

Dialogprogrammsysteme benötigen eine Vielzahl von Meldungen, die dem Anwender über den Bildschirm bereitgestellt werden. Es hat sich gezeigt, daß etwa die Handhabung solcher Warnungen und ähnlichem über Fortran-Schreibbefehle allein nicht sehr zweckmäßig ist. Es ist günstiger, die Meldungen zu numerieren und im System selbst durch einen Unterprogrammaufruf mit eben dieser Nummer zu aktivieren. Die Meldungen werden in Form einer Tabelle auf einer Datei erstellt und zusammengefaßt. Diese Datei wird zweckmäßigerweise mit einem eigenen Generator, einem selbständigen Hauptprogramm, geprüft und verarbeitet und anschließend der eigentlichen Systemroutine zur Verfügung gestellt. Die externe Prüfung hat den Vorteil, daß nicht unnötige Vorgänge im Anwenderprogrammsystem mehrfach wiederholt werden müssen. Die Definition über Tabellenform hat den Vorteil, daß Änderungen durchgeführt werden können, ohne daß der Quellcode des Anwenderprogrammsystems geändert werden muß. Mit dieser Technik ist auch die Übersetzung solcher Warnungen und Dialogführungen mit nur geringem Aufwand möglich. Die Mehrsprachigkeit von Anwenderprogrammsystemen ist damit gewährleistet. Auch dies trägt zur Akzeptanz und Flexibilität eines Systems in hohem Maße bei. Durch Vergabe von Codes können die Meldungen in der Tabelle auch noch zusätzlich klassifiziert werden. Dies hat den Vorteil, daß im Anwenderprogrammsystem bestimmte Klassen von Meldungen mittels interaktiver Befehle unterdrückt oder anders behandelt werden können. So kann etwa bei besonders schwerwiegenden Fehlermeldungen automatisch die Glocke dazugeschaltet werden, um erhöhte Aufmerksamkeit zu erregen. Meldungen, die nur für den ungeübten

Benutzer von Bedeutung sind, können gezielt unterdrückt werden. Will man dialogorientierte Programme in Sonderfällen über sogenannte Kommandoprozeduren automatisch ablaufen lassen, ist es bisweilen zweckmäßig, alle Warnungen und Fehlermeldungen zu unterdrücken. Auch solche Vorgänge sind über die Klassifizierung handhabbar.

Dem sogenannten Syntax-Handling sollte ebenfalls besondere Bedeutung beigemessen werden. Dialogorientierte Programme müssen, wie bereits erwähnt, eine sogenannte formatfreie Eingabe besitzen. Es sollte für die Eingabe über die Tastatur gleichgültig sein, ob etwa ein Befehl in der ersten Spalte oder erst nach mehreren Leerzeichen abgesetzt wird, oder ob die einzelnen Größen des Befehls, die Parameter, durch ein oder mehrere Trennzeichen auseinandergehalten werden. Der Syntax-Handler liest also eine Eingabezeile von der Tastatur ein, und versucht sie entsprechend zu interpretieren. Er muß das eigentliche Befehlswort erfassen, auf seine Richtigkeit prüfen und eine entsprechende Meldung bei erkanntem Fehler ausgeben. Der Fehlerhinweis bei falscher Eingabe kann mit unterschiedlicher Informationsmenge für den Benutzer durchgeführt werden. Dies reicht von der einfachen Angabe „hier ist irgend etwas falsch" bis zu dem Versuch des Interpreters, ähnliche, gefundene Befehlsworte als Möglichkeit anzubieten. Mehr Information bedeutet aber in den meisten Fällen auch höheren Aufwand für den Rechner und damit stärkere Belastung oder langsamere Befehlsinterpreation. Gerade bei Dialogarbeiten spielt aber auch die Antwortzeit, die ja unmitteltbar von der Rechnerbelastung abhängig ist, eine entscheidende Rolle. Es ist daher vielfach abzuwägen, wieviel Aufwand an dieser Stelle vom Anwenderprogramm tatsächlich durchgeführt werden soll, und wieviel Erkennen durch Erfahrung dem anwendenden Menschen noch zuzumuten ist. Hier ist ein Optimum für den Systembildner nicht immer ganz leicht zu erkennen.

Der Syntax-Interpreter sollte aber auf jeden Fall die Art der Parameter, ob es sich etwa um Zahlen, Text oder weitere Befehlseingabe handelt, erkennen können. Für die praktische Handhabung eines Dialogsystems ist es von großem Vorteil, wenn mehrere Einzelbefehle samt ihren Parametern in einer Kette in eine einzige Zeile hineingestellt werden können. Dies bedeutet aber, daß der Syntax-Interpreter die gesamte Zeile in einzelne Befehle zerlegen und schrittweise dem Anwendersystem zuführen können muß.

Für die Schnelligkeit der Syntax-Interpretation ist es ebenfalls von Vorteil, wenn die Befehle in einzelne hierarchische Stufen eingeteilt und gegliedert werden können. In den meisten Fällen ist es von der Anwenderlogik her nicht notwendig, daß jeder Befehl zu jeder Zeit aufgerufen werden darf oder muß. Bestimmte Befehle sind nur in bestimmter logischer Verkettung möglich. Ist eine solche Struktur vordefiniert, braucht der Syntax-Interpreter immer nur in einzelnen Teilen der Befehlstabelle nachsehen und die Eingabe mit diesen Größen vergleichen. Damit kann sich der Suchvorgang um ein Vielfaches reduzieren, was sich sehr deutlich in der Antwortzeit bemerkbar macht.

Für den Systembildner ist es von Vorteil, wenn er die einzelnen Befehle und ihren logisch strukturierten Zusammenhang möglichst einfach definieren und dem System zur Verfügung stellen kann. Ähnlich wie beim Meldungswesen sollten die Befehle in einer entsprechend aufgebauten Tabelle erstellt und zusammengefaßt werden. Ein eigenes Programm, der Syntax-Generator sollte die Eingabetabelle und ihre Struktur prüfen und daraus Informationen zusammenstellen, die der eigentlichen Syntax-Interpretationsroutine, die zum Anwendersystem hinzugestellt wird, zur Verfügung steht. Die Syntax-Routine aus der Unterprogrammbibliothek des Systemkerns, die zum Anwenderprogrammsystem hinzugebunden wird, wird wie ein Lesebefehl angewendet. Über einen Kenner, den diese Routine liefert, kann im Anwendersystem zur entsprechenden Stelle mit dem richtigen Unterprogrammaufruf, der für diese Funktionalität verantwortlich ist, verzweigt werden. Dieser Vorgang erfolgt mittels sogenannter „Supervisor-Technik". Der Systemkern kann einen Programmgenerator zur Verfügung stellen, der solche Supervisor-Routinen automatisch erzeugt, die anschließend zum Anwenderprogramm gebunden werden. Damit erhält der Systementwickler sehr viel Komfort, seine eigenen Bausteine mit geringem Aufwand benutzerfreundlich zu gestalten.

Die Menühandhabung sollte im Zusammenhang mit CAD-Systemen ebenfalls vom Systemkern unterstützt und verwaltet werden. Menütechnik, so wie sie bisher in meinem Buche beschrieben wurde, ist im Grunde ein Abkürzungsverfahren, das über Tablett oder Bildschirm funktionseingabegesteuert wird. Einem in graphischer Form, meist über Koordinaten, identifiziertem Menüfeld wird eine bestimmte Befehlskette zugewiesen. Diese wird über Systemkernroutinen, die dem Menühandler zugeordnet sind, interpretiert und dem Syntax-Handler zur Verfügung gestellt. Dieser erkennt nicht mehr, ob die Eingabe direkt über eine Tastatur oder indirekt über Menüfelder geschehen ist. Dies bedeutet, daß einige Systemkernroutinen in einer Unterprogrammbibliothek vorhanden sind und bei Bedarf zum Anwenderprogrammsystem gestellt werden. Diese erhalten aus einer Informationsdatei die entsprechende Menüzuordnung und leiten die Information an die Syntax-Routinen weiter.

7.2 Der Systemkern

Die Definition der einzelnen Menüs sollte zweckmäßigerweise wieder völlig getrennt vom Anwendersystem erfolgen. Die Definitionstabelle wird wieder von einem unabhängig laufenden Programm, dem Menügenerator, verarbeitet, interpretiert, geprüft und in entsprechend binärer Form in einer Datei abgelegt. Diese Datei wird dem Anwendersystem und den sich in ihm befindlichen Kernroutinen zur Verfügung und Weiterverarbeitung bereitgestellt. Der Menügenerator selbst, kann eine Reihe von Kontrollfunktionen wahrnehmen. Ebenso kann er auch die Größe und Lage auf einem entsprechenden graphischen Gerät festlegen.

In vielen Fällen ist es notwendig, Befehlsketten über Menüs zu definieren, deren Ablauffolge aber an bestimmten Stellen zu unterbrechen sind, um variable Parameter eingeben zu können. Dies kann realisiert werden, indem an der Stelle eines festen Parameterwertes ein entsprechender Befehlscode angebracht wird. Ein eigener Syntax-Handler, der vor dem echten Interpreter vorgeschaltet wird, wertet diese Befehle aus, unterbricht die Ablaufkette, die über das Menü gestartet wurde und erwartet interaktive Eingaben an dieser Stelle. Sind diese abgeschlossen, wird die Kette automatisch fortgesetzt. Der eigentliche Syntax-Interpreter des Anwendersystems merkt von diesen Vorgängen überhaupt nichts. Er erhält ausschließlich das entsprechend richtig zusammengestellte Endergebnis. Um die Unterbrechungen richtig strukturieren zu können und dem Menschen Unterstützung für die Eingabe zu gewähren, muß eine Benutzerführung definierbar sein. Darunter werden Texte verstanden, die zwar mit Hilfe der Menütechnik am Bildschirm ausgegeben, aber nicht dem Syntax-Interpreter des Anwendersystems zur Verfügung gestellt werden. Auch diese Aufgabe kann der Vor-Syntax-Interpreter übernehmen. Er leitet solche Benutzerführungen an ein Ausgabegerät weiter, unterdrückt sie aber für die eigentliche Programmeingabe. Da solche Texte Teil der Menüdefinition sind, können sie vom Anwender ohne Eingriffe in irgendwelche Quellprogramme gestaltet werden. Mit Hilfe dieser Technik können beliebig gestaltete Menüs, darunter auch hierarchische, vom Anwender selbst erstellt und gestaltet werden.

Durch die Einbindung dieser Techniken in den Systemkern sind solche Möglichkeiten und Funktionen nicht nur im eigentlichen CAD-System, sondern auch in anderen Bausteinen zu verwenden.

Weist man die Definition einzelner Menüfelder den Tasten einer Funktionstastatur zu, erhält man das sogenannte Tastenmenü. Läßt man nicht nur einzelne Zeichen, sondern Zeichenfolgen bis etwa 6 Stellen Länge zu, erhält man aus der gleichen Technik eine Abkürzungsmimik. Man kann also einer Kette von Befehlen einen neuen wesentlich kürzeren Befehlsnamen zuordnen. Bevor der eigentliche Syntax-Interpreter die Befehle vergleicht, sucht der Menü-Handler ob er nicht eine entsprechende Abkürzung findet. Ist dies der Fall, so wird diese ausgewertet, und die entsprechend lange Befehlskette dem eigentlichen Programmsystem zugeführt.

Da diese Technik besonders viele Möglichkeiten bietet, scheint sie mir besonderer Beachtung wert zu sein.

Die hier aufgezeigten Systemkernfunktionalitäten erheben keinen Anspruch auf Vollständigkeit. Sie wurden auf Grund heutiger technischer Sicht und der eigenen Erfahrung im Umgang mit Konstruktionssystemen ausgewählt.

7.3 Datenstrukturen

Die Informationen, die etwa eine Zeichnung enthält und durch die sie selbst beschrieben ist, müssen vom Rechner in Form von Daten verwaltet werden. Die Form, wie solche Daten in geregelter Form aneinandergefügt werden, nennt man Datenstruktur. Ihr Aufbau besitzt deshalb solch große Bedeutung, weil er maßgeblich für die Funktionalität und Flexibilität des gesamten Systems verantwortlich ist. Jede Aktion, die der Anwender setzt, etwa das Zeichnen einer Linie, das Verschieben eines Punktes, das Erstellen einer Tabelle oder das Löschen einer bestehenden Kontur bedeutet eine Reihe von Änderungen in der Datenstruktur. Wie rasch diese Korrekturen und Ergänzungen in ihr durchgeführt werden können, hängt im großen Maße von ihrem Aufbau ab. Es müssen bestehende Informationen sehr rasch gefunden werden können, neue in kürzester Zeit hinzugefügt und vor allem zu jeder Zeit zwischen bestehenden und neu erzeugten Querverbindungen hergestellt werden können. Gerade die letzte Aufgabenstellung ermöglicht erst den Aufbau von logischen Strukturen, auf dessen Bedeutung bereits mehrfach hingewiesen wurde. Datenstrukturen müssen sowohl im Programmsystem selbst vorhanden sein, um die interaktiven Manipulationen festzuhalten, als auch zu Archivierungszwecken auf einem Datenträger, z. B. der Magnetplatte, abgelegt werden. Die in entsprechender Struktur archivierten Daten, nennt man auch Datenbank. Auf diese wird vom Programmsystem selbst bei Bedarf zurückgegriffen. Auf CAD übertragen bedeutet dies etwa folgendes: Während der Erstellung einer Zeichnung wird im Programmsystem selbst eine entsprechende Datenstruktur generiert. Diese wird als Datei auf die Magnetplatte abgelegt und entspricht einer Zeichnung auf Papier, die sich in einem Archivkasten befindet. Die einzelnen Dateien können mit Hilfe der Rechnerorganisation wieder zu größeren Einheiten zusammengefaßt werden. Diese entsprechen dann etwa den Archivierungskästen. Über Datenbanksysteme können gemäß entsprechender Kriterien die einzelnen Dateien, die „Zeichnungen", wieder rasch gefunden werden. Bei Zeichnungsänderung wird die bestehende Datei in den Rechner geladen und intern die Datenstruktur auf den neuesten Stand gebracht. Hiervon wird wieder eine Kopie als Datei auf der Platte abgelegt, eine neue oder korrigierte Zeichnung ist entstanden.

Die Anforderungen an eine Datenstruktur im Konstruktionsbereich sind besonders groß. In vielen Bereichen der Verwaltung beispielsweise besitzt die kleinste Informationseinheit, „die Karteikarte", eine wohldefinierte Größe. Eine von der Anzahl her gleichbleibende Reihe von Eigenschaften beschreibt das zu verwaltende Objekt. Es werden häufig neue Objekte in den Karteikasten, die Datenbank, eingebracht, aber nur selten alte gelöscht. Hauptaufgabe eines Verwaltungssystems ist es, ein bestimmtes Objekt gemäß seinen Eigenschaften sehr rasch aufzufinden.

Vergleicht man hierzu die Tätigkeit eines Konstrukteurs, so erkennt man rasch, daß in diesem Fall ganz andere Maß-Stäbe anzulegen sind. Die kleinste Informationseinheit, zum Beispiel ein Linienzug, kann eine extrem unterschiedliche Anzahl von Punkten, also Informationen, besitzen. Es müssen die einzelnen Objekte, also Konturen, Texte, Schraffurlinien oder Maßpfeile nicht nur sehr rasch aufgefunden oder neue erstellt werden, sondern man löscht sie auch sehr häufig, um sie durch neue zu ersetzen. Computermäßig spricht man davon, daß nicht nur das Suchen, sondern das Updaten der Datenstruktur von besonderer Bedeutung ist. Hinzu kommt, daß Zeichnungen äußerst komplex werden können, der Anwender bei der Manipulation aber von längeren Rechneroperationszeiten nichts merken soll. „Die Antwortzeiten" sollen weitgehend unabhängig von der Größe und Komplexität der Datenstruktur sein.

Weiters muß im CAD-Bereich die Datenstruktur die Möglichkeit bieten, über interaktive Eingabe durch den Anwender neue Strukturen bilden zu können. Dies muß durch den Aufbau entsprechender Querverweise, also das Definieren von logischen Strukturen, möglich sein. In welcher Form solche hohe Anforderungen realisiert werden können, soll im folgenden dargelegt werden.

Es gibt heute bei CAD-Systemen zwei grundlegende Arten von Datenstrukturen, die vektor- und die elementorientierte.

Die vektororientierte Form ist die älteste. Sie bedeutet, daß einzelne geometrische Grundelemente, wie etwa ein Geradenstück, „ein Vektor", oder ein Kreis- oder Kurvenbogen in der Datenbank abgelegt werden. Dies geschieht, für den Anwender gesehen, meist in ungeregelter Form. Aus den einzelnen Geometrieelementen werden anschließend die gesamten Bauteilkonturen, Symbole oder Maßpfeile, etc. zusammengesetzt. Dies hat unter anderem zur Folge, daß beim Aufbau eines Linienzuges aus solchen Elementen die Koordinaten einzelner Punkte vielfach doppelt abgelegt werden und damit die Datenmenge unnötig vergrößert wird. Wird ein Geometrieelement aus Änderungsgründen identifiziert, so erhält man nur ein Stück des Konturzuges, meist benötigt man aber den gesamten. Da die einzelnen Elemente ungeregelt in der Datenstruktur zu liegen kommen, ist es auch für den Rechner nicht einfach, bei manchen Systemen ja sogar unmöglich, ihre Zusammengehörigkeit zur gesamten Kontur zu erkennen. Es müssen daher bei solchen Systemen meist alle Elemente eines Konturzuges durch den Menschen selbst identifiziert werden. In manchen Fällen versucht der Rechner die einzelnen Elemente auf Grund ihrer Koordinaten als zusammengehörig zu erkennen. Bei Verzweigungen kann es hierbei aber Probleme geben und der Rechner nicht immer die Lösung finden, die dem Anwender als die günstige vorschwebt. Außerdem können solche Erkennungsläufe bei komplexen Zeichnungen eine nicht unbeträchtliche Rechnerbelastung mit dem entsprechenden Zeitaufwand darstellen. Eine Zeichnung besteht nicht nur aus Linien. Eine Reihe weiterer Informationen wie etwa Vermaßungen, Symbole, Texte, letztere auch in Form komplexer Tabellen, stellen einen nicht unbeträchtlichen Anteil an der gesamten Zeichnung dar. Diese können in einer vektororientierten Datenstruktur nicht unmittelbar verwaltet werden. Man benötigt also eine zweite Datenstruktur, die für die Organisation dieser Informationen verantwortlich ist. Da beide Informationsarten von der Logik des Anwenders her nicht unabhängig voneinander existieren, müssen im Programmsystem selbst Querverbindungen aufgebaut werden. Diese Anforderung führt in vielen Fällen zu sehr komplexen Problemstellungen. Die Rechnermäßige Realisierung wird noch zusätzlich verschärft, wenn die Datenfülle die Größe des Programmes zu sprengen droht. Man muß in diesem Fall Teile der Zeichnungsinformation zeitweilig, auch temporär genannt, auf Magnetplatte zwischenspeichern. Man spricht in diesem Zusammenhang auch von „Paging", weil es sich sozusagen um eine seitenweise Verarbeitung handelt. Müssen nun mehrere Arten von Datenstrukturen parallel geführt werden, so sind auch unterschiedliche Datenarten auf der Magnetplatte zeitweilig parallel aufbewahrt. Dies erfordert einen hohen Organisationsaufwand, damit die entsprechend richtigen Datenmengen jederzeit im Programmsystem selbst zur Verfügung stehen.

Die elementorientierte Datenstruktur bietet demgegenüber eine

Menge von Vorteilen. Es gibt nurmehr eine einheitliche Datenstruktur, in welcher unterschiedliche Elemente verschiedener Klassen verwaltet werden. Eine Elementklasse kann zum Beispiel ein gesamter Linienzug sein. Jedes Element jeder Klasse hat eine Reihe von durchaus unterschiedlichen Eigenschaften. Bei einem Linienzug sind die einzelnen Punktkoordinaten etwa solche Eigenschaften. Ergänzt werden sie durch Hinweise auf das Aussehen und einiges mehr. Der wesentliche Unterschied zur vektororientierten Datenstruktur besteht also darin, daß die Geometrie selbst kein Eigenleben führt, sondern als Eigenschaft bestimmter übergeordneter Elemente verstanden werden kann. Es können in einer solchen Datenstruktur durchaus auch Elemente verwaltet werden, die überhaupt keine geometrischen Eigenschaften besitzen. Aber auch hinsichtlich der Geometrie ergeben sich eine Reihe von Vorteilen. Wenn ein Linienzug als gesamtes Element betrachtet wird, müssen keine Punkte mehr doppelt abgelegt werden. Auch kann ein gesamter Konturzug als Einheit identifiziert und dennoch in Details manipuliert werden. Das Verschieben eines Punktes entspricht der Änderung einer Eigenschaft des Elementes.

Nun einige Worte zum Aufbau solcher Elemente. Jedes Element besitzt eine Bezeichnung, auch Namen oder Typ genannt. Verschiedene Elemente mit gleichen Arten von Eigenschaften werden zu einer Klasse zusammengefaßt. Klassen können etwa ein Linienzug, ein Text, oder ein graphisches Primitiv sein. Ein Text, der in der Zeichnung optisch erscheint, ist ebenfalls als graphisches Element zu bezeichnen, weil er eine Lage besitzt. Einige Eigenschaften sind all diesen Klassen gemeinsam. Besitzt ein System Folien – auch Layer-Technik genannt – so ist die Bezeichnung der Folie eine Eigenschaft all dieser Elementklassen. Logische Zusammengehörigkeiten können ebenfalls als Eigenschaften, auch Attribute genannt, eines Elementes definiert werden. Moderne Datenstrukturen zeichnen sich vor allem dadurch aus, daß unterschiedlichste, auch vom Anwender selbst festgelegte Merkmale in Form solcher Attribute verwaltet werden können. Interpretationsprogramme der Datenstruktur können somit vielfältigste Eigenschaften auswerten und darauf aufbauend auch selbsttätig weitere logische Entscheidungen treffen. Deshalb sollte besonderes Augenmerk darauf gelegt werden, welche Attribute einem solchen Element zugeordnet werden können.

Die allgemeinen Attribute werden durch klassenspezifische Eigenschaften ergänzt. Diese sind etwa beim Linien-(Kontur)-Zug die einzelnen Punktbeschreibungen, also die Koordinaten. Ein Text besitzt einen Ladepunkt, also nur ein Koordinatenpaar, eine Schrifthöhe, Breite, eine Lage, damit auch ein Text schräg am Blatt erzeugt werden kann, eine Neigung der Buchstaben in sich, die Zentrierung des Textes, also den optischen Bezug zwischen Darstellung und Ladepunkt und bisweilen einen Kenner, ob Buchstaben über- oder untereinander zu Worten gebildet werden sollen. Die letzte Eigenschaft ist der Textinhalt selbst. Unter einem graphischen Primitiv versteht man ein Symbol, dessen Aussehen, also die Punkte der einzelnen Linienzüge, in der Datenstruktur selbst nicht abgelegt sind. Die klassenspezifischen Eigenschaften sind ein Hinweis auf das Aussehen, ein Ladepunkt, eine Richtung und ein Vergrößerungsfaktor. Das Aussehen selbst wird in einer eigenen Datenstruktur verwaltet. Vorteil ist, daß bei häufiger Verwendung des gleichen Primitivs die eigentliche Datenstruktur sehr klein bleibt, weil die graphische Beschreibung nur ein einziges Mal definiert wird. Ändert man das Aussehen solcher Primitiva unabhängig von der Datenstruktur, kann man etwa durch paralleles Führen mehrerer solcher Aussehensdateien ohne Änderung der normalen Datenstruktur, also der Zeichnung, verschiedene Normvarianten ableiten. Es können etwa ohne Eingriff in die eigentliche Zeichnung durch das Hinzufügen einer amerikanischen oder einer deutschen Symboltabelle unterschiedliche optische Zeichnungen am Bildschirm oder Plotter erzeugt werden.

In einem Segment können mehrere Elemente unterschiedlicher Klassen zusammengefaßt werden. Dies kann dadurch verwirklicht werden, in dem die Segmentbezeichnung eine Eigenschaft der einzelnen Elemente darstellt. Mit dieser Technik können bereits logische Zusammenhänge vom Anwender selbst festgelegt werden. So kann etwa ein Bauteil ein Segment darstellen. Bindet man Segmente zu weiteren Einheiten zusammen, wird vielfach auch von Segmentklassen gesprochen. Auch die Segmentklasse kann wiederum Eigenschaft des einzelnen Elementes sein.

Eine weitere Möglichkeit, logische Strukturen durch den Anwender aufzubauen, ist gegeben, wenn aus bestehenden Elementen neue definiert werden können. Es entsteht eine neue Klasse von Elementen, sozusagen ein Superelement. Man kann es auch als logische Einheit bezeichnen. Der Anwender selbst legt fest, aus welchen Einzelelementarten diese logische Einheit bestehen soll. Es kann sowohl jedes einzelne Element, als auch die gesamte Einheit, die ja derzeit auch ein Element darstellt, direkt angesprochen werden. Da in einem solchen Superelement jede Elementklasse einbeziehbar ist, also auch ein weiteres Superelement, ist es mit dieser Technik möglich, eine beliebig tiefe logische Struktur aufzubauen. Weiters kann ein einmal definiertes Superelement mit gleicher Art von Einzelelementen, also Eigenschaften, beliebig oft mit unterschiedlichen Zuweisungen zu den Eigenschaften in der Datenstruktur vorkommen. Dies ist ein weiterer Unterschied zur Segmenttechnik. Ein Segment mit einer bestimmten Bezeichnung kann nur ein einziges Mal in der Datenstruktur abgelegt sein. Ein weiteres Segment besitzt eine andere Bezeichnung. Praktisch kann das Superlement etwa bedeuten, daß ein Bauteil zwar immer gleiche Arten von Eigenschaften besitzt, diese aber durchaus unterschiedlich sind. Etwa verschiedene Dimensionen oder unterschiedlicher Werkstoff oder anders geartetes Fertigungsverfahren können hiermit gemeint sein.

In solch elementorientierten Datenstrukturen ist es möglich, bestimmte logische Zusammenhänge von vorneherein festzulegen oder auszuschließen. Der Anwender kann dem System vermitteln, ob bestimmte Elemente mit spezifizierten Typen etwa in Segmenten oder Superelementen mit bestimmten Bezeichnungen Verwendung finden dürfen oder nicht. Mit dieser Technik können auch Konstruktionsregeln festgelegt werden. In bestimmten Bauteilen, sprich Segmente oder Superelemente, sind etwa nur spezifizierte Schraubverbindungen zulässig. Wählt der Konstrukteur eine nicht den Regeln entsprechende, kann sie an besagter Stelle nicht in die Zeichnung geladen werden. Es können strukturierte Zeichnungsinhalte aufgebaut werden, ohne daß der Anwender selbst besonderes Augenmerk auf entsprechende Regelvorschriften legen muß. Ein Interpretationsprogramm kann aber von genau festgelegten Voraussetzungen ausgehen.

Elementorientierte Datenstrukturen können hierarchich angelegt werden. Dies bedeutet, daß die Elemente in einer Reihe hintereinander angeordnet werden. Diese Form eignet sich besonders gut zum Paging komplexer Strukturen. Der Datenumfang kann daher sehr groß werden. Auch für rasches Updaten eignen sie sich sehr gut. Die zweite Form sind sogenannte korrelative Strukturen. In dieser Form werden die Eigenschaften unterschiedlicher Elemente in eigenen zum Teil baumartigen Strukturen angeordnet und verwaltet. Diese Form eignet sich besonders gut zur Suche von Elementen mit bestimmten Eigenschaften. Ein solcher Vorgang kann sehr rasch durchgeführt werden. Das rasche Löschen und vollständige Ersetzen komplexer Elemente, also das Updaten, wird allerdings bereits schwieriger. Zum Paging eignet sich diese Form kaum. Deshalb sind solche Strukturformen nur in bestimmten Bereichen der CAD-Anwendung von Vorteil.

Abb. 27 zeigt ein Beispiel für eine hierarchische, elementorientierte Datenstruktur.

Man spricht häufig auch von zwei- und dreidimensionalen Da-

VEKTOR orientiert			
Elem Nr.	Koordinaten	Code	Layer
1	x1,y1,x2,y2	V5	5
2	x2,y2,x3,y3	V5	5
3	x4,y4,x5,y5	V7	3
4.1	x6,y6,x7,y7	KB5	7
4.2	x8,y8,CL0	KE5	
5	x9,y9,x10,y10	V9	7

ELEMENT orientiert							
Klasse	Attribute			Koordinaten	Richtung	Skalierung	
	Typ	Layer	Flag				
Linie	ABC	26	0	xfeld1,yfeld1			
Text	TBC	32	1	x1,y1	45	1.5	
Linie	CBA	25	1	xfeld2,yfeld2			
Symbol	SX1	32	0	x2,y2	30	0.5	
Segment	SGL						

Abb. 27. Datenstrukturen

tenstrukturen. Darunter versteht man, daß die geometrische Beschreibung eines Punktes durch zwei Koordinaten in der Ebene oder drei Koordinaten im Raum erfolgt. Für viele Anwendungsfälle ist die zweidimensionale Beschreibungsform durchaus ausreichend. Mit Hilfe von dreidimensionalen Datenstrukturen lassen sich interaktive Änderungen an räumlichen Gebilden durchführen. Genaueres wird in den Abschnitten 7.5.1 und 7.5.2 dargelegt werden. Die Bezeichnung zwei- oder dreidimensional hat keinen Einfluß auf die Begriffe vektororientiert oder elementorientiert.

Abschließend soll nochmals mit aller Deutlichkeit darauf hingewiesen werden, daß die Datenstruktur das Instrumentarium zum Ablegen und Verwalten von Eigenschaften und zukünftigen Instruktionen darstellt. Ein Programmsystem, daß die Datenstruktur interpretiert, kann auf Grund vom Benutzer festgelegter Eigenschaften, Merkmale oder Instruktionen selbsttätig eine Reihe von Entscheidungen treffen. Die Datenstruktur stellt in gewissem Sinn die gesamte Systembeschreibung des Anwenderkomplexes dar. Die Datenstruktur ist der Schlüssel zu allen im integrierten Gesamtsystem realisierbaren Möglichkeiten und Tätigkeiten.

7.4 Funktionalität im zweidimensionalen Bereich

Basismanipulationen können hinsichtlich ihrer Aufgabenstellung in zwei Gruppen eingeteilt werden. Erstere dient zur Erstellung oder Veränderung eines Elementes oder Objektes in sich. Die Funktionen der zweiten Gruppe manipulieren Elemente oder ganze Gebilde, ohne daß sie in sich selbst verändert werden.

Bei der Erzeugung neuer Elemente werden die graphischen Eigenschaften in Form von Punktinformationen, also Koordinaten, bereitgestellt. Wird ein völlig neuer Punkt gesetzt, geschieht dies entweder graphisch interaktiv durch Positionieren des Fadenkreuzes oder durch Eingabe digitaler Zahlenwerte an der Tastatur. Zum effizienten Arbeiten müssen aber eine Reihe weiterer Manipulationshilfen geschaffen werden. Diese lassen sich im wesentlichen auf das Identifizieren bestehender Punkte oder Elemente, etwa Linienzüge, zurückführen. Das Identifizieren von Punkten ist relativ einfach zu lösen. Es entspricht einem Suchvorgang nach Zahlenwerten mit anschließendem Vergleich, der unter bestimmten restriktiven Eigenschaften, wie etwa ausgeschalteten Layers, vor sich geht. Verschiedene Maßnahmen können bei hoher Punkteanzahl den Vorgang beschleunigen helfen. Dazu zählt etwa das Zerlegen der gesamten graphischen Manipulationsfläche in einzelne Bereiche. Es genügt in diesen Fällen, die Datenstruktur nur in gewissen Abschnitten zu untersuchen.

Das Identifizieren zusammengefaßter Elemente kann schwieriger werden. Elemente in der Datenstruktur, die aus graphischer Sicht nur einen einzigen Ladepunkt besitzen, können wie eine Punktidentifikation behandelt werden. Anders verläuft das Identifizieren von Linienzügen. In diesem Fall muß von einem in der Nähe liegenden Testpunkt aus das Lot auf einen Linienzug gefällt werden. Der minimale Abstand führt zum Erkennen der richtigen Kontur. Es müssen nicht nur Punkte erkannt, sondern auch alle Kurvenabschnitte, auch Liniensegmente genannt, zwischen den einzelnen Punkten untersucht werden. Die Liniensegmente zwischen den Stützpunkten, die in der Datenstruktur vermerkt sind, müssen keineswegs gerade Vektoren sein. Das Fällen einer Normalen auf einen komplexeren Kurventeil kann aber bereits rechenzeitintensive Operationen erfordern. Bedenkt man, daß dieser Vorgang für einen einzigen Linienzug bereits vielfach durchgeführt werden muß, erkennt man die Komplexität der Problemstellung. Das Errichten der Normalen kann programmtechnisch entweder analytisch oder durch iterative Verfahren gelöst werden. Letztgenannte führen in der Praxis zu besseren Ergebnissen, weil einerseits der Digitalrechner solchen

Verarbeitungsweisen entgegenkommt, andererseits die Flexibilität größer wird, weil weniger Fallunterscheidungen untersucht werden müssen. Es sollte stets bedacht werden, daß auch die analytische Formulierung von Programmteilen im Rechner selbst letztendlich auf iterative Verfahren zurückläuft.

In der Praxis bedeutet iterative Vorgangsweise, daß ein Liniensegment entsprechend den Codes, die den Stützpunkten in der Datenstruktur mitgegeben werden, punktweise aufgelöst wird. Die einzelnen Punkte werden temporär in einen Segmentpuffer hineingestellt. Anschließend werden bei der Errichtung der Normalen die einzelnen Punkte des Segmentpuffers getestet.

Um den Linien-Identifikationsprozeß zu beschleunigen, sollten wieder Maßnahmen getroffen werden, die es erlauben, bestimmte Linienzüge von vorneherein auszuscheiden, ohne sie den Tests zu unterziehen. Dies kann etwa durch Einteilen der gesamten graphischen Fläche in einzelne Bereiche erfolgen. Kennt man die Maximalwerte der Linienzüge, können alle, die nicht in dem entsprechenden Feld zu liegen kommen, ausgeschieden werden. Es gibt in diesem Zusammenhang auch kompliziertere Verfahren, die solche Flächenzerlegungen stets aufs neue in immer kleineren Abschnitten durchführen. Die Vorgangsweise entspricht einer Baumstruktur. Wird gemäß dieser Struktur ein Indexregister aufgebaut, kann man die in Frage kommenden Linienzüge von der Menge her sehr stark reduzieren. Dadurch kann die Identifizierungszeit auch bei komplexen Zeichnungen sehr kurz gehalten werden.

Punkt- und Linienidentifikation werden in letzter Zeit in immer stärkeren Maße von der Intelligenz graphischer Bildschirmgeräte unterstützt. Auch in den Normstandards wie GKS und CORE, ist diese Funktionalität einheitlich festgelegt. Benutzt man diese Möglichkeiten moderner Geräte, muß eine eindeutige Zuweisung zwischen der programmorientierten Datenstruktur und der gerätebezogenen Anordnung der Geometrieelemente hergestellt werden. Durch den sehr intensiven Update-Prozeß ist auch diese Aufgabenstellung mit einer Reihe von Problemen behaftet. Sie muß sehr rasch erfolgen, weil sonst die firmwaremäßige Unterstützung bei der Identifikation keine Vorteile mehr bringt.

Zum praktischen Arbeiten benötigt man aber weitere Funktionalität, die in den Normen und meist auch in den intelligenten Geräten noch nicht vorgesehen ist. Will man etwa einen neuen Punkt nicht auf einen bestehenden Punkt sondern auf den Schnittpunkt zweier Kurvenzüge setzen, bedeutet dies für das Programmsystem eine völlig neue Aufgabenstellung. Der Schnittpunkt selbst existiert in der Datenstruktur ja noch überhaupt nicht. Es müssen zwei Linienzüge identifiziert werden. Anschließend müssen die sich schneidenden Liniensegmente der beiden Linienzüge gefunden werden. Ist dies geschehen, wird der Schnittpunkt gemäß der Auflösung der beiden Liniensegmente im Segmentpuffer ermittelt. Man erkennt, daß hierfür bereits eine Reihe von Operationen notwendig ist. Eine ähnliche Problemstellung ergibt sich beim Legen von Tangenten an Kurvenzügen. Wird die Auflösung von Kurvensegmenten zwischen Stützpunkten analytisch durchgeführt, ist bei der Schnittpunkts- und Tangentenermittlung eine Reihe von Fallunterscheidungen zu treffen, die den Programmablauf träger gestalten können. Gerade solche Operationen müssen aber extrem rasch durchgeführt werden können, weil sie sonst den Arbeitsrythmus des Konstrukteurs in hohem Maße beeinträchtigen.

Die zweite Gruppe von Manipulationen stellt die Transformation dar. Diese können entweder auf einzelne Elemente, wenn vorhanden auch auf Superelemente, auf Segmente oder auf Klassen von Segmenten angewendet werden. Unter Transformation ist das Verschieben, Verdrehen, Spiegeln, Vergrößern bzw. Verkleinern von Objekten zu verstehen. Wendet man Transformationen auf Elemente an, so muß bei Klassen, die nur einen Ladepunkt besitzen, die Menge der Transformationsparameter den Attributen zugeordnet werden. Dies bedeutet, daß das Element einen Vergrößerung- und Verdrehungsparameter als Eigenschaft besitzen muß. Diese Verschiebung wird unmittelbar errechnet, es ergeben sich neue Ladepunktkoordinaten. Es hat keinen Sinn, den Verschiebungsvektor als Attribut mitzuführen. Bei der Klasse „Linienzug" gibt es bereits zwei Möglichkeiten. Man kann entweder wie bei den übrigen Klassen vorgehen und die Transformationsgrößen als Attribute vereinbaren, oder man unterwirft die einzelnen Punktkoordinaten unmittelbar der Veränderung und erzeugt neue Eigenschaften. Bei der erstgenannten Vorgangsweise bleiben die Geometrieeigenschaften des Elementes unverändert, nur bei der Ausgabe wird die Manipulation berücksichtigt. Die meisten intelligenten Arbeitsstationen, die intern solche Transformationen ausführen können, bedienen sich dieser Vorgehensweise. Auch in den Standards wie GKS und CORE ist diese Verfahrensart festgelegt. Ihr Nachteil ergibt sich aber bei weiterer Manipulation des Gebildes. Will man etwa den Punkt einer verdrehten Kontur in der Zeichenfläche verschieben, so ergibt sich bei der erstgenannten Verarbeitungsweise eine Menge von Problemen. Der verschobene Punkt muß, bevor er in die Datenstruktur eingetragen wird, auf die Ausgangslage zurückgedreht werden. Bei einer Reihe von hintereinander folgenden Rotationsmanipulationen ist dies durchaus ein nicht mehr ganz einfach zu lösender Vorgang.

Die zweite Verarbeitungsweise hat an dieser Stelle keine Probleme. Es müssen nur mehr die neuen Punktkoordinaten in die Datenstruktur eingetragen werden.

Faßt man eine Reihe von Elementen zu Segmenten zusammen, so bedeutet dies eine Transformation der Einzelelemente. Diese sollte so vorgenommen werden, wie im vorherigen Absatz beschrieben wurde. In einer Reihe von Systemen, darunter auch in den Standards wie GKS und CORE, ist allerdings die Transformation als Attribut des Segmentes selbst vorgesehen. Dies bedeutet, daß man zwar die Fülle der Einzelelemente wie ein festes Gebilde sehr einfach manipulieren kann, daß aber das Transformieren der Einzelelemente innerhalb des Segmentes problematisch wird. Beim CORE-Standard besteht noch die Möglichkeit, eine Hierarchie höherer Klassen von Segmente in sich zu transformieren. Eine weitere Strukturierung ist allerdings nicht vorgesehen. Die Verwaltung der Vielzahl von Transformationsparametern, aus der sich die Darstellung des einzelnen Elementes ergibt, kann ebenfalls zu einer komplexeren Aufgabenstellung werden. Deshalb erscheint es mir sehr sinnvoll, im CAD-Bereich nicht auf zusammengesetzte Transformationen, sondern auf unmittelbare Exekution derselben zurückzugreifen. Ähnliches gilt auch bei der Verwendung von Superlementen. Diese sollten keine neuerliche Transformationsmatrix besitzen, sondern eine Veränderung sollte ein Updaten der Transformationsattribute der einzelnen Elemente bedeuten. In anderen Bereichen kann die von den Standards vorgeschlagene Vorgangsweise durchaus zweckmäßig sein. In der Praxis ist dies dann gegeben, wenn einmal erstellte Objekte als starre Gebilde sehr häufig manipuliert werden, in ihrer Struktur aber gleich bleiben. Man denke auf technischem Gebiet etwa an das Schachteln von Bauteilen auf Blechtafeln. Ähnliches gilt im Bereich der Computeranimation. Hier werden vorbereitete fertige „Kulissen" gegeneinander bewegt, aber nicht im Sinne eines konstruktiven Gestaltens verändert. Im Konstruktionsbereich können dem Standard entsprechende Gerätefunktionen intelligenter Arbeitsstationen aus oben erwähnten Gründen nicht immer voll ausgeschöpft werden.

Nebem dem logischen Zusammenfassen von Elementen durch Segmente, Layer oder Superelementtechnik, muß auch optische Zusammengehörigkeit über eine Gruppenlinie vereinbart werden können. Dies bedeutet für das System, daß es unbedingt erkennen können muß, welche Ladepunkt- oder Konturkoordinaten eines Elementes sich innerhalb oder außerhalb eines vorgegebenen Linienzuges befinden. So einfach dieser Vorgang für den Menschen selbst erscheinen mag, so komplex wird er für ein Rechensystem. Der

Computer arbeitet nur eindimensional und nicht flächig. Gewöhnlich wird dieses Problem dadurch gelöst, daß von dem Punkt der getestet werden soll, auf welcher Seite eines vorgegebenen Linienzuges er liegt, ein Teststrahl ausgesandt wird. Hat dieser Teststrahl mit der Kontur eine ungerade Anzahl von Punkten gemeinsam, so befindet sie sich innerhalb, bei einer geraden Anzahl außerhalb. Die Schnittpunktsermittlung bedeutet aber ein Testen jedes einzelnen Liniensegmentes. Da meist eine Vielzahl von Punkten auf den Zustand überprüft werden soll, bedeutet dies einen nicht gerade unerheblichen Rechenaufwand.

Eine ähnliche Problemstellung ergibt sich beim Schraffieren von Gebilden die aus mehreren Konturen betehen. Man spricht auch vom „Aussparen von Inseln". Die Zusammengehörigkeit der Konturen kann über Segmente, Layers oder Superelemente definiert werden. Weitere Standardfunktionen eines CAD-Systems sind die reinen optischen Darstellungsmanipulationen. Damit sind die sogenannten „Windowing", „Paning" und „Zooming" Funktionen gemeint.

Unter „Window" versteht man die Darstellung eines Fensters der graphischen Fläche formatfüllend am graphischen Ausgabegerät. Ähnlich hierzu ist das Zooming, bei dem dieser Ausschnitt von einem zentralen Punkt schrittweise vergrößert oder verkleinert wird. Unter Paning versteht man das Verschieben eines Fensters über die Zeichenfläche, interpretierbar als sich bewegende „Lupe". Dies führt systemintern auf Vergrößerungs- oder Verkleinerungs-Transformationen ausschließlich für die Ausgabe. Dazu kommt allerdings noch das sogenannte „Clipping". Eine Reihe von graphischen Ausgabegeräten können Punkte nur innerhalb ihrer physikalischen Fläche adressieren. Beim Fenster kommen allerdings für bestimmte Kurven ein Teil der Punkte innerhalb und ein anderer Teil der Punkte außerhalb dieser Fläche zu liegen. Die Geräte sind dann nicht mehr imstande, ein Liniensegment, das über die physikalische Fläche hinausragt, richtig abzuschneiden und darzustellen. Der Vorgang des Ermittelns der Schnittpunkte von Linienzügen mit der Begrenzungsfläche des Ausgabegerätes nennt man „Clippen". Heute findet man allerdings bereits eine Reihe von intelligenten Geräten, die solche Vorgänge selbstätig ausführen können. Auch das Windowing, Panning und Zooming kann bei modernen graphischen Bildschirmgeräten vielfach von diesen selbst durchgeführt werden.

Nun einige Worte zu Funktionalitäten, die heute noch nicht zum Standard zählen.

Hier sind einerseits Möglichkeiten zu nennen, die sich aus der Datenstruktur ergeben. Auf diese wurde bereits vielfach hingewiesen. Es ist zumeist zweckmäßig, einzelnen Punkten von Liniensegmenten Funktionswerte zuweisen zu können. Diese müssen optisch in Form von symbolhaften Darstellungen sichtbar gemacht werden können. Pfeile, Rauten, Kreuze, etc. finden Anwendung. Diese Funktionskennung muß in der Datenstruktur vorgesehen sein und kann bei deren Interpretation eine Reihe von Vorteilen bieten. In den Standards werden solche Linienzüge auch als Polymarker bezeichnet.

Für den Anwender von besonderer Wichtigkeit sind Variantenfunktionen. Darunter wird die rechnerunterstützte Veränderung von Gebilden mit gleichartiger innerer Struktur hinsichtlich der Dimension verstanden. Das Verändern der Größen muß äußerst differenziert vorgenommen werden können. Man darf darunter nicht ein Vergrößern oder Strecken in vorgegebenen Richtungen verstehen. Für solche Variantenbausteine gibt es zwei völlig unterschiedliche Ansatzmöglichkeiten.

Beim ersten Ansatz wird versucht, die Koordinaten der Liniensegmente durch Variable zu beschreiben. Diesen können entweder direkt oder über entsprechende Funktionen Werte zugewiesen werden. Für gerade Vektorsegmente bedeutet dies, daß die Länge des einzelnen Vektors durch eine Systemvariable dargestellt wird. Durch entsprechende Veränderung erhält man das Variantengebilde. Zwei entscheidende Folgerungen ergeben sich aus dieser Vorgehensweise. Jede Änderung einer Variablen bezieht sich ausschließlich auf ein ganz bestimmtes Liniensegment. Der Konstrukteur verändert mit einem Maßpfeil meist aber mehrere Konturelemente, die auch verschiedenen Linienzügen zuzuordnen sind. So ist etwa bei Änderung eines Bohrungsmaßes auch der entsprechende Zapfen mitbetroffen. Beim vorliegenden Lösungsansatz müßte für beide Elemente die Variable bewußt gleichgesetzt werden. Dies hat zur Folge, und damit sind wir beim zweiten Punkt angelangt, daß solche Varianten sinnvollerweise nur programmtechnisch beschrieben werden können. Es stehen dafür meist eigene interpretative Programmiersprachen im CAD-System selbst zur Verfügung. Eine rechnerunterstützte Veränderung einer graphisch interaktiv erzeugten Geometrie ist auf diese Weise nur schwierig oder gar nicht zu erreichen.

Gerade für den Anwender ist das interaktive Erzeugen von Variantenteilen eines der wesentlichen Vorteile des CAD-Einsatzes.

Der zweite Ansatz geht also davon aus, nicht mit Variablen zu arbeiten, sondern eine diskrete, also punktorientierte Transformationsmatrix für den alten und den neuen Zustand aufzubauen. Diese Transformationsmatrix wird zweckmäßigerweise aus den Maßpfeilelementen abgeleitet. Durch Veränderung des Maßpfeiltextes kann sich der Rechner die neue Lage des Maßpfeiles ermitteln. Wendet man diese Vorgangsweise auf alle in der Zeichnung sich befindlichen Maßpfeile an, erhält man eine punktorientierte Transformationsmatrix. Für alle bemaßten Punkte ergeben sich somit neue Zustandskoordinaten. Da die so entstehende Transformationsmatrix nicht analytisch über Variable beschrieben, sondern durch diskrete Punkte definiert ist, ist es gleichgültig, wie die zu transformierenden Punkte erzeugt worden sind. Man kann dieses Verfahren also auch auf Geometrien anwenden, die interaktiv erstellt wurden. Voraussetzung für dieses Verfahren ist allerdings eine elementorientierte Datenstruktur, weil das Programmsystem die Zusammengehörigkeit von Liniensegmenten zu Konturen erkennen können muß. Nicht bemaßte Punkte können nicht transformiert werden. Diese Einschränkung ist allerdings ganz im Sinne des Anwenders. Es ist in diesen Fällen ja nicht eindeutig festgelegt, was mit solchen Punkten geschehen soll.

Diese, von einem namhaften Hersteller entwickelte Vorgehensweise, wurde von ihm Parametrik genannt und hat sich in der Praxis sehr gut durchgesetzt und bewährt.

Die an dieser Stelle aufgezeigten Funktionalitäten im zweidimensionalen Bereich und ihre Realisierungsmöglichkeiten erheben keinerlei Anspruch auf Vollständigkeit. Dies wäre bei der rasanten Entwicklung auf diesem Gebiet auch nicht gut möglich.

7.5 Funktionalität im dreidimensionalen Bereich

Das Arbeiten mit dreidimensionalen Systemen ist nur dann sinnvoll, wenn es um die Konstruktion und Beschreibung räumlicher Gebilde geht. Es sei in diesem Zusammenhang darauf verwiesen, daß auch in diesen Fällen zur vollständigen Definition eines Gebildes eine Reihe von zweidimensionaler und textorientierter Informationen notwendig ist. Die beste volumenorientierte Darstellung beschreibt noch nicht die Funktionalität und Herstellbarkeit des Bauteils. In den folgenden Unterabschnitten sollen nun die Möglichkeiten der geometrischen Darstellung räumlicher Gebilde besprochen werden.

7.5.1 Interaktive Modellgenerierung

Voraussetzung für eine solche Vorgehensweise ist eine sogenannte dreidimensionale Datenstruktur. Darunter versteht man, daß die Punktkoordinaten der Geometrieelemente in drei Dimensionen festgelegt werden. Bei Austausch geometrischer Eigenschaften ändert sich somit sofort das räumliche Gebilde, zumindest in der Datenstruktur. Die Ausgabe selbst ist auf heutigen Geräten nur flächenhaft, also zweidimensional. Jede Änderung der Datenstruktur bedeutet, daß die zweidimensionale Projektion auf dem Bildschirm korrigiert werden muß. Aus Zweckmäßigkeitgründen wird man nicht nur eine Ansicht auf dem Bildschirm darstellen, sondern gleich mehrere. Andernfalls bekommt der Anwender Schwierigkeiten, sein Gebilde eindeutig zu identifizieren. Im Gegensatz zur zweidimensionalen Verarbeitung muß also jetzt eine Änderung nicht nur an einer einzigen Stelle, sondern in mehreren Ansichten und Schnitten durchgeführt werden. Bei komplexen Gebilden ist eine Darstellung nur unter Berücksichtigung der Sichtbarkeit sinnvoll und zweckmäßig. Da sich durch geometrische Änderung die Sichtbarkeit in den einzelnen Ansichten aber entscheidend verändern kann, muß auch diese neuerlich überprüft werden. Da sie von der Projektion abhängig ist, muß dieser Vorgang für jede einzelne Ansicht wiederholt werden. Selbst bei interaktivem Verschieben nur eines einzigen Punktes eines Gebildes im Raum kann der Aufwand für die korrigierte Darstellung für den Rechner bereits erhebliche Ausmaße annehmen. Dies bedeutet in der Folge, daß auf kleineren Rechenanlagen die Antwortzeiten sehr bald eine nicht mehr vertretbare Länge erreichen würden. Die Akzeptanz eines CAD-Systems ist nur dann gegeben, wenn der menschliche Arbeitsrhythmus in unmittelbarem Zusammenhang mit der Schnelligkeit der Rechnerverarbeitung steht. Dies ist heute einer der entscheidendsten Probleme der interaktiven Modellgenerierung und Änderung.

Nicht nur die Ausgabe, auch die Eingabe selbst kann auf heutigen Geräten nur zweidimensional flächenhaft erfolgen. Die eigentlichen Anwendermanipulationen sind also ähnlich, wie sie im vorigen Abschnitt bereits beschrieben wurden. Um eindeutige Bezüge herzustellen, muß entweder in bestimmten, vordefinierten Ebenen oder in mehreren Rissen gearbeitet werden. Der Rechner selbst muß aus mehreren Aktionen über entsprechende Querbezüge die eigentliche räumliche Veränderung erkennen und in der Datenstruktur ausführen können. Streng genommen ist durch die Möglichkeit heutiger Geräte ein echtes, räumliches Modellieren in des Wortes engster Bedeutung gar nicht möglich.

Auf Grund dieser Erkenntnisse können zwei Eingabeformen realisiert werden. Bei beiden Formen wird letztlich in mehreren Ansichten oder Schnitten gearbeitet. Allerdings wird einmal die Kontur mit rein zweidimensionalen Manipulationsfunktionen, wie in Abschnitt 7.4. beschrieben, in den unterschiedlichen Ansichten manipuliert, der Rechner überprüft bei jedem Schritt die entsprechende logische

Zusammengehörigkeit und meldet Fehler, wenn sie nicht gegeben ist. Wenn aber etwa eine Tangente an eine Kurve gelegt wird, so bedeutet dies die Ermittlung derselben in der Rißebene an die Projektion der Kontur. Da der Konstrukteur im Grunde heute ebenfalls rißorientiert arbeitet, ist für fast alle Anwendungsfälle diese Vorgangsweise ausreichend. Die zweite Verfahrensweise besteht darin, daß an Stelle von Liniensegmenten in den geometrisch orientierten Elementen flächenhafte Beschreibungen stattfinden. Dies bedeutet, daß etwa zum Element Linienzug, der nun auch räumlich definiert sein kann, weitere Elemente wie Flächenzüge oder Volumenbasisbausteine hinzugefügt werden. Da im Raum die Artenvielfalt aber sehr stark zunimmt, werden die Klassen von Elementen in der Datenstruktur in großem Maße zunehmen. Auch der Aufwand der interenen Beschreibung steigt enorm an. Aus diesem Grunde verwenden heutige Systeme meist nur recht einfache mathematische Beschreibungsformen für Oberflächen oder Begrenzungsflächen von Volumenelementen. Nach der Definition solcher Elemente, die aber auch für den Anwender ungewohnt und nicht mehr einfach ist, können die in der Ebene beschriebenen Funktionen wie etwa Errichten eines Lotes nun auch im Raum durchgeführt werden. Es ist möglich, von einem beliebigen Punkt des Raumes aus die Tangente an eine beliebig gekrümmte Fläche zu legen. Ebenso können Normalflächen definiert oder durch ihre Spuren aufgespannt werden.

So faszinierend manches bei dieser Vorgehensweise erscheinen mag, hat die Praxis aber gezeigt, daß es sich hierbei um keine anwenderbezogene konstruktive Gestaltung räumlicher Bauteile handelt. Hinzu kommt der einerseits enorme programmtechnische Aufwand verbunden mit mathematisch extremen Hintergrund sowie die große Rechnerlast, die solche Systeme nur auf kostspieligen Anlagen sinnvoll realisieren lassen.

Spezielle Funktionsprozessoren wie sie in Abschnitt 7.8.2 vorgestellt werden, können in Zukunft neue Möglichkeiten eröffnen.

Um die Datenstrukturen von den Elementklassen her nicht unnötig aufzublähen und um Kompatibilitätsschwierigkeiten zu vermeiden, legen praktisch alle Systeme mit interaktiver Modellgenerierung alle Elemente mit geometrischen Eigenschaften dreidimensional ab. Dies geschieht auch dann, wenn die Information an sich flächenbezogen ist. Tabellen am Zeichenblatt, Bearbeitungssymbole, Stücklisteninformationen und vieles mehr hat nichts mit der räumlichen Darstellung zu tun. Die Informationsmenge im Rechnerzeichenblatt, also der Modellbeschreibungsdatei, wird unnötig vergrößert. Erheblich mehr an Plattenkapazität wird notwendig. Noch stärker fällt aber ins Gewicht, daß die Manipulationsfunktionen wie

Erkennen oder Ändern von Texten, Tabellen und Symbolen durch die Darstellung mittels dreier Koordinaten mehr Last auf das Rechensystem und damit bei gleicher Anlage, längere Antwortzeiten erfordert. Es müssen intern ja größere Datenmengen verarbeitet werden.

7.5.2 Batchorientierte Modellgenerierung

Bei dieser Verfahrensweise wird davon ausgegangen, daß sowohl die Eingabe, als auch die Ausgabe am Bildschirm und das fertige Produkt, die vom Plotter ausgegebene Zeichnung in Papierform, letztlich zweidimensional sind. Zur eigentlichen interaktiven Verarbeitung wird eine zweidimensionale Datenstruktur herangezogen. Mit ihrer Hilfe werden in mehreren Rissen die Definitionen für ein räumliches Gebilde festgelegt. Dieser Vorgang ist aber noch rein zweidimensional. Deshalb sind Antwortzeiten und Rechnerbelastung auf dieser Stufe gering. Ein batchorientierter Modellgenerierungsbaustein verarbeitet diese zweidimensionale Information und erzeugt daraus ein dreidimensionales Gebilde mit echter, entsprechender Datenstruktur. Diese wird aber nicht interaktiv manipuliert, sondern bei entsprechender Änderung der zweidimensionalen Eingabe vom Programmsystem selbst upgedatet. In der räumlichen Datenstruktur wird nur die Geometrie des Gebildes beschrieben. Ein Ansichtsgenerierungsbaustein erzeugt aus diesem, im Hintergrund sich befindlichen Modell, die entsprechenden angeforderten zweidimensionalen Darstellungen und formt sie in Elemente der zweidimensionalen Datenstruktur um. Damit können sie vom zweidimensionalen Systemteil interaktiv weiterverarbeitet werden. Alle Informationen, die nur zweidimensionalen geometrischen Inhalt besitzen, werden nur im letztgenannten Systemteil verarbeitet. Die entstehenden „Rechnerzeichnungen" können auch unabhängig von der geometrischen Modellbeschreibung wie Einzelblätter archiviert und angesprochen werden.

Die zweidimensionale, rißorientierte Defintion muß vom Modellgenerierungsbaustein interpretiert werden können. Dazu ist eine elementorientierte zweidimensionale Datenstruktur notwendig, wie sie in Abschntit 7.3. ausführlich beschrieben wurde. Die Möglichkeit, logische Zusammenhänge über Segmente oder Superelemente herstellen zu können, ist für ein einfaches Interpretieren des Modellgenerierungsbausteines unbedingt erforderlich. Auch Punktfunktionen an Linien, wie etwa Pfeile, können nicht nur optische Unterstützung, sondern einfache eindeutige Eingabedefinitionen bedeuten. Eine Reihe von Anweisungen können auch am Zeichenblatt, sprich in der zweidimensionalen Datenstruktur mittels Texten realisiert werden. Deshalb muß eine einfache Interpretation und Verarbeitung solcher Textanweisungen möglich sein. Die aus dem Modell gewonnenen Ansichten müssen in Form von Elementen dargestellt und vom Ansichtsgenerierungsbaustein selbst in logische Zusammenhänge gebracht werden. So müssen etwa Schnittlinien andere Elemente als Konturlinien bedeuten. Alle zu einem Gebilde gehörigen Bechreibungselemente sollen wieder in einem logischen Zusammenhang stehen, so daß auch die zweidimensionalen Ergebnisse unmittelbar vom Anwender interaktiv manipuliert werden können. Die vom Rechner selbsttätig generierte Ansicht einer Welle soll vom Anwender ebenso direkt ansprechbar sein, wie die dazugehörigen Zahnräder, Hülsen oder Kupplungsteile.

Auch mittels einer batchorientierten Modellgenerierung sind alle noch so komplexen Modellarten oder Gebildeformen realisierbar.

7.5.3 Modellarten

Modellarten sind unabhängig von der Vorgehensweise ihrer Generierung.

Es existieren grundsätzlich drei Arten von Modellen: Drahtgitter-, Flächen-, und Volumenmodelle.

Abb. 28 zeigt diese Formen.

Bei einem Drahtgittermodell werden nur die Kanten eines Gebildes räumlich dargestellt. Man kann sie sich durch Drahtgitterstäbe realisiert denken. Die rechnermäßige Verarbeitung ist recht einfach, weil eigentlich nur räumliche Linienzüge zugelassen sind. Auch die Projektion in die Ebene zur Darstellung ist nur punktorientiert. Eine Darstellung unter Berücksichtigung der Sichtbarkeit ist nicht möglich, da ja jegliche Information über Flächen, die einzelne Kanten verdecken, fehlt. Dies ist auch eine der schwerwiegensten Nachteile dieser Modellart. Trotz der rechnermäßig sehr schnellen Verarbeitung, ist sie aus praktischen Gründen für die meisten Anwendungsfälle unbrauchbar.

Bei Flächenmodellen dienen die Punkte der räumlichen Kanten gleichzeitig als Stützstellen zur Beschreibung der von den Kanten aufgespannten Flächenelemente. Dies erfordert bereits erhöhten Aufwand in der Datenstruktur, weil nicht nur Kanten sondern auch Flächenelemente markiert werden müssen. Die Flächenbeschreibung selbst kann sich aus Punkt- oder Liniencodes, die den Aufspannungskanten zugeordnet werden, ergeben. Welche Möglichkeiten eine Darstellung von Flächensegmente es gibt, wird im nächsten Abschnitt dargelegt werden.

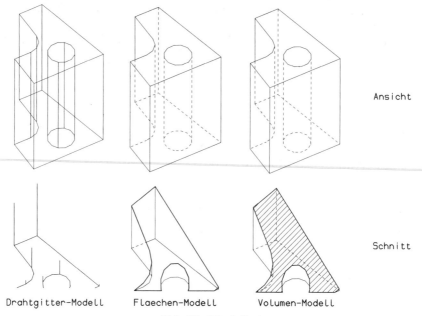

Abb. 28. Modellarten

Der erhöhte Aufwand von Flächenmodellen ist in jedem Fall gerechtfertigt. Es lassen sich nicht nur Kanten, sondern auch Begrenzungskonturen gekrümmter Flächen ermitteln. Selbst eine einfache Kugel kann ja als Drahtgittermodell nicht richtig dargestellt werden. Weiters ist die Ermittlung und Ausblendung unsichtbarer Kanten möglich. Der Aufwand ist allerdings nicht unerheblich, weil jedes einzelne Flächenelement gegen jedes andere auf Verdeckung geprüft werden muß. Dieser Aufwand ist jedoch in vielen Fällen einfach notwendig, weil ein komplexes Gebilde vom Anwender nicht mit sinnvollem Aufwand identifiziert und interpretiert werden kann.

Flächenmodelle können auch geschnitten werden und die Schnittlinie ist als Linienzug darstellbar. Allerdings sind alle Gebilde praktisch „hohl". Materialanhäufungen sind nicht erkennbar.

Diese Möglichkeit bietet erst das Volumenmodell. In der Datenstruktur muß nun zusätzlich auch noch erkannt werden, welche Flächenseite außen, welche innen bedeutet. Auf der Innenseite der Fläche befindet sich Material. Diese Modellart besitzt also die komplexeste Beschreibung. Dennoch lohnt sich der Aufwand in den meisten Fällen. Beim Schneiden von Körpern kann eindeutig festgestellt werden, wo sich Material befindet. Weiters sind Durchdringungs-Verknüpfungen mehrerer Elemente auf verschiedene Weise möglich. Man spricht in diesem Zusammenhang auch von Booleschen Operationen. Diese werden in Abschnitt 7.5.5 erläutert. Sie bieten eine Fülle von Möglichkeiten einer anwenderorientierten Modellerstellung und Modellierung.

Mathematisch können solche Volumenmodelle verschiedenartig festgelegt werden.

Es ist möglich, sie über modellierte Begrenzungsflächen zu definieren und die Seite der Materialanhäufung vorzugeben. Dies kann natürlich auch implizit durch entsprechende Anwenderbefehle erfolgen. Auch durch komplexe Flächen begrenzte Gebilde können auf diese Art vereinbart werden.

Eine weitere Möglichkeit besteht darin, eine Reihe von festdefinierten Basiselementen bereitzustellen. Die entstehenden Gebilde werden durch bausteinartiges Zusammenfügen dieser Elemente erzeugt. Solche Basisbausteine können etwa Zylinder, Prisma, Kugel, Kegelstumpf, Pyramidenstumpf, Ellipsoidteile und einiges mehr sein. Zum Teil können solche Elemente auch analytisch beschrieben werden. In der Praxis wird üblicherweise nur bis zu Flächen zweiter Ordnung gegangen. Näheres wird auch im nächsten Abschnitt beschrieben.

Eine weitere Möglichkeit ist es, räumliche Gebilde durch dreidimensionale Zellen, also einheitliche, mathematische leicht modifizierbare Basiselemente aufzubauen. Solche Basisbausteine hat man in Form der sogenannten „Octrees" gefunden. Allerdings muß ein entstehender Körper aus mehreren tausend solcher Basiselemente aufgebaut werden, um seine endgültige Form mit entsprechender Genauigkeit zu erhalten. Dies bedeutet heute noch extreme Rechnerlasten und damit eine Verhinderung des wirtschaftlichen Einsatzes dieser Methode. Allerdings kann durch Veränderung der Octrees über Parameter die Gestalt des Gebildes in besonders einfacher Weise verändert werden. Durch die Zuweisung unterschiedlicher Eigenschaften an die einzelnen kleinen Octrees können verblüffende Effekte erzielt werden. So kann etwa ein Körper von außen nach innen zu in seiner Lichtdurchlässigkeit abnehmend oder zunehmend dargestellt werden. Octrees können unterschiedliche Farben oder Farbschattierungen besitzen. Bei anderen Modelldartellungen können nur Oberflächen mit unterschiedlichen Farben belegt werden.

7.5.4 Analytische und iterative Modellbeschreibung

Unter diesen beiden Formen der Beschreibung wird im wesentlichen die Darstellung der einen Volumenbaustein begrenzenden Flächen verstanden.

Die einfachste, aber der Rechnerverarbeitung am nächsten kommende, ist die iterative Art. Jede Fläche wird in lauter kleine ebene Einheiten zerlegt. Es gibt im Grunde also nur Ebenenverknüpfungen. Man spricht in diesem Zusammenhang auch vom Facettenmodell. Die Beschreibung komplexerer Volumenkörper erfolgt also über kleine Schritte von Ebenenflächen, also iterativ. Durchdringung, Schnittlinien oder boolesche Verknüpfungen von Körpern mit selbst kompliziertesten Oberflächen können rechnerintern auf die gleichen einfachen Algorithmen der Verknüpfung von mit eben begrenzten Gebilden zurückgeführt werden. Damit gibt es keinerlei Einschränkungen in der Form der Anwenderteile. Es muß programmtechnisch nur dafür gesorgt werden, daß die Verarbeitung auch bei sehr großen Datenmengen noch möglich ist. Dieses kann wieder mit Hilfe der bereits in früheren Abschnitten erwähnten Technik der „Pagings" erzielt werden. Die Facetten selbst können bei entsprechender Auflösung bei Farbdarstellung gleich als Schattierungspunkte verwendet werden. Entsprechend des Lichteinfalls im Bezug auf die Flächennormale der einzelnen Raute kann die Farbintensität erhöht oder gemindert werden. Bei gekrümmten Flächen entspricht dies der Intensität des Eigenschattens.

Auch Lichtreflexe können simuliert werden. Trifft der Lichtstrahl senkrecht auf die Fläche auf, wird diese Raute entsprechend hell oder weiß dargestellt. In manchen Fällen ist die iterative Beschreibung allerdings langsamer als die analytische. Dies gilt für einfach darzustellende Flächen, wie etwa Kugel- oder Zylindersegmente.

Bei einer analytischen Beschreibung von Begrenzungsflächen von Körpern werden diese im Programmsystem formelmäßig abgelegt. Schnittlinien und Konturen können ebenfalls unmittelbar nach analytischen Formelsätzen errechnet werden. Darin liegt die schnellere Ermittlung bei einfach gelagerten Fällen begründet. Erkauft wird diese Vorgangsweise mit einer Reihe von Fallunterscheidungen. Es ist nicht der selbe Fall, ob eine Kugelfläche mit einer Ebene oder mit einer Ellipsoidfläche geschnitten wird. Noch komplexer und aufwendiger wird die Systemerstellung, wenn man Flächen höherer Ordnung zuläßt. Deshalb beschränken sich heutige Anwendersysteme vielfach auf Flächen zweiter Ordnung. Komplexere Flächen werden wieder iterativ unter Verwendung von Ebenen oder Flächen zweiter Ordnung verarbeitet. Dies bedeutet wieder ein schrittweises Zusammensetzen wie im vorher beschriebenen Fall.

Die einzelnen Fallunterscheidungen gelten natürlich auch für die boolesche Operation. Zuviele Programmsystemzweige führen auch zu leichterer Instabilität des Systems. Einerseits ist die Fehleranfälligkeit größer, andererseits treten wesentlich häufiger Sonderfälle auf. Diese müssen meist unterschiedlich behandelt werden, oder das Programmsystem versagt an einer solchen Stelle. Mehrfachpunkte in Schnittlinien können bei analytischen Systemen zu einer Reihe von Problemen führen. Bei iterativer Verarbeitung sind solche Fälle problemlos lösbar.

Dennoch soll an dieser Stelle nicht ausschließlich gegen eine analytische Beschreibung argumentiert werden. Sie soll nur in sinnvollem Zusammenhang zur gesamten Aufgabenstellung und Problemlösung stehen.

7.5.5 Mathematische Probleme bei der Modellverknüpfung und Darstellung

Unter einer Booleschen Verknüpfung versteht man in diesem Zusammenhang das Entstehen eines neuen Körpers aus zwei sich durchdringenden Einzelgebilden. Damit dies möglich wird, muß das System erkennen, wo sich Materie befindet. Man benötigt also Volumenmodelle. Es gibt drei Arten der Verknüpfung:
Die Addition, die Subtraktion und den Durchschnitt.

In Abb. 29 sind diese drei Arten graphisch dargestellt. Unter einer additiven Verknüpfung versteht man, daß der Ergebniskörper aus den Volumina beider Einzelkörper entstanden ist. Im Gegensatz zur einfachen Durchdringung gibt es im Inneren aber keine Flächenbegrenzungen mehr. Das Ergebnis stellt sich als einheitliches, homogenes Gebilde dar. Die Durchdringungslinien sind natürlich Kanten des neuentstandenen Körpers. Diese werden selbsttätig ermittelt.

Unter Subtraktion versteht man, daß das Volumen des zu subtrahierenden Körpers vom Ausgangsgebilde weggenomen wird. Das gemeinsame Volumen beider Körper wird also vom Ausgangsgebilde entfernt. In der Praxis kann dies als spanende Bearbeitung mit

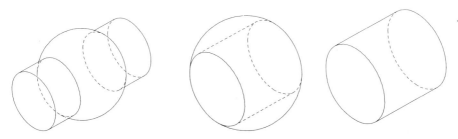

Abb. 29. Boolesche Modellverknüpfungen

Hilfe eines Werkzeuges verstanden werden. Daraus ergibt sich auch die Anwendernähe.

Die Durchdringungsverknüpfung liefert als Ergebniskörper das gemeinsame Volumen beider Gebilde.

Da es sich um Volumenoperationen handelt, ist, wie bereits erwähnt, die Tatsache, auf welcher Seite der Begrenzungsfläche sich das Volumen eines Körpers befindet, von entscheidender Bedeutung. Deshalb sind solche Verknüpfungen immer dann eindeutig, wenn sich Begrenzungsflächen des einen Körpers vollständig in oder außerhalb des Volumens des anderen Körpers befinden. Mehrdeutigkeiten können entstehen, wenn sich zwei Flächen durchdringender Gebilde ineinander bewegen. Damit kann das System keine eindeutigen Zustandswerte ermitteln. Viele Systeme nehmen in diesen Fällen Standardwerte an, die aber zu Lösungen führen, die nicht immer im Sinne des Anwenders sind. Deshalb sollte bei Anwendung von solchen Verknüpfungen auf diese Problematik Rücksicht genommen werden. Durch Verschieben von Punkten oder Flächensegmenten in Bereichen knapp über der Rechengenauigkeit können solche Mehrdeutigkeiten vermieden werden, ohne daß die Gestaltungsgenauigkeit des Gebildes darunter leidet.

Bei iterativen Modellbeschreibungen können solche Probleme allerdings auch innerhalb der vom Rechner selbst generierten Facetten zur Annäherung einer Fläche auftreten. Darauf hat der Anwender selbstverständlich keinen Einfluß. Hier muß das System selbst in der Lage sein, bei einer booleschen Verknüpfung den beteiligten Facetten den richtigen Zustand zuzuordnen.

7.5.6 Vergleich verschiedener Realisierungsformen

Bei den heute zur Verfügung stehenden Rechnersystemen sollten Programmbausteine Verwendung finden, die nach möglichst einfachen mathematischen Operationen arbeiten. Dies bedeutet in vielen Anwendungsfällen die sinnvolle Trennung der zwei- und dreidimensionalen Datenstruktur, verbunden mit einer batchorientierten Modellgenerierung. Diese Aussage, die heute in der Praxis in vielen Anwendungsfällen durchaus begründet ist, kann selbstverständlich durch neue technologische Entwicklungen innerhalb eines auch kürzeren Zeitraumes ihre Gültigkeit verlieren.

Ähnliches gilt für die Modellbeschreibungsarten. Auch hier würde ich heute zu iterativen Beschreibungsformen raten, weil Flexibilität und Stabilität in hohem Maße gewährleistet sind. Man sollte dafür auch bereit sein, einige aufwendigere Rechenoperationen in bestimmten Fällen in Kauf zu nehmen.

Bei den Modellarten sollten in den meisten Ingenieurbereichen, in denen eine räumliche Anwendung überhaupt erforderlich ist, das Volumenmodell verwendet werden. Trotz seines hohen Aufwandes hinsichtlich der Komplexität der Datenstruktur als auch der Verarbeitungszeiten ist dies die einzige Modellform, die dem Anwender tatsächlich sehr gute Hilfestellung leisten kann. Ohne der Möglichkeit der Darstellung unter Berücksichtigung der Sichtbarkeit und der Gestaltungsfunktion der booleschen Verknüpfung ist an den vernünftigen Einsatz eines dreidimensionalen Systems nicht zu denken.

7.6 Kommunikation mit Fremdsystemen

CAD-Systeme liefern Informationen in Form von Daten an Verwaltungs-, Kontrollrechnungs- und Fertigungssysteme. Entwurfs- und Auswahlsysteme übergeben Daten an den Konstruktionsbaustein. Die Organisation dieses Datenaustausches zwischen völlig unterschiedlichen Programmbausteinen, die von verschiedenen Herstellern stammen können und bisweilen auch auf verschiedenen, vernetzten Rechneranlagen laufen, wird von sogenannten „Schnittstellen" organisiert. Diese können in Form von Programmen, Unterprogammbibliotheken oder standardisierten Dateien existieren.

7.6.1 Allgemeine Schnittstellen

Unter dieser Bezeichnung versteht man die Organisation des Datenflusses vom CAD-Baustein auf eine höhere, benutzerspezifische Ebene. Weitere, benutzerspezifische Programmbausteine müssen diese Daten überarbeiten, kontrollieren und entsprechend aufbereiten, bevor sie an andere Systeme weitergeleitet werden. Gewisse anwenderspezifische Eingriffe in das integrierte Gesamtsystem sind notwendig.

Wie bereits erwähnt, sind die Informationen des Konstruktionssystems in einer spezifischen Datenstruktur abgelegt. Allgemeine Schnittstellen sind im Grunde nichts anderes, als Interpretationssysteme solcher Strukturen.

Verwendet das CAD-System vektororientierte graphische Datenstrukturen, ist die Interpretation, wie bereits erwähnt, schwierig. Die Zusammengehörigkeit einzelner Vektoren untereinander, sowie die Querverbindungen zu weiteren Informationen, die in anderen Datenstrukturen gehandhabt werden, sind schwierig oder nicht erkennbar. In den meisten Fällen müssen diese logischen Zusammenhänge durch interaktive Eingriffe durch den Menschen hergestellt werden.

Dies kann bisweilen erheblichen Arbeitsaufwand bedeuten. Die Schnittstelle selbst kann ohne entsprechenden menschlichen Eingriff meist nur eine Menge ungeregelter Punktkoordinaten in Form von Zahlen zur Verfügung stellen.

Das Interpretieren elementorientierter Datenstrukturen läßt wesentlich größere Möglichkeiten zu. Die Schnittstellenfunktionen stellen Suchalgorithmen nach bestimmten Eigenschaften unter Benutzung vordefinierter, anwenderabhängiger Kriterien zur Verfügung. Auf diese Weise können bestimmte Elemente in der Datenstruktur des CAD-Systems auch von Programmsystemen sehr rasch gefunden werden. Die von der Schnittstelle angeforderten Informationen sind im Grunde nichts anderes als die Eigenschaften (Attribute) dieser Elemente. Durch die Kennzeichnung der Eigenschaft in der Datenstruktur kann auch die Bedeutung der Zahlen- oder Textinformation eindeutig einem anderen Systembaustein vermittelt werden.

Will man dem Konstruktionsbaustein Informationen zur Weiterverarbeitung aus Fremdsystemen zur Verfügung stellen, bedeutet das in den meisten Fällen nichts anderes, als eine Änderung bestimmter Element-Attribute in der Datenstruktur des CAD-Systems. Auch dieser Vorgang muß mit Hilfe der Schnittstellenfunktionen realisierbar sein. Da neue Elemente durch entsprechende Zuordnung und Zusammenfassung von Eigenschaften entstehen, kann auf diese Art die Datenstruktur auch erweitert werden. Dies bedeutet den Eintrag völlig neuer Informationen in eine Dateneinheit des Konstruktionsbausteines. Der Anwender erhält eine in Teilbereichen automatisch erstellte Zeichnung, die anschließend interaktiv weitergeführt oder überarbeitet werden kann. Auf diese Weise können Entwurfssysteme dem Anwender erste konstruktive Möglichkeiten anbieten.

Für die praktische Anwendung solcher Schnittstellen sind neben der Bereitstellung der entsprechenden Funktionen auch ein entsprechendes Wissen und Verständnis über den Aufbau der systembezogenen Datenstruktur notwendig.

In manchen Fällen ist es möglich, Daten auch auf andere Weise in das CAD-System zu bekommen. Läßt der Konstruktionsbaustein neber der interaktiven Verarbeitung von Befehlen auch eine programmorientierte Verarbeitung zu, kann eine Befehlskette, auch Macro oder Kommandosprachenprogramm genannt, von einem anderen Systembaustein selbsttätig erzeugt werden. Durch die programmorientierte Verarbeitung dieser Befehlskette wird die entsprechende Funktionalität im CAD-System ausgelöst. Da dieser Vorgang interpretativ durchgeführt wird, bedeutet dies in der Regel längere Verarbeitungszeiten, als der direkte Austausch von Eigenschaften in der Datenstruktur.

Manche CAD-Systeme stellen dem Anwender unmittelbar konstruktive Hilfsfunktionen zur Verfügung, die in einem anderen Systembaustein verwendet werden können. Darunter ist etwa das Transformieren geometrischer Gebilde, das Schraffieren von Linienzügen oder das Ermitteln von Flächen, Trägheitsmomenten und ähnliches mehr zu verstehen. Auch Funktionen zur Ansteuerung der CAD-Arbeitsplätze durch Benutzerprogramme können zur Verfügung gestellt werden. Dies ist vor allem von Bedeutung, wenn kein standardisiertes graphisches Basissystem, wie etwa das GKS oder das CORE zur Verfügung steht.

Obengenannte Möglichkeiten werden bisweilen auch unter dem Begriff „Schnittstellen höherer Ordnung" zusammengefaßt.

7.6.2 Spezielle Schnittstellen

Unter diesem Begriff wird der Datenaustausch zwischen bestimmten Konstruktionssystemen und ausgewählten Fremdbausteinen verstanden. Ein programmtechnischer Eingriff in die Ablaufkette durch den Anwender ist nicht erforderlich.

Das Zusammenarbeiten von Stücklistengeneratoren, spezieller Kontrollrechnungsbausteine, wie etwa nach dem Verfahren der finiten Elemente, oder mit speziellen Fertigungssystemen kann auf diese Weise zweckmäßig realisiert werden.

Bei der Stücklistenerstellung werden Informationen einerseits aus der vom Konstrukteur mittels des CAD-Systems erstellten Datenbank, andererseits auch aus anderen Quellen, wie etwa Lagerhaltungskataloge, Preisinformationsdatenbanken, und vieles mehr, benötigt. Dies bedeutet, daß das Stücklistenverarbeitungssystem mehrere Datenbanken durchsuchen, verarbeiten und die entsprechende Information in gewünschter Form bereitstellen können muß. Aus dem CAD-System wird die Information wieder durch entsprechende Interpretation der Datenstruktur, das bedeutet, das Herauslesen verschiedenster Eigenschaften aus der Datenbank, gewonnen. Die Informationen sind in der Regel Textdaten, die in ganz bestimmten logischen Zusammenhängen zu geometrischen Figuren stehen. Diese Logiken müssen durch den Konstrukteur definiert werden, damit sie das System selbständig erkennen kann. Es müssen auch vom Anwender gewisse Strategien bei der Informationserstellung eingeschlagen werden.

Die Kriterien für die Interpretation der Datenstruktur sowie der logischen Zusammenhänge in der Konstruktionszeichnung müssen vom Benutzer beeinflußt werden können. Über spezielle Systembefehle oder Konfigurationsdateien erhält das Stücklistenverarbeitungssystem die Information, welche Strategie beachtet und welche benutzerabhängigen Kriterien bei der Informationsbereitstellung verarbeitet werden sollen.

Mit Hilfe der gleichen Mimik werden auch die Datenbanken anderer Abteilungen verarbeitet. Die daraus gewonnene Information wird wieder auf Grund benutzerspezifischer Anweisung in spezieller Form zusammengestellt. Daraus resultiert letztendlich die Stückliste.

Die Gesamtverarbeitung gliedert sich formal also in zwei Aufgabenstellungen.

Die erste ist das Erfassen und Bereitstellen von Daten. Die zweite ist das Formatieren dieser Informationen und die optische Zusammenstellung in Form von seitenbezogenen Tabellen. Die letztgenannten Systemanforderungen sind ähnliche wie in der Textverarbeitung.

Die entsprechende Erstellung oder Modifizierung der erwähnten Konfigurationsdateien für das Stücklistensystem soll möglichst einfach und flexibel durchgeführt werden können. Über die entsprechenden organisatorischen Voraussetzungen und Problemstellungen wurde bereits an anderer Stelle ausführlich berichtet.

Auch Schnittstellenprogramme zu Berechnungssystemen, wie sie etwa die finiten Elemente darstellen, sollten über Konfigurationsmöglichkeiten benutzerspezifisch beeinflußbar sein. Nicht unbeträchtliches Augenmerk sollte auf die Geometrieinterpretation solcher Kopplungsbausteine gelegt werden. Der Konstrukteur legt seine Bauteile nach funktionellen und fertigungstechnischen Gesichtspunkten fest. Kontrollrechnungsprogramme, wie Festigkeits-, Verformungs- oder dynamische Verhaltens-Größenermittlung gehen stets von idealisierten Voraussetzungen und Annahmen aus. Es ist nun auch Aufgabe des Schnittstellenbausteins die vom Konstrukteur erstellten Bauteile so zu interpretieren und zu modifizieren, daß sie den berechnungstechnischen Voraussetzungen genügen. Dieser Vorgang kann durchaus mit erheblichem Aufwand verbunden sein und sich in eine Reihe von Fallunterscheidungen gliedern. Es kann an dieser Stelle keine allgemeine Lösung angegeben werden. Auch für den Anwender ist es notwendig, die Strategie solcher Modifikationen genau zu kennen. Sonst kann eine menschliche Fehlinterpretation der Ergebnisse des Gesamtsystems zu falschen Schlußfolgerungen führen.

Dem Kopplungsbaustein zur Fertigung ist auf Grund seiner großen Bedeutung ein eigener Abschnitt gewidmet.

7.7 CAM – Kopplung

Solche Kopplungsbausteine stehen heute noch am Beginn eines breiten praxisorientierten Einsatzes. Dies hat neben technischen und historischen Gründen auch eine Reihe organisatorischer Ursachen. Deshalb sind viele unterschiedliche Realisierungsformen anzutreffen. Auch der Leistungs- und damit Handhabungsumfang ist sehr unterschiedlich. Deshalb scheint es mir angebracht, den vorliegenden Abschnitt in einen Teil „Anforderungen" und einen weiteren Teil „Lösungsmöglichkeiten" zu gliedern.

7.7.1 Anforderungen

Der CAD-CAM-Kopplungsbaustein soll den Teil der Bauteilbeschreibung an das Fertigungssystem weiterleiten, den der Konstrukteur festlegt. Dies ist in erster Linie die Geometriebeschreibung. Auf die Tatsache, daß der Arbeitsvorbereiter im NC-System eigentlich nicht die Bauteilgeometrie selbst, sondern die Werkzeugbewegung beschreibt, die im Zuge des Bearbeitungsvorganges die Konturen erzeugen, wurde bereits an anderer Stelle ausführlich hingewiesen. Es gibt auch noch eine Reihe weiterer unterschiedlicher Anforderungen an das System, das zwischen dem Konstrukteur und dem Arbeitsvorbereiter vermittelt. Auf diese Merkmale soll im folgenden besonders hingewiesen werden.

Die Geometrie, die dem Rechner für den Fertigungsvorgang übermittelt werden muß, liegt an dieser Stelle bereits eindeutig vor. Sie muß mit einer der Fertigung entsprechenden Genauigkeit angegeben werden. Dies bedeutet in der Praxis, daß die Geometrie nur formuliert aber nicht manipuliert zu werden braucht. Korrekturen sind nur bei menschlichen Irrtümern notwendig. Um eine möglichst hohe Genauigkeit zu erzielen, ist es zweckmäßig, Punktkoordinaten in Form von Zahlenwerten einzugeben. Eine graphische Interaktion ist zwar wünschenswert, aber nicht in dem hohen Maße erforderlich, wie sie der Konstrukteur benötigt. Diese Überlegungen ziehen auch eine Reihe von Konsequenzen hinsichtlich der Kopplung mit sich.

Selbst wenn der Arbeitsvorbereiter die Geometrie im CAM-System nochmals beschreiben muß, wünscht er sich vom Konstrukteur eine dem Fertigungsverfahren entsprechende Genauigkeit und Eindeutigkeit der ihm zur Verfügung gestellten Zeichnung. Dies war in den meisten Fällen nicht gegeben. Man führte das auf die durch das Zeichnen mit Papier und Bleistift am Reißbrett entstehenden Ungenauigkeit zurück. Durch den Einsatz von CAD erhoffte man sich an dieser Stelle entscheidende Verbesserungen.

Nun ist ein CAD-System wie bereits erwähnt, vor allem auf rasche, hohe Interaktionsmöglichkeiten ausgelegt. Das kann bei manchen Systemen bereits auch Auswirkungen auf die Darstellung der internen Rechengenauigkeit haben. Aber selbst wenn dies nicht der Fall ist und das CAD-System mit intern entsprechend hoher Genauigkeit arbeitet, sind eine Reihe weiterer Fehlerquellen nicht auszuschließen.

Im Gegensatz zum Arbeitsvorbereiter beginnt der Konstrukteur seine Bauteilkonturen mit Hilfe des CAD-Systems zuerst am Bildschirm zu entwickeln. Eine Reihe von Änderungen, Manipulationen und Korrekturen einer Geometrie ist die Folge. Im Zuge dieser Vorgänge kann einfach durch die Handhabung des Menschen die eine oder andere Fehlermöglichkeit oder besser Ungereimtheit auftreten. Diese ist optisch nicht immer sofort erkennbar. Aus Zeitmangel werden nicht immer alle interaktiven Kontrollmöglichkeiten ausgenutzt. Das CAD-System selbst kann aber solche Mängel in den wenigsten Fällen selbsttätig erkennen. Dies liegt einfach an der Breite der Einsatzmöglichkeiten eines solchen Systems. Ihm sind die Detailzusammenhänge ja nicht bekannt. Die Ungereimtheiten, von denen oben gesprochen wurde, ergeben sich ja aus einer ganz bestimmten Zielsetzung, zum Beispiel in Richtung eines speziellen Fertigungsverfahrens. Solche Informationen kann ein System nicht verarbeiten, das von der Schematakonstruktion über kartographische Anwendungen bis zur Festlegung von Maschinenbauteilen herangezogen wird.

Erst der Kopplungsbaustein ist auf Grund der fertigungsspezifischen Hinweise, die er zur Verfügung gestellt bekommt, um die Information für das NC-System entsprechend aufzubereiten, in der Lage, auch solche Kontrolloperationen durch entsprechende Geometrieüberprüfung durchzuführen. Dies bedeutet letztlich, daß eine leistungsfähige CAD/CAM-Kopplung nicht nur die Aufgabe hat, Daten aus dem Konstruktionssystem zu entnehmen und weiterzuleiten, sondern auch entsprechende Überprüfungen vorzunehmen. Diese können nicht nur für den Arbeitsvorbereiter, sondern bereits für den Konstrukteur von besonderer Bedeutung sein. Deshalb ist es notwendig, daß der Kopplungsbaustein bereits an das CAD-System angebunden wird. Er muß dem Konstrukteur zur Verfügung stehen, damit dieser seine Konstruktion hinsichtlich Fertigungsgerechtheit überprüfen kann. Da Fertigungsmerkmale durchaus firmenspezifisch sein können, muß der spezielle Anwender diese benutzerabhängig abstimmen können. Über die entsprechenden Maßnahmen, wie Konfigurationsdateien oder benutzerspezifische Programmbibliotheken, wird im nächsten Abschnitt noch sehr ausführlich berichtet werden.

7.7 CAM-Kopplung

Die Forderung nach dem Anbinden des Kopplungsbausteines an das CAD-System hat eine Reihe weitreichender Konsequenzen. Auch der Arbeitsvorbereiter muß mit diesem Programmsystemteil arbeiten. Auch er muß ja die Geometrie nochmals auf Fertigungsgerechtheit überprüfen, weil letztlich er die entsprechende Erfahrung in Zweifelsfällen besitzt, ob ein Teil auf diese Weise fertigbar ist oder nicht. Da man ihm aber nur schwer zumuten kann, und auch dies hat die Praxis in eindeutiger Weise gezeigt, in zwei Systemen mit unterschiedlicher Philosophie zu arbeiten, muß der im CAD-System integrierte Kopplungsbaustein in der Lage sein, auch die weiteren Arbeitsweisen des Arbeitsvorbereiters zu verarbeiten. Dies bedeutet aber nichts anderes, als daß der Fertigungsmann in einem besonderen Zweig des CAD-Systems auch die weitere Fertigungsbeschreibung vornimmt. Die Technologiedaten werden bereits an dieser Stelle hinzugefügt. Der Arbeitsvorbereiter beginnt in der Philosophie des CAD-Systems und nicht mehr in der der herkömmlichen NC-Systeme zu denken. Das letztgenannte andere Grundvoraussetzungen hatten, wurde bereits aufgezeigt.

Diese neue Vorgehensweise bringt zwar Vorteile, aber auch neue Denkweisen, verbunden mit dem Zwang zu neuen Organisationsformen. Auf letztere wurde bereits an anderer Stelle verwiesen.

Die Vorteile liegen unter anderem darin, daß die gesamte Bauteilbeschreibung, nun auch hinsichtlich Fertigung, in einer einzigen Einheit, einer Datei, einem „computermäßig aufbereiteten Zeichenblatt" zentral abgelegt ist. Speziell bei Änderungen oder neuen Versionen kann dies eine Reihe auch organisatorischer Vorteile haben. Fehler, weil unterschiedliche Informationen an verschiedenen Stellen getrennt aufbewahrt und geändert werden, die Abstimmung bisweilen aber ausbleibt, können auf diese Weise in hohem Maße vermieden werden.

Nun zu den technischen Veränderungen.

Geometriekorrekturen zur besseren Fertigung in einzelnen Detailbereichen können vom Arbeitsvorbereiter selbst mit der Mächtigkeit des CAD-Systems durchgeführt werden. Die Vereinbarung des Fertigungsablaufes kann aber zu einem Umdenken zwingen. Dieser Vorgang verläuft ja in einer zeitlichen Abhängigkeit. Beim sogenannten NC-Teileprogramm ist diese leicht realisierbar. Das Teileprogramm, eine fortlaufende Zahl von Anweisungen, wird in eben dieser Reihenfolge auch vom CAM-System abgearbeitet. Eine CAD-Zeichnung stellt aber ein zeitlich völlig unabhängiges flächenhaft oder räumlich vorliegendes Gebilde dar. Man muß zu neuen bzw. anderen Methoden greifen, um Ablauffolgen festlegen zu können.

Die einfachste Art, Ablauffolgen festzulegen, ist, aufsteigende Nummernbezeichnungen in einzelnen Tabellenteilen anzugeben. Anweisungen oder Hinweise in den Zeilen solcher Tabelleneinheiten werden in der entsprechend vorgegebenen Reihenfolge abgearbeitet. Eine weitere Möglichkeit ist das Erkennen bestimmter Zustände in der Zeichnung. In Abhängigkeit solcher erkannter Ereignisse, im Grunde sind dies logische Bedingungen, kann der Kopplungsbaustein auch einen zeitlichen Ablauf bestimmter Aktionen erkennen. Ein einfaches Beispiel soll diese Aussage verdeutlichen. Beim Übergang von einem geraden Stück einer Kontur in einen Kreisbogen soll die Vorschubgeschwindigkeit des Werkzeuges in Abhängigkeit vom Übergangsradius zurückgeschaltet werden. Der Kopplungsbaustein muß nun auf Grund der Geometrieinterpretation diesen Zustand erkennen und entsprechend anderer bereitgestellter Informationen die entsprechende Aktion an dieser Stelle absetzen können.

Solche Funktionen müssen auch aus komplexeren Zustandssituationen in der CAD-Information abgeleitet werden können. Dazu dienen unter anderem auch Merkmale wie Marken, Symbole oder Punktfunktionen, die in besondere logische Zusammenhänge gebracht werden können.

Die entsprechenden Aktionen müssen in Abhängigkeit vom Fertigungsverfahren auch vom Benutzer beeinflußt werden können. Auf Grund unterschiedlicher Fertigungserfahrungen sind die Herstellungspraktiken auch vergleichbarer Unternehmen oft sehr unterschiedlich. Da von solchen Fertigungspraktiken aber auch Qualität, Güte und Preis eines bestimmten Produktes in hohem Maße abhängen, kann auf firmenspezifische Fertigungseigenheiten nicht verzichtet werden.

Die dafür notwendige Flexibilität wird wieder durch entsprechende Konfigurationsdateien erzeugt. Diese stehen in engem Zusammenhang mit ebenfalls firmen- und fertigungsabhängigen Macrobibliotheken des CAM-Systems. Das Zusammenspiel dieser Systembeeinflussungsmöglichkeiten wird im nächsten Abschnitt aufgezeigt.

Bisweilen können bestimmte Entscheidungen in Abhängigkeit solcher Zustände auch vom Kopplungs- oder NC-System selbsttätig durchgeführt werden. Durch entsprechende Tabellenzugriffe nach vorgegebenen Auswahlkriterien können Fertigungsgrößen bereitgestellt werden. Man spricht in diesem Zusammenhang auch von sogenannten Technologiedatenbanken. Diese müssen aber in vielen Fällen, auf Grund der bereits aufgezeigten Gründe, benutzerspezifisch angepaßt werden. Dies kann einen nicht unbeträchtlichen Arbeitsaufwand darstellen, der nur dann zu rechtfertigen ist, wenn solche Technologiedatenbanken im Betrieb auf breite Anwendung stoßen. Ist auf Grund von individueller Fertigung der Zwang zu fallspezifischen Korrekturen durch den Menschen sehr hoch, kann es sein, daß kein zu hoher Nutzen aus dieser Vorgangsweise gezogen werden kann.

Wie bereits mehrfach erwähnt, kann nicht davon ausgegangen werden, daß im allgemeinen Fall ein Kopplungsbaustein zu entwikkeln wäre, der aus einer Konstruktionsinformation selbsttätig den Fertigungsvorgang ermitteln kann.

7.7.2 Lösungsmöglichkeiten

Wie bereits bei den allgemeinen Schnittstellen erwähnt, eignen sich elementorientierte CAD-Datenstrukturen wesentlich besser zur gezielten Interpretation als vektororientierte. Dies gilt in hohem Maße auch für CAM-Kopplungsbausteine. Wie bereits bei den Anforderungen erwähnt, ist das Erkennen bestimmter Zustände in der Datenstruktur nur über logische Querverbindungen möglich. Dies bedeutet, daß Segmentmechanismen oder Superelementdefinitionen, wie sie im Abschnitt „Datenstrukturen" aufgezeigt wurden, zur Verfügung stehen sollten. Andernfalls könnten solche Zustände nur in sehr beschränktem Umfang und nur mit erheblichem Rechenaufwand erkannt und interpretiert werden.

Zwei grundlegende Aufgabenstellungen müssen erfüllt werden. Einerseits müssen aus der großen Menge konstruktiver Daten genau jene erkannt werden, die für die Fertigung von Bedeutung sind. Andererseits müssen die eben erwähnten Zustände ausgewertet werden können. Beides ist nur über Auswertung entsprechender Eigenschaften der Elemente in der Datenstruktur möglich.

Ebenso muß die Geometrie hinsichtlich Fertigungsgerechtheit überprüft und kontrolliert werden. Zu diesem Zweck sind spezielle Informationen notwendig, die aus Konfigurationsdateien oder Technologiedatenbanken geliefert werden. Bevor auf diese Problematik eingegangen wird, soll ein kurzer Überblick über den Ablauf gegeben werden.

Konstrukteur und Arbeitsvorbereiter haben gemeinsam alle für das Fertigungssystem notwendigen Informationen in der CAD-Datenstruktur abgelegt. Diese Informationen werden vom Kopplungsbaustein unter besonderer Berücksichtigung von Konfigurationsdatei und benutzerspezifischen Programmbibliotheken ausgewertet und dem eigentlichen CAM-System zur Verfügung gestellt. Dieses verarbeitet die entsprechenden Daten unter Berücksichtigung spezieller NC-Unterprogramm-Bibliotheken, auch Macro-Bibliotheken genannt. In ihnen können spezielle, firmenspezifische Fertigungsabläufe, die regelmäßig wiederkehren, vereinbart werden. Aus all diesen Informationen, die noch werkzeugmaschinensteuerungs-unabhängig sind, wird eine genormte Datei aufgebaut. Diese nennt sich CL-DATA-File. Sie kann ebenfalls als Schnittstelle betrachtet werden. Hier können einerseits graphische Kontrollsysteme aufsetzen, die Werkzeugbahnen darstellen, andererseits speziell auf Maschinensteuerungen ausgerichtete Programmbausteine, die sogenannten Postprozessoren. Auch diese selbst müssen über Dateien entsprechend konfigurierbar gehalten werden, da auch an dieser Stelle firmenabhängige Eingriffe in den Fertigungsablauf vorgenommen werden müssen.

Vom Kopplungsbaustein bis zum Postprozessor, der die Steuerungsinformation liefert, kann die Programmkette vollautomatisch durchlaufen werden. Nur die graphischen Kontrollmöglichkeiten von Werkzeugen und Werkzeugbahnen stellen hier eine gewisse interaktive Unterbrechung dar. Die Steuerungsinformation kann entweder in Form von Lochstreifen oder direkt über Rechnerleitung (DNC) der Werkzeugmaschine zur Verfügung gestellt werden. Dieser Ablauf ist allerdings nur dann optimal gestaltbar, wenn vorher die entsprechenden Konfigurationen aller Systemteile gemäß den firmenspezifischen Erfahrungen in den einzelnen Fertigungsbereichen (in Abhängigkeit von den Fertigungsverfahren) entsprechend gewissenhaft durchgeführt wurden.

Nun zur technischen Realisation einer Konfigurationsdatei für eine NC-Kopplung.

Ein Beispiel einer solchen ist in Abb. 30 dargestellt. Sie stammt von einem Kopplungsbaustein, der heute zu den führenden im deutschen Sprachraum zählt und an dem der Verfasser des vorliegenden Werkes in sehr entscheidendem Maße mitgearbeitet hat!

Die Datei ist gemäß den einzelnen Fertigungsverfahren in einzelne Blöcke unterteilt. Innerhalb jedes Blockes können in Abhängigkeit spezieller Zustände in der Datenstruktur des CAD-Systems verschiedene Aktionen vereinbart werden. Um die Zustände noch differenzierter logisch auswerten zu können, können aktuelle mit zeitlich vorher und folgenden Zuständen verglichen werden. Wird eine Zustandsfolge nicht ausgewertet, wird dies durch spezielle Zeichen, die „Klammeraffen", dem System vermittelt.

Folgende Aktionen können derzeit im vorliegenden Beispiel durchgeführt werden. Zahlenwerte, zum Beispiel Toleranzgrößen, können in Abhängigkeit des speziellen Zustandes gesetzt werden. Dies kann etwa für folgende Geometriekontrollen von entscheiden-

7.7 CAM-Kopplung

```
✻DRE
ǝǝǝǝ    FEFA    ǝǝǝǝ    EF  04
ǝǝǝǝ    PRAE    ǝǝǝǝ    EF  01
ǝǝǝǝ    STRT    ǝǝǝǝ    TO  MULDEF/CIRPAL,LIMLIN
ǝǝǝǝ    STRT    ǝǝǝǝ    TO  MACHIN/PNE480,AUTOR,1,LINECT,40,HEINZE
ǝǝǝǝ    STRT    ǝǝǝǝ    VA  01  0.2
ǝǝǝǝ    STRT    ǝǝǝǝ    VA  02      1.
ǝǝǝǝ    STRT    ǝǝǝǝ    VA  03      100.
ǝǝǝǝ    STRT    ǝǝǝǝ    TO  SYN/AUTO
ǝǝǝǝ    STRT    ǝǝǝǝ    TO  PLOTO
ǝǝǝǝ    CLMP    ǝǝǝǝ    EF  02
ǝǝǝǝ    CLMP    ǝǝǝǝ    FM  10
ǝǝǝǝ    CLMP    ǝǝǝǝ    EF  80
ǝǝǝǝ    CUTQ    ǝǝǝǝ    T1  CUTQ/
ǝǝǝǝ    CLMD    ǝǝǝǝ    T1  CLM/
ǝǝǝǝ    CLGM    ǝǝǝǝ    T1  CLG/
ǝǝǝǝ    CLFM    ǝǝǝǝ    T1  CLFM/
ǝǝǝǝ    DCLW    ǝǝǝǝ    T1  CLW,CONST,O,
ǝǝǝǝ    WZPL    ǝǝǝǝ    TO  PPLOT/TOOL
ǝǝǝǝ    NUT1    ǝǝǝǝ    T1  STAUM/
ǝǝǝǝ    NUT2    ǝǝǝǝ    T1  MED509/
✻LAM
ǝǝǝǝ    FEFA    ǝǝǝǝ    EF  04
ǝǝǝǝ    PRAE    ǝǝǝǝ    EF  05
ǝǝǝǝ    PRAE    ǝǝǝǝ    EF  06
ǝǝǝǝ    PRAE    ǝǝǝǝ    EF  01
ǝǝǝǝ    PRAE    ǝǝǝǝ    TO  MULDEF/LIMLIN,CIRPAL
ǝǝǝǝ    PRAE    ǝǝǝǝ    TO  LIMIT/0.5    $$ GROBSCHMIEDE
ǝǝǝǝ    PRAE    ǝǝǝǝ    EF  65
ǝǝǝǝ    PRAE    ǝǝǝǝ    VA  01  0.2
ǝǝǝǝ    PRAE    ǝǝǝǝ    VA  02      1.
ǝǝǝǝ    PRAE    ǝǝǝǝ    VA  03      100.
ǝǝǝǝ    LAP1    ǝǝǝǝ    T1  GOTO/
ǝǝǝǝ    LIV1    ǝǝǝǝ    T1  IV/
ǝǝǝǝ    BAUT    ǝǝǝǝ    T1  BAUTL/
ǝǝǝǝ    FEFA    ǝǝǝǝ    EF  04
ǝǝǝǝ    LANF    ǝǝǝǝ    TO  RAPID
ǝǝǝǝ    LMV1    ǝǝǝǝ    TO  CCL
ǝǝǝǝ    ANST    ǝǝǝǝ    VA  04  0.01
ǝǝǝǝ    LMV1    ǝǝǝǝ    TO  BE
ǝǝǝǝ    LMV1    ǝǝǝǝ    T1  GO/TO,
ǝǝǝǝ    FCIR    ǝǝǝǝ    EF  10
ǝǝǝǝ    FCEN    ǝǝǝǝ    EF  10
ǝǝǝǝ    KLIN    ǝǝǝǝ    TO  BE
KINV    KCIR    ǝǝǝǝ    EF  10
KINV    KNUL    ǝǝǝǝ    TO  BE
KINV    KCEN    ǝǝǝǝ    TO  BE
KINV    KCON    ǝǝǝǝ    TO  BE
ǝǝǝǝ    KINV    ǝǝǝǝ    TO  BA
ǝǝǝǝ    KINV    ǝǝǝǝ    TO  RAPID
ǝǝǝǝ    LEND    ǝǝǝǝ    TO  BA
ǝǝǝǝ    FINI    ǝǝǝǝ    TO  $$ FINO REINAUER
```

Abb. 30. NC-Konfig-Datei

der Bedeutung sein, auch die Auflösung von Kurvenbögen, die eine Steuerung nicht unmittelbar auswerten kann, kann auf diese Weise gehandhabt werden.

Eine weitere Möglichkeit ist der Eintrag bestimmter Anweisungen in das vom NC-System auszuwertende Teileprogramm. Dies können unmittelbare Befehle, Macroaufrufe oder auch nur Kommentare sein. Werden Macroaufrufe abgesetzt, müssen diese mit der speziellen Bibliothek des NC-Systems abgestimmt werden. Der

Kopplungsbaustein wertet solche Macros ja nicht selbst aus, sondern vermittelt ihren Aufruf nur weiter. Erst das NC-System kann das entsprechende Macro ausführen und dabei eventuelle Fehlerquellen entdecken. Bei entsprechend gewissenhafter Abstimmung und Adaptierung sind aber solche Fehler praktisch auszuschließen. Die Vorgänge, die mit den Macros beschrieben werden, sind vom Benutzer selbst beeinflußbar.

Eine weitere Möglichkeit ist das Aktivieren benutzerspezifischer Programme für den Kopplungslauf, die in einer speziellen Bibliothek aufbewahrt werden. Mit Hilfe solcher Programme können unter anderem benutzerspezifische Geometrieüberprüfungen mit entsprechenden Warnungen und Fehlermeldungen erfolgen. Auch das Aufbereiten bestimmter Größen, zum Beispiel spezieller Parameter einzelner Macro-Aufrufe, können auf diese Weise gehandhabt werden.

Die Konfigurationsdatei wird vor dem Anwerfen des Kopplungsbausteines geladen. Wird nun eine einzige benutzt, kann sie auch beim Hochfahren des CAD-Systems eingelesen werden. Sie wird anschließend vom Kopplungsbaustein während der Interpretation der aktuellen Datenstruktur und der Erzeugung der Informationen für das NC-System ausgewertet.

Der Kopplungsbaustein selbst nimmt auf Grund seiner komplexen Funktionalität eine nicht unbeträchtliche Programmgröße ein. Er muß sehr viele unterschiedliche Fälle beachten und individuell verarbeiten. Allein die Geometrieinterpretation hinsichtlich Fertigungsgerechtheit ist in hohen Maße fertigungsverfahrensabhängig. Selbst ähnliche Verfahren, wie etwa das Brennschneiden oder Lasern in der Blechverarbeitung können in Datails sehr unterschiedliche Merkmale aufweisen. Es ergeben sich unterschiedliche Herstellungsmöglichkeiten. Diese müssen vom Kopplungsbaustein berücksichtigt werden.

Andere Herstellungsmethoden sind in hohem Maße werkzeug- und weniger geometriebezogen. Man denke etwa an Stanzvorgänge. Sie müssen völlig anders behandelt werden als zerspanende Vorgänge.

Bei der Fertigung komplexer Gebilde ist etwa das automatische Festlegen einer vernünftigen Bearbeitungsreihenfolge durch den Kopplungsbaustein eines der größten Probleme.

Der Fräsvorgang kann meist auf unterschiedlichste Art durchgeführt werden. Hier ein Optimum zwischen möglichst einfacher Definition und internen Automatisierung zu finden, ist ebenfalls Aufgabe eines leistungsfähigen Kopplungsbausteines.

Diese Überlegungen sollen zeigen, daß es keinen einheitlichen Algorithmus zur Dateninterpretation und Übergabe für alle Fertigungsverfahren im Kopplungsbaustein gibt. Selbst innerhalb einzelner Fertigungsverfahren muß noch zusätzlich differenziert werden. Man denke an unterschiedliche Fräsvorgänge. Ein leistungsfähiger Kopplungsbaustein ist also schon ein System für sich. In einem hochentwickelten System können durchaus mehrere Mannjahre Entwicklung und Erfahrung verarbeitet werden.

7.8 Ausblicke auf zukünftige Entwicklungen

Die im folgenden aufgezeigten Möglichkeiten und Tendenzen erheben bei weitem keinen Anspruch auf Vollständigkeit. Sie sollen dem Leser nur die Richtung zukünftiger Entwicklungen weisen. Zwei in nächster Zukunft besonders aktuelle Gesichtspunkte werden in den beiden folgenden Abschnitten herausgegriffen.

7.8.1 Das Gesamtsystem im Hinblick auf intelligente Arbeitsplätze und Rechnernetze

Durch die ständig leistungsfähiger und in ihren Möglichkeiten wachsenden Microprozessoren ergeben sich für die Zukunft völlig neue Möglichkeiten. Programmsysteme in sogenannten „ROM's, speziellen Lesespeichern, werden von Microprozessoren wesentlich rascher verarbeitet, als programmierbare in normalen, dem Rechenwerk zugänglichen Speichern, welche RAM's genannt werden. Deshalb geht man bereits heute über, gewisse Standardfunktionen auf diese Weise unmittelbar in eine Bildschirmeinheit einzubauen. Man spricht von intelligenten Terminals oder Arbeitsplätzen. Solche Standardfunktionen können in absehbarer Zeit hinsichtlich Graphik etwa die Standards GKS oder CORE sein. Damit werden die eigentlichen, auf dem Rechner laufenden Programmsysteme durch eine Reihe von Funktionalitäten entlastet.

Programmbausteine werden kleiner, die Rechnerbelastung sinkt. Werden dezentrale Arbeitsstationsfunktionen angesprochen, tritt auch keine gegenseitige Behinderung durch verschiedene Benutzer ein. Die Antwortzeiten interaktiver Funktionen sind unabhängig von momentanen Ereignissen am zentralen Rechner.

Diese Vorteile werden dazu führen, daß in absehbarer Zeit nicht nur die angesprochenen Standardfunktionen so verarbeitet werden, sondern entscheidende Teile von käuflich erwerbbaren Systemteilen auf diese Weise verfügbar sein werden. Das bedeutet in der Praxis, daß ein CAD-System oder große Teile hievon in Zukunft nicht mehr auf den zentralen Rechner geladen werden, sondern in Form eines „Chips" in die Arbeitsstation eingesetzt werden. Diese Systemmoduln des integrierten Gesamtsystems laufen dann als Firmware in diesen Stationen. Das hat naturgemäß eine Reihe von organisatorischen Maßnahmen zur Folge.

Für den einzelnen Anwender ist es durchaus von Vorteil, wenn die von ihm hauptsächlich benötigte Funktionalität unmittelbar in seiner Arbeitsstation verfügbar ist. Der unmittelbare Zugriff auf eigene erzeugte Daten, deren personenbezogene Sicherung, keine gegenseitige Beeinflussung und vieles mehr sprechen dafür.

Dennoch wird es kaum gelingen, das vollständig integrierte System auf eine einzige Arbeitsstation zu bringen. Dies hätte auch organisatorisch keinen Vorteil. Alle Programmteile, die Daten verwalten, auf die mehrere Arbeitsstationen unterschiedlicher Abteilungen zurückgreifen müssen, können nicht auf diese Art und Weise verarbeitet werden. Sie müssen auch zukünftig auf zentralen Verwaltungsrechnern laufen.

Dies hat zur Folge, daß die einzelnen Bausteine des integrierten Gesamtsystems, wie sie bisher vorgestellt wurden, auf unterschiedlichen Rechnern und verschiedenen Arbeitsstationen laufen. Es kann sich dabei auch durchaus um Rechenanlagen unterschiedlichster Hersteller handeln. Das gesamte System, bestehend aus komplexen Programmsystemen und aufwendigen, unterschiedlichen Gerätekonfigurationen kann nur dann funktionstüchtig sein, wenn die Programme effizient miteinander kommunizieren und die Daten sehr rasch austauschen. Der Anwender darf gar nicht den Eindruck haben, daß auf verschiedenen Geräten mit unterschiedlichen Programmbausteinen gearbeitet wird. Damit diese Vorgehensweise gewährleistet ist, müssen auch noch neue Standards hinsichtlich Gerätetechnik und Systemsoftware geschaffen werden.

Zu diesem Zweck müssen Betriebssysteme in gewissen Rahmen vereinheitlicht werden. Mit dem System „UNIX" ist der erste Schritt in diese Richtung bereits gemacht worden. Die Kommunikation der Rechner untereinander muß ebenfalls mit einer speziellen Systemsoftware durchgeführt werden. Auch diese muß in wesentlich stärkerem Maße als heute genormt sein. Neben der Standardisierung müssen selbstverständlich auch noch neue Funktionalitäten geschaffen werden. Man spricht von Netzwerktechnik.

Es gibt natürlich auch heute schon Rechnernetze. Aber selbst bei der Vernetzung von Rechnern des gleichen Herstellers bringt die Systemsoftware noch so viel Last auf die einzelnen Rechner, daß die Kommunikation über das Netzwerk wesentlich träger wird, als wenn direkt über einen einzigen Rechner gearbeitet wird. Dies kann naturgemäß bei Arbeitsweisen, die in hohem Maße interaktiv durchgeführt werden, nicht in Kauf genommen werden.

Allerdings ist anzunehmen, daß die rechnertechnische Realisierung von Netzwerken deshalb noch nicht so weit fortgeschritten ist, weil es bislang noch keine allzugroße Notwendigkeit dafür gab. Bis vor kurzer Zeit wurde für industrieweite Einsatzfälle ja noch die Zentralrechnerphilosophie sehr stark vertreten. Erst durch die explosive Entwicklung der Microprozessoren hat hier schlagartig ein Umdenken eingesetzt. Es ist daher anzunehmen, daß auch diese technischen Probleme in absehbarer Zeit gelöst sein werden.

Neber der Betriebssystem- und Netzwerksoftware müssen natürlich auch die Systemkerne, die die Organisation und Verwaltung der einzelnen Bausteine des integrierten Gesamtsystems durchführen, auf diese neue Technik abgestimmt werden. Der Systemkern ist ja nun kein Programmsystem mehr, das auf einem einzelnen Rechner läuft. Vielmehr müssen unterschiedliche Systemkerne auf verschiedenen Anlagen miteinander kommunizieren. Hiebei spielt auch die zeitliche Abstimmung aufeinander eine nicht zu vernachlässigende Rolle. Das, was heute durchaus noch einen sequentiellen Ablauf auf einer einzigen Rechenanlage bilden kann, muß in Zukunft zeitlich aufeinander abgestimmt werden, weil einzelne Ergebnisse auf unterschiedlichen Anlagen ermittelt werden. Für Folgeverarbeitungen müssen solche Daten herangezogen werden, was bedeutet, daß hinsichtlich bestimmter Programmabläufe einzelne Rechner aufeinander warten müssen. Auch solche Möglichkeiten müssen zukünftig stärker in Betriebssystemen verankert und standardisiert werden.

Man erkennt, daß es selbst bei wachsenden technischen Möglichkeiten des „Distributed Processing", also der Verteilung der Rechnerfunktionalität und des Verarbeitens in Form von Rechnernetzen, in immer stärkeren Maße auch auf eine logische Strukturierung des Gesamtsystems ankommt. Man sollte die Funktionalität des gesamten Systems nicht „irgendwie" auf verschiedene dezentrale Rechner aufteilen, sondern dies auch in anwenderbezogenen, logischen Einheiten tun. Damit können auch der Datenfluß innerhalb des Rechnernetzes optimiert und die Probleme vereinfacht werden. Da solche Strukturen durchaus anwenderbezogen sind, wird für zukünftige Entwicklungen auch eine Reihe von praktischen Erfahrungen notwendig sein.

Der bausteinartige, heute bereits logisch strukturierte Aufbau von Gesamtsystemen erleichtert in Zukunft den Übergang zu solch komplexen Rechnernetzen.

7.8.2 Spezielle Funktionsprozessoren

Ebenfalls durch die Mikroprozessortechnik wird es möglich sein, bestimmte Funktionalitäten von Programmbausteinen nicht in Form von Bibliotheken sondern firmwaremäßig in „Chips" geliefert zu bekommen. Solche Funktionsprozessoren können dann entweder in einer Arbeitsstation gemeinsam mit einem anderen Mikroprozessor arbeiten oder auch auf einer größeren Rechenanlage mit der zentralen „CPU" kommunizieren.

Die Vorgehensweise soll am Beispiel der Ermittlung von unsichtbaren Kanten bei räumlichen Gebilden, der Problemstellung der sogenannten „Hidden Lines", aufgezeigt werden.

Der Vorgang selbst ist vom Algorithmus her gesehen relativ einfach. Es müssen Linien und Punkte bzw. die Flächen die von Linien aufgespannt werden hinsichtlich ihrer Tiefe sortiert werden. Anschließend ist zu prüfen, welche Punkte Linienteile oder Flächen vor anderen liegen. Dieser Prüfvorgang ist allerdings in sehr großer Anzahl bei komplexen Gebilden zu wiederholen. Daher rühren die heute selbst auf leistungsfähigen Anlagen sehr großen Rechenzeiten. Nun kann ein solcher Vorgang auch abschnittsweise durchgeführt werden. Betrachtet man ein Gebilde in der gleichen Blickrichtung aber durch mehrere „Röhren", so ist innerhalb einer Röhre die Sichtbarkeit unabhängig von einer anderen. Man kann den Vorgang der Sichtbarkeitsermittlung also aufteilen und in mehreren Prozessoren parallel behandeln. Dies können durchaus Microprozessoren sein. Bei den zu erwartenden Preisen ist es wirtschaftlich vertretbar, eine große Anzahl für diesen Anwendungsfall parallel zu schalten. Damit wird es möglich, mit Hilfe eines solchen Prozessors diese spezielle Aufgabenstellung in einem Bruchteil der Zeit zu lösen, als es auf heutigen Rechenanlagen der Fall sein kann. Grundvoraussetzung ist naturgemäß eine effiziente Kommunikation eines solch speziellen Prozessors mit jenem Teil der Programmsoftware, die auch in Zukunft auf einer normalen Rechenanlage laufen wird. Dies führt auf die gleichen Probleme der Rechnervernetzung, wie sie im vorigen Abschnitt behandelt wurden.

Auch hybride Funktionsprozessoren sind denkbar. Darunter versteht man Einheiten, bei denen der eigentliche Vorgang, der ausgewertet werden soll, durch einen analogen Prozeß simuliert wird. Angesteuert wird der analoge Teil durch digitale Prozessoren. Die Kombination von Analogrechner- und Digitalrechnereinheiten nennt man Hybridsystem. Ein Analogrechner simuliert einen physikalischen Vorgang durch eine elektrische Schaltung. Dies bedeutet, daß sich letztgenannte genauso verhält, wie ein anderer physikalischer Prozeß. Der elektrische Vorgang selbst wird gemessen, in digitale Form umgewandelt und so dem eigentlichen Rechensystem wieder zur Verfügung gestellt. Ein einfaches Beispiel für solche physikalische Analogien besteht etwa zwischen einem elektrischen Schwingkreis und einem mechanischen Schwingungsvorgang.

Beispiele für die Zweckmäßigkeit solcher spezieller Prozessoren ließen sich noch beliebig finden. Es soll an dieser Stelle aber nur das System aufgezeigt werden. Grundvoraussetzung ist, wie bereits ja mehrfach erwähnt, eine größere Standardisierung und intensivere Gestaltung von Kommunikationsmöglichkeiten unterschiedlichster Rechnersysteme.

Dieser kurze Ausblick auf zukünftige Tendenzen sollte nur grundsätzlich neue Möglichkeiten aufzeigen. Die rasche Entwicklung auf diesem Gebiet macht jede Prognose äußerst schwierig. Die heute gesammelte Erfahrung wird aber auch für zukünftige Systemrealisierungen von größter Bedeutung sein.

8. Schulung

Auf Grund der Neuheit der CAD-Technologie kommt den Schulungsmaßnahmen besondere Bedeutung zu. Bei der Systemeinführung innerhalb des Betriebes gibt es praktisch niemanden, der bereits auf eine gewisse Erfahrung zurückgreifen kann. Auch das Anwerben neuer Mitarbeiter mit entsprechender Erfahrung ist durch die Kürze, die diese Technologie im praktischen Einsatz derzeit besitzt, kaum möglich.

Unter Schulung wird meist nur die Einführung in die praktische Handhabung des speziellen CAD-Systems verstanden. Dies aber ist in der Praxis viel zu wenig. Das Erarbeiten neuer Strategien in der Konstruktion, das Anpassen des Systems an benutzerspezifische Erfordernisse sowie die Abstimmung der innerbetrieblichen Organisation stellen Probleme dar, die ebenfalls nur mit entsprechender Wissens- und Informationsvermittlung gelöst werden können. Auch die Einbindung der ingenieurmäßigen Datenverarbeitung in Problemstellung der allgemeinen EDV darf nicht vernachlässigt werden.

All die hier aufgezeigten Gesichtspunkte müssen unter dem Begriff „Schulung" Berücksichtigung finden. Beim heutigen Wissensstand über die ingenieurmäßige Datenverarbeitung scheint mir die reine Handhabungsschulung eines bestimmten Systems nur ein geringer Teil der gesamten notwendigen Wissensvermittlung zu sein.

8.1 Systemschulung durch den Anbieter

Systemanbieter verstehen unter Schulungsmaßnahmen und Schulungszeiten meist nur das reine Erlernen der Systemhandhabung. Dieses ist, wie bereits erwähnt, beim heutigen Wissensstand um diese Technik zu wenig. Deshalb werden die übrigen Gesichtspunkte entweder vom Anbieter selbst durch mühsames Erarbeiten und Erfahrung sammeln berücksichtigt, wobei sich teilweise mehrere Unternehmen zu Interessentsgemeinschaften zusammenschliessen, oder man läßt sich diese Information von externen Unternehmensberatern vermitteln. Der erste Weg, nämlich sich völlig auf sich selbst gestellt die entsprechenden Erfahrungen anzueignen, ist für Klein- oder Mittelbetriebe aus praktischen Erwägungen kaum gangbar. Das Zusammenschließen zu Interessensgemeinschaften kann aus dem Gesichtspunkt der Konkurrenz wieder zu Konflikten führen. Externe Unternehmensberater haben das Problem, daß heutige CAD-Systeme in ihren Möglichkeiten und ihrer Funktionalität sehr unterschiedlich sind. Darauf müssen sich aber Konstruktionsstrategien, Systemintegration, Adaptierungen und organisatorische Maßnahmen abstützen. Ein einzelner Berater kann die Verschiedenartigkeit der Systeme kaum in dem Maße kennen, um eine wirklich effiziente Beratung und Lösungsvorschläge für spezielle Anwenderproblemstellungen in Verbindung mit bestimmten CAD-Systemen bieten zu können. So sind die meisten dieser auch heute noch recht spärlich vorhandenen Unternehmensberater auf ganz bestimmte Systeme fixiert. Dies kann aber auch nicht immer im Sinne des Anwenders sein.

Die Schlußfolgerung aus eben diesen Überlegungen ist, daß ein seriöser CAD-Anbieter versuchen muß, auch Schulungsmaßnahmen in diesen Bereichen selbst anzubieten. Selbstverständlich ist das auch für ihn mit einem entsprechend erhöhten Aufwand verbunden. Dies sollte auch der Kunde bei der Preisgestaltung solcher Schulungsmaßnahmen berücksichtigen. Auch höhere Kosten sind aus diesem Gesichtspunkt durch die wesentlich größere Effizienz des Systemeinsatzes durchaus gerechtfertigt. Der Schulungs- bzw. Beratungszeitraum wird sich in diesen Fällen auch mit Unterbrechungen über Monate manchmal sogar über Jahre hinziehen. Auf diese Probleme wird an späterer Stelle nochmals zurückgekommen.

Selbstverständlich richten sich nicht alle Schulungsmaßnahmen an den gleichen Personenkreis. Für den Konstrukteur, der unmittelbar seine Gedanken am Arbeitsplatz realisiert, ist vor allem die Systemhandhabung und das Erlernen neuer Strategien in der Vorgehensweise von Bedeutung. Die weiteren Informationen richten sich vor allem an den Systembetreuer, der die entsprechenden Koordinationsmaßnahmen durchzuführen hat.

Die meisten CAD-Anbieter haben Schulungszentren eingerichtet, in welchen in regelmäßigen Abständen Lehrgänge für Anfänger und Fortgeschrittene stattfinden. Diese Auftrennung in Anfänger und Fortgeschrittene ist deshalb notwendig, weil der Umfang der Funktionalität heutiger Systeme dermaßen groß ist, daß man ihn nicht auf einmal sinnvoll und zweckmäßig vermitteln kann. Es muß für den Anfänger nach dem ersten Kurs die Zeit bleiben, das vermittelte Wissen an der eigenen Anlage üben und praktisch einsetzen zu können. Mit diesem Wissensstand kann der zweite Kurs wesentlich effizienter gestaltet werden. Die Zeitdauer für einen einzelnen Kurs sollte eine Woche nicht überschreiten. Sonst wird die auf den Teilnehmer einstürmende Informationsmenge zu groß. Es müssen genügend Übungsmöglichkeiten für den einzelnen Teilnehmer vorhanden sein. Einem theoretischen Vortrag von etwa maximal drei Stunden muß wieder eine Übungsphase in etwa der gleichen Länge folgen. Auch für die Übungsphase muß eine entsprechende Anzahl von Betreuern vorhanden sein. Aus praktischen Gründen kann ein einzelner Betreuer maximal drei Kursteilnehmer an benachbarten Arbeitsstationen überblicken und betreuen.

Diese Schulungsmaßnahmen müssen durch entsprechende Unterlagen unterstützt werden. Bei komplexen Systemen sollte man zwischen Schulungsunterlagen und Nachschlagewerken für den Geübten unterscheiden. Der Aufbau solcher Handbücher ist grundsätzlich verschieden. Der erstere dient zum Aneignen von Wissen, der zweite zum gezielten Auffinden von Funktionen, die kurzfristig in Vergessenheit geraten sind. Schulungsunterlagen müssen stets mit einer entsprechenden Anzahl von ausgewählten, pädagogischen und didaktisch richtigen Beispielen durchsetzt sein. Außerdem ist es in diesen Fällen von besonderer Bedeutung, daß sie in der Muttersprache des Anwenders gehalten sind. Reine Nachschlagewerke können auch in Fremdsprachen, z. B. in Englisch, gehalten sein.

Auch dem anwendergerechten Zusammenfassen verschiedener Funktionen und der Strukturierung der Information in den einzelnen Schulungshandbüchern soll besondere Beachtung geschenkt werden. Die Information ist meist derart groß, daß sich dem Anfänger eine nicht unbeträchtliche Anzahl von mehr oder weniger starken Schulungsbänden entgegenstellt. Er muß sich auch in dieser Menge leicht und einfach zurechtfinden können.

Neben den Kursen für Anfänger und Fortgeschrittene sollte es solche für die spezielle Problematik des Systembetreuers geben. Wie bereits an anderer Stelle erwähnt, soll dies kein EDV- Experte sein, sondern ebenfalls aus dem Anwenderbereich kommen. Er muß nur den entsprechenden Zeitrahmen zur Verfügung gestellt bekommen, um seine Betreuerfunktionen innerhalb der Abteilung wahrnehmen zu können. Deshalb muß dieser Personenkreis einerseits mehr in den Problemkreis der allgemeinen Datenverarbeitung eingeführt werden, andererseits auch die Hintergründe des CAD-Systems tiefer verstehen. Zum ersten Punkt zählen Ausbildung auf dem Gebiet des Betriebssystems, der Anwendung von Compilern, Benutzung von Datenbanken, Organisation von Dateien und ähnliches mehr.

Zum zweiten Punkt zählen die Möglichkeiten der speziellen Adaptierung des CAD-Systems, Anpassung von Codedateien, die das optische Aussehen der Graphik beeinflussen, Bereitstellung spezieller Menüs, anwendergerechte Benutzerführung, sowie Erfüllung ähnlicher Aufgabenstellungen. Zum besseren Verständnis und zur leichteren Erfüllung dieser Aufgabe ist auch eine gewisse Vermittlung des internen Systemaufbaues und der Philosophie der programmtechnischen Realisierung der Anwenderfunktionen notwendig.

In weiteren Kursen muß Wissen über spezielle Aufgabenbereiche des Konstruktionssystems vermittelt werden. Dazu zählt etwa das Arbeiten mit Stücklistengeneratoren, die Benutzung spezieller Schnittstellen zu Kontroll- oder Entwurfsrechensystemen, die Handhabung von CAM-Kopplungen, der Aufbau und die Verwaltung von Zeichnungsarchiven und ähnliches mehr. Hierbei muß der Anwender auch auf organisatorische Problemstellungen aufmerksam gemacht werden und Lösungsvorschläge angeboten bekommen.

Selbst in technisch bestens ausgestatteten Schulungszentren, bei Verwendung optimaler Arbeitsunterlagen und mit entsprechend didaktisch ausgebildetem Schulungspersonal ist es praktisch unmöglich, die Systemhandhabung dem Anwender vertraut zu machen. Die Entwicklung neuer Konstruktionsstrategien kann nur sehr allgemein behandelt werden. Auf spezielle Anwenderbedürfnisse ist es praktisch nicht möglich einzugehen. Dies liegt einerseits daran, daß sehr unterschiedliche Teilnehmer in den gleichen Kursen geschult werden, andererseits aber auch an der Tatsache, daß das Schulungspersonal betriebsbetreuerisch selbst nur theoretisch ausgebildet sein kann. Die praktische Erfahrung des Personals auf diesem Gebiet geht verloren, weil es ausschließlich zu Schulungsaufgaben herangezogen wird. Damit ist aber ein heute sehr wesentlicher Punkt einer optimalen Schulung meiner Meinung nach nicht erfüllt.

Deshalb hatte ich versucht, bei der Leitung der Tochterfirma eines namhaften CAD-Anbieters in Österreich andere Wege zu gehen. Meine Mitarbeiter wurden projektorientiert eingesetzt. Dies bedeutet, daß sie einen Intcressenten von Anbeginn betreuen mußten. Die entsprechenden Demovorbereitungen für einen bestimmten Interessenten wurden vom gleichen Mitarbeiter durchgeführt, der, wenn es zu einem Vertragsabschluß kam, auch die softwaremäßige Installation und die entsprechende Schulung durchführt. Auch die Installation neuer Versionen und die anschließende Betreuung des laufenden Betriebes wurden, soweit dies zeitlich irgend möglich war, vom selben Mitarbeiter durchgeführt. Dies hatte für den Anwender den Vorteil, stets einen bestimmten Gesprächspartner zur Verfügung zu haben, der auch die Anwenderproblematik gut kannte. Durch die Vorbereitung der Workshops in der Auswahlphase konnte der Mitarbeiter bereits bei der Schulung sehr gezielt auf die entsprechende Problemstellung des Anwenders Rücksicht nehmen. Es wurde auch, wenn irgendwie möglich, versucht, für die Mannschaft eines bestimmten Anwenders einen eigenen Schulungstermin zu organisieren.

Durch die entsprechend unterschiedliche Tätigkeit der einzelnen Mitarbeiter, die in den verschiedensten Bereichen eingesetzt wurden, wuchs auch ihre betriebsbezogene Erfahrung. Dadurch war es möglich, sie auch mit entsprechender Effizienz auf dem Gebiet der Betriebsbetreuung einzusetzen. Somit konnten auch firmenspezifische Konstruktionsstrategien gemeinsam mit dem Anwender entwickelt werden.

Selbstverständlich erfordert diese Vorgangsweise einen hohen Aufwand bei der Ausbildung der Mitarbeiter des CAD-Anbieters, sowie ein hohes Maß an deren Qualifikation. Dies muß sich an irgend einer Stelle auch auf die Kosten solcher Schulungsmaßnahmen auswirken, die letztlich vom Anwender zu tragen sind. Beim Vergleich von Schulungskosten, sollten aber eben nicht nur die entsprechenden Zeiträume herangezogen werden, sondern auch die Effizienz der Maßnahmen beurteilt werden. Ich glaube, daß sich höhere Schulungskosten durchaus wirtschaftlich vertreten lassen, wenn sie die entsprechend breite Betreuung in allen zu anfangs aufgezeigten Gebieten bieten kann.

Abschließend noch einige Worte zu den sogenannten selbsterklärenden Systemen. Darunter versteht man den Versuch zumeist kleinerer und billigerer CAD-Systeme, auf Schulungsmaßnahmen gänzlich zu verzichten. Schulungskosten sind letztlich auch für den Anbieter Personalkosten und diese können nicht oder nur in sehr beschränktem Umfang rationalisiert werden. Eine Verbilligung auf diesem Gebiet ist also nur durch andere Maßnahmen durchführbar. Dazu zählen ins Programmsystem eingebaute Erklärungsfunktionen, die an entsprechender Stelle aufgerufen werden können. Man spricht in diesem Zusammenhang vielfach von „Help"-Funktionen. Im Grunde stellt diese Vorgangsweise ein auf den Rechner gebrachtes Handbuch dar. Die einzelnen Kapitel oder Abschnitte können rechnerunterstützt ausgewählt werden. Es ist klar, daß damit nur die reinen Handhabungsmöglichkeiten des Systems erläutert werden können. Darüber hinausgehende, benutzerspezifische Problemstellungen können auf diese Weise nicht erläutert und aufgezeigt werden. Ein weiterer Nachteil ist, daß in solche Programmfunktionen meist nur schwierig ein didaktischer richtiger Lernaufbau vermittelt werden kann. Es stellt eher ein Nachschlagewerk dar. Für den geübten Menschen können solche Funktionen, wenn sie nicht vollständig ausschaltbar sind, sogar zu einem unnötigen Aufwand führen. Selbst bei der Möglichkeit des Ausschaltens können solche Funktionen unnötige Last auf den Rechner bringen, obwohl sie gar nicht aktiviert werden. Gerade bei kleinen Systemen auf kleinen Rechenanlagen kann dies aber wieder zu Problemen bei der Antwortzeit führen. Man müßte also in solchen Fällen zwei Versionen des gleichen Programmsystems anbieten, eine Lern- und eine echte Arbeitsversion. Dies wird aber meines Wissens nach in der Praxis nie auf diese Weise gehandhabt. Auch zeigt die Praxis, daß mit solchen selbsterklärenden Funktionen meist auch nur Leute zurande kommen, die schon gewisse Grundkenntnisse in der elektronischen Datenverarbeitung oder auf dem Gebiet des rechnergestützten Konstruierens besitzen. Vollständige Anfänger scheitern vielfach an sehr einfachen Handhabungen, die aus solchen Erklärungen einfach nicht abzuleiten sind. Hier kann ein Betreuer die entsprechend falschen Bedienungen wesentlich leichter und rascher aufzeigen.

Ich persönlich bin der Ansicht, daß eine gute pädagogische Schulung mit entsprechenden Unterlagen in Papierform immer noch effizienter ist als der Versuch, auch das Lehren dem Rechner zu überlassen. Es sollte dabei auch nicht vergessen werden, das ein entsprechend längerer Zeitaufwand durch den Anwender selbst ja ebenfalls größere Unkosten verursacht. Auch diese sollten beim Wirtschaftlichkeitsvergleich in Rechnung gestellt werden.

8.2 Innerbetriebliche Schulungsmaßnahmen

Innerbetriebliche Schulungsmaßnahmen sind aus mehreren Gründen notwendig. Sie müssen vom Systembetreuer geplant, koordiniert und zum Teil selbst durchgeführt werden.

Nicht jeder Mitarbeiter kann eine Schulung vom Systemanbieter erhalten. Dies gilt vor allem für einen Personenkreis, der erst einige Zeit nach der Systemeinführung mit der rechnerunterstützten Konstruktionstruppe zusammenarbeiten soll. Im Rahmen des eigenen Betriebes können solche Mitarbeiter nicht nur eine allgemeine Grundschulung erhalten, sondern auch in Richtung der speziellen Firmenadaptierungen und Erfordernisse hin ausgebildet werden. Damit können solche Personen wesentlich rascher in den Konstruktionsprozeß eingegliedert werden, als es in der Einführungsphase der Fall sein kann. Art, Umfang und Koordination der Schulungsmaßnahmen sollte der verantwortliche Systembetreuer durchführen. So ist gewährleistet, daß jemand den aktuellen Ausbildungsstand der einzelnen Mitarbeiter kennt. Dies ist aus organisatorischen Gründen, wie sich stets zeigt, durchaus von Bedeutung.

Die Installation von neuen Programmversionen durch den Anbieter bedeutet in der Regel auch eine erhöhte und erweiterte Funktionalität des Konstruktionssystems. Der Systembetreuer sollte vom

Anbieter her über die neuen Möglichkeiten geschult und ausgebildet werden. Dies ist in der Regel wesentlich einfacher, als ein Grundkurs oder Fortgeschrittenen-Lehrgang. Der Anwender selbst hat dann zu diesem Zeitpunkt bereits so viel Erfahrung gesammelt, daß er mit der grundsätzlichen Philosophie des Systems vertraut ist und die rechnerunterstützte Arbeitsweise in sich aufgenommen hat. Dadurch gestaltet sich das Erfassen der neuen Möglichkeiten sehr einfach und problemlos. Der Systembetreuer sollte aber nun entscheiden, welche dieser Funktionen tatsächlich für den eigenen Anwendungsfall von Bedeutung sind. Diese kann er nun entweder direkt oder in bereits von ihm angepaßter und adaptierter Form an seine Mitarbeiter weitergeben. In der Regel nicht sinnvoll ist es, alle Mitarbeiter eines Unternehmens nach der Installation einer neuen Programmversion zu einer Anbieterschulung zu entsenden. Auf die vorher beschriebene Art ist der Nutzen und die Effizienz des Vorgehens auch für den Anwender wesentlich größer.

Weitere innerbetriebliche Schulungsmaßnahmen müssen auch dann gesetzt werden, wenn der Systembetreuer, unterstützt durch seine Mitarbeiter, betriebsspezifische Anpassungarbeiten in größerem Maße durchführt. Dazu kann zum Beispiel der Erstellung spezieller Menüs mit angepaßten Benutzerführungen gehören. Auch die Erweiterung der Funktionalität des Gesamtsystems durch Integration weiterer Bausteine ist hier hinzuzuzählen. Ein weiterer wesentlicher Punkt sind das Festlegen und Bereitstellen gewisser Organisationsformen für den praktischen Ablauf des CAD-Einsatzes. Über all solche Maßnahmen müssen die Mitarbeiter entsprechend geschult und aufgeklärt werden. Dabei ist vor allem auf die praktische Anwendung und Sinnhaftigkeit solcher Maßnahmen hinzuweisen. Der Systembetreuer sollte für solche Aufgaben auch didaktisch entsprechend gerüstet sein.

Zu solch innerbetrieblichen Schulungen müssen auch die entsprechenden Unterlagen angefertigt und ausgearbeitet werden. Spezialmenüs und Sonderfunktionen etwa müssen in der gleichen Art und Weise dokumentiert sein, wie dies für die Standardapplikation vom Anwender her gilt. Man benötigt also einerseits entsprechende Schulungsunterlagen, andererseits aber auch zusammengefaßte und geraffte Nachschlagewerke. Der Umfang solch notwendiger Dokumentationen hängt naturgemäß stark von den durchgeführten Adaptionen innerhalb des Betriebes ab. Es gibt etwa Anwender, die die vom Anbieter gelieferten Standardmenüs nur geringfügig modifizieren, andere hingegen arbeiten wieder ausschließlich mit eigenen vollständig angepaßten Menüs. Im letzteren Fall sind Beschreibung und Dokumentation in erhöhtem Umfang notwendig.

Bei größeren Unternehmungen ist auch zu unterscheiden, ob gewisse Adaptierungen nicht nur firmen-, sondern auch abteilungsspezifisch sind. Dann müssen Schulungsmaßnahmen entsprechend aufgeteilt werden. Einerseits sind gewisse Bereiche für alle Abteilungen von Bedeutung. Andere Bereiche sind wieder rein abteilungsspezifisch. Schulungen und Unterlagen müssen dann dergestalt strukturiert und aufgebaut werden, daß sie diesen Gesichtpunkten vollständig genügen. Eine vernünftige Koordination kann in diesen Fällen wieder ausschließlich durch den Systembetreuer durchgeführt werden.

Im weitesten Sinne zählt zu den Schulungsmaßnahmen auch der innerbetriebliche Erfahrungsaustausch. Verbesserungen im Rahmen von Adaptierungen oder organisatorischen Maßnahmen sollten ja nicht nur vom Systembetreuer „von oben herab" angeregt und durchgeführt werden. Viele Verbesserungen ergeben sich einfach aus der praktischen Handhabung bzw. den Anforderungen an sie. Diese Information sollte in möglichst effizienter Weise wieder an den Systenbetreuer zurückfließen. Es ist daher ein möglichst reger Austausch an Erfahrung innerhalb der Mitarbeiter einzelner Abteilungen sowie über diese hinweg koordiniert durch den Systembetreuer anzustreben. Solche Zusammenkünfte der Anwender sollten innerbetrieblich durchaus regelmäßig stattfinden. In ihnen sollte in gezielter Form, geleitet vom Systembetreuer, ein effizienter Meinungsaustausch mit den entsprechenden Anregungen stattfinden. Für den Systembetreuer selbst bedeutet dies durchaus auch Vorbereitungarbeit und Talent in der Leitung solch fachspezifischer Diskussionen. Die durch die Zusammenkunft der Mitarbeiter für die eigentliche Arbeit verlorengegangene Zeit soll ja möglichst nutzbringend verwendet werden. Nur wenn in Summe durch solche Meetings entsprechende Verbesserungen und damit Beschleunigungen des gesamten Arbeitsprozesses erzielt werden können, sind sie ja letztlich gerechtfertigt. In den meisten mir bekannten Fällen hat sich ein solcher innerbetrieblicher Erfahrungsaustausch jedoch immer wesentlich gelohnt. Der Systembetreuer selbst sollte die Kontaktperson einerseits zum Anbieter andererseits zum Unternehmensberater sein, wenn dieser mit ersterem nicht identisch ist. Die Aufgaben des Systembetreuers sind also sehr vielschichtig und deren entsprechende Erfüllung tragen mit Sicherheit in hohem Maße zum Gelingen des Einsatzes von CAD im Betrieb bei.

8.3 Allgemeine CAD-Schulung an öffentlichen Lehranstalten

Unter dem Begriff „öffentliche Lehranstalten" sollen in diesem Zusammenhang vor allem die Technischen Universitäten und Fachhochschulen verstanden werden. Derzeit gibt es im deutschen Sprachraum an solchen Lehranstalten praktisch keine auf breiterer Basis stehende Informations- und Lehrtätigkeit. Nur in einigen Spezialvorlesungen wird auf die Bedeutung und Funktionalität der Datenverarbeitung im technischen Ingenieurbereich hingewiesen. Deshalb sollen die folgenden Aussagen auch in erster Linie als Anregungen, Hinweise und das Wecken des Verständnisses für die Probleme solcher Ausbildungsstätten dienen. Ich selbst kenne die Problematik aus eigener Erfahrung, da ich im Zuge meiner langjährigen Forschungstätigkeit auf dem Gebiet des CAD an der Technischen Universität Wien als Dozent auf diesem Gebiet ebenfalls Spezialvorlesungen halte. Ich versuche, in diese nicht nur meine wissenschaftlichen Erkenntnisse, sondern auch die Erfahrungen, die ich in der Praxis sowohl als Anbieter als auch Betreuer von CAD-Anwendern gesammelt habe, einzubringen.

Der eigentliche Schwerpunkt der Wissensvermittlung für öffentliche Lehranstalten darf weniger in der Handhabung verschiedener CAD-Systeme liegen, sondern muß sich auf den übrigen Gebieten die in Abschnitt 8.1 ausführlich dargelegt wurden, bewegen. Dies sind vor allem die Methoden bei der Entwicklung anwenderspezifischer Strategien beim Konstruieren, das Lösen von organisatorischen Problemen die im Zuge des CAD-Einsatzes auftreten, sowie die Entwicklung benutzerspezifischer Anpassungen und deren Integration in das Gesamtsystem.

Die Schwierigkeit liegt darin, daß es heute hinsichtlich der letztgenannten Punkte nur wenig praktische Industrieerfahrung gibt und diese auch nicht immer im geeigneten Maße veröffentlicht und den entsprechenden Anstalten zur Verfügung gestellt wird. Selbstverständlich ist auch das Personal heute noch nicht in dem Umfang vorhanden, das auf eigene Erfahrung aufbauende Wissen vermitteln kann. So beschränkt man sich vielfach darauf, am Beispiel eines einzigen bisweilen auch mehrerer CAD-Systeme die Handhabungsmöglichkeiten aufzuzeigen. Dabei wird auf den einen oder anderen Unterschied zwischen den Systemen hingewiesen, die für manche Anwendungsgebiete von Bedeutung sein können. Dennoch kann diese Schulung nicht das eigentliche Ziel einer öffentlichen Lehranstalt sein. Zu unterschiedlich in Funktionalität sind heute noch die einzelnen Systeme. Eine öffentliche Schule hingegen muß sich an einem gewissen allgemeinen Standard orientieren. Selbstverständlich wird man auch in Zukunft nicht ganz umhin können, an Hand spezieller Systeme gewisse Dinge lehren und aufzeigen zu müssen. Allerdings wurde bereits mehrfach darauf hingewiesen, daß im Zuge der Weiterentwicklung der Systeme eine gewisse Annäherung von Funktionen eintreten wird, einfach aus dem Grund ihrer praktischen Bedeutung im Einsatz. So kann davon ausgegangen werden, daß in einigen Jahren, wenn der CAD-Einsatz tatsächlich voll zum Durchschlagen gekommen ist, eine solche Annährung eingetreten sein wird und einer Ausbildung an öffentlichen Schulen auf breiterer Basis kein Hindernis mehr entgegen stehen wird.

Schwieriger ist das Zusammentragen der entsprechenden Erfahrungen bzw. das Prüfen der Praxisgerechtheit verschiedener Methoden bei der Entwicklung von Strategien und Organisationsformen. Eine Universität tut sich hier insoferne leichter, da sie nicht in einem solch strengen Maße an vorgeschriebene Lehrpläne bzw. Lehrmeinungen gebunden ist wie etwa Fachhochschulen. Das Problem der heutigen Universitätsinstitute, die CAD in ihrem Lehrplan aufgenommen haben, besteht vor allem darin, daß sie an wissenschaftlicher Grundlagenforschung und Entwicklung spezieller Systeme oder Systemfunktionen beteiligt sind. So ist ihr Schwerpunkt meist mehr auf die Programmtechnik als auf die strukturellen Anwenderprobleme ausgerichtet. Natürlich sollte der eine Gesichtspunkt den anderen nicht vollständig verdrängen. Ich möchte hier nicht neuen Instituten ins Wort reden, die sich ausschließlich mit Arbeitsorganisation und Konstruktionsmethodik befassen, sondern bin durchaus der Meinung, daß eine Integration aller Gesichtspunkte auf entsprechender Ebene zur besten Lösung führt. Naturgemäß müssen für solche Aufgaben auch Leute gewonnen werden, die neben den systemtechnischen Hintergründen auch die entsprechenden Erfahrungen aus Tätigkeiten entweder direkt beim Anwender oder durch Anwenderbetreuung oder bisweilen auch beim Systemanbieter besitzen. Durch die Neuheit der Technologie und dem Expansionsbestreben sind naturgemäß solche Persönlichkeiten auch in der Industrie in sehr hohem Maße gefragt.

Aus diesen Gründen wird wohl eine wirklich praxisgerechte Ausbildung auf der CAD-Seite selbst an Universitäten erst in einiger Zeit möglich sein. Dies soll natürlich keineswegs die Bemühungen abhalten, einzelne Konstruktionstätigkeiten bereits heute auf speziellen CAD-Systemen im universitären Bereich durchführen zu lassen. Auch mag die Problematik in den verschiedenen Fachgebieten durchaus unterschiedlich zu beurteilen sein. Meine Aussagen beziehen sich vor allem auf die mechanische Konstruktion. Auf den Gebieten Leiterplattenentflechtung, Schematakonstruktion, wie Stromlaufpläne oder Hydraulikpläne, ist bereits heute eine gewisse Annäherung der einzelnen Systeme hinsichtlich Funktionalität und Möglichkeiten gegeben. Damit wird auch die Ausbildung auf diesen Teilgebieten wesentlich einfacher.

Die Universität hat natürlich nicht nur die Aufgabe, den Konstrukteur, sondern vor allem auch den Systembetreuer, dem, wie aus dem bisher Gesagten bereits hervorgeht, ein hohes Maß an Verantwortung beim praktischen Einsatz zukommt, entsprechend auf seine zukünftige Tätigkeit vorzubereiten und auszubilden. Dies bedeutet aber, noch mehr Schwerpunkt auf Konstruktionsmethodik und Organisation zu legen. Auch die Managementfunktionen sollen dabei nicht außer acht gelassen werden.

An Fachhochschulen wird man vermutlich kurzfristig nur prinzipielle Handhabung von CAD-Systemen, aus Kostengründen meist auch auf kleinen einfachen Systemen, etwa auf Microprozessorbasis, aufzeigen können. Damit entsteht naturgemäß das Problem, das die eigentlichen systemtechnischen Möglichkeiten zu kurz kommen und beim Schüler der Eindruck entstehen könnte, CAD sei nichts anderes als ein modernes Zeichenmedium zum rascheren Generieren von Linien. Genau dieser Auffassung entscheidend entgegenzutreten, war aber auch meine Absicht, die diesem Buch zu Grunde liegt. Das Aufstellen eines entsprechend allgemein gültigen Lehrplanes, um die eigentlichen Schwerpunkte der CAD-Ausbildung vermitteln zu können, ist zum heutigen Zeitpunkt auf Grund relativ geringer Erfahrung auf diesem Gebiet nur schwer möglich. Wahrscheinlich muß noch einige Zeit auf die Reaktion der Industrie und die Erfahrung der Universitäten gewartet werden, um ein solches Unterfangen erfolgreich abschließen zu können.

Für die Industrie bedeutet dies aber umgekehrt, daß sie noch einige Zeit auf sehr umfangreiche Schulungen des CAD-Anbieters angewiesen ist oder sich an einen der heute allerdings ebenfalls nicht in großer Anzahl vorhandenen seriösen CAD-Unternehmensberater wenden muß.

9. Fachwort- und Begriffslexikon

Alphanumerischer Bildschirm: Bildschirm (Elektronenstrahlröhre), der nur bestimmte Zeichen zeilenweise darstellen kann. Meist sind dies Buchstaben, Ziffern und Sonderzeichen der Druckschrift.

APT: APT ist eine genormte Werkstückbeschreibungs- Sprache für Fertigungs-Daten. Es existieren eine Reihe von „Dialekten" (Abarten) so z. B. EUROAPT, EXAPT, MINIAPT, TELEAPT, TCAPT

ASCII-Code: Genormter Zeichensatz (Schriftzeichen, Sonderzeichen, etc.)-jedem Zeichen wird eine bestimmte Bit-Folge zugeordnet.

Assembler: Teilweise maschinenabhängige Programmiersprache – da sie der computermäßigen Arbeitsweise entgegenkommt, bietet sie viele Möglichkeiten, ist aber für den Anwender schwierig zu programmieren.

Asynchrone Datenübertragung: Die Übertragung von Zeichenketten wird durch spezielle Start- und Stopsignale gesteuert. Die Daten werden in unregelmäßiger Folge in verschiedenen Zeitintervallen übertragen. Die meisten Peripheriegeräte besitzen standardmäßig ein asynchrones Interface (Schnittstelle).

Band: Massenspeicher in Form eines Magnetbandes. Kann auch bei mehreren Spuren nur in einer Dimension gelesen werden, daher kein direkter Datenzugriff möglich.

Batch-Betrieb: Ein Programm (besser Job) wird in einem Zug exekutiert, alle notwendigen Informationen müssen vor dem Programmlauf bereitgestellt werden.

Baud-Rate: Maß für die Übertragungsgeschwindigkeit von Daten in Leitungen zwischen einzelnen Geräten.

Bibliothek: Spezielle Organisation einer größeren Anzahl von Programmen, Datenblocks, etc., die sich für die computermäßige Verarbeitung eignet – wird auf Massenspeicher abgelegt.

Bildschirmmenüs: Abrufbare Funktionsfelder am Bildschirm.

Binär-Programm: In Maschinensprache vorliegendes Programm.

Bit: Kleinste zu übertragende Einheit – kann nur 0 oder 1 (Signal nicht oder gesetzt) sein.

Boolesche Operation / Verknüpfung: Logische Verknüpfung, hier angewandt auf die Operationen dreidimensionaler Gebilde.

BPI: Schreibdichte auf Magnetbändern (Bytes je Zoll(inch)).

Busineß-Graphik: Graphische-Diagramm-Darstellung (Balken, Kurven, Kreissegmente) für den kommerziellen Bereich.

Byte: Einheit, der ein Zeichen (in einem bestimmten Code) zugeordnet werden kann. Ein Byte besteht im allgemeinen aus 8 Bits.

CAD: CAD – Computer – Aided – Design – Rechnergestützter Entwurf bzw. rechnergestützte Konstruktion.

CAE: CAE – Computer – Aided – Engineering – Computer-Einsatz im Berechnungs- und Konstruktionsbereich.

CAI: CAI – Computer – Aided – Integration – Integration im computerunterstützten Bereich

CAM: CAM – Computer – Aided – Manufacturing – Rechnergesteuerte Fertigung.

CAS: CAS – Computer – Aided – Simulation – Computerunterstützte Bewegungs-Simulation

CAT: CAT – Computer – Aided – Testing – Computerunterstütztes Testen

Characters: Text-Zeichen.

Chip: Physikalische Microprozessor – Einheit

Clipping: Auf der Zeichenfläche wird ein Ausschnitt festgelegt. Alle Linien, die darüber hinausgehen, werden abgeschnitten und nicht mehr dargestellt.

CL – Data – File: Genormte Datei, die fertigungs-maschinenunabhängige Werkstückbeschreibungs-Daten enthält.

Compiler: Systemprogramm, welches ein Quellenprogramm einliest, in den Maschinencode übersetzt und diesen ausgibt.

CORE: Amerikanischer Graphik-Standard

CPU: Central Processing Unit – Zentrale Recheneinheit des Computers.

Cursor: Marke am Bildschirm (Fadenkreuz, Pfeil, etc.), die mit einem Lokalisierer (Joystick, Rollkugel) verschoben und positioniert werden kann (Läufer).

Datenbank: Auf einer Platte verspeicherte, in bestimmter Form organisierte Datenblöcke, die nach verschiedenen Kriterien angesprochen werden können.

Dezentralisierung: Verschiedene Teile eines Programmsystems laufen auf verschiedenen Recheneinheiten (oder Rechenanlagen). Bestimmte Funktionen können in speziellen Geräten auch firmwaremäßig (Programme in ROM's) realisiert werden.

Digitalisierbrett: Dient gemeinsam mit dem Digitalisierstift zur Aufnahme genormter Daten von in Papierform vorliegenden Grafiken.

Digitalisierstift: Stiftförmiges Eingabegerät in Zusammenhang mit dem graphischen Tablett.

Direkt-Zugriff-File Direct Acess File – Datei, die so organisiert ist, daß eine bestimmte Zeile (Record) direkt angesprochen werden kann.

Diskette: Kleiner Massenspeicher in Form einer Mini-Platte. Funktionsweise ähnlich der Magnetplatte.

Distributed Processing: In einzelne Arbeitsstationen werden Micro-Prozessoren eingebaut – auf diesen kleinen Rechnern laufen einzelne Bausteine des Gesamtsystems. Daten werden mit weiteren Computeranlagen, auf denen andere Systemteile installiert sind, ausgetauscht. So wird die Rechnerleistung auf verschiedenste Anlagenteile aufgeteilt.

DNC: Direktes Ansteuern von Fertigungsmaschinen durch zentrale Rechner über Rechnerleitungen (ohne Verwendung von Lochstreifen).

Drafting-System Reines Grafik-Erstellungs(Linien-Manipulations-)system.

Drahtgitterdarstellung: Räumliche Gebilde werden nur durch ihre Kanten (Drahtgitter) dargestellt.

Driver: Siehe Treiber.

Drucker: Standardzeichenausgabegerät für archivierbare Unterlagen.

Dynamisches Tracking: Ein graphisches Gebilde („Symbol", Bauteil, etc.) kann an das Fadenkreuz „gehängt" und mittels des Steuerknüppels in Echtzeit über den Bildschirm bewegt werden.

Fadenkreuzlupe: Lupenförmiges Zusatzgerät zur punktweisen Eingabe am graphischen Tablett („Digitalisieren"). In die Lupe ist ein Fadenkreuz zur genauen Punktpositionierung eingesetzt.

File: Eine Einheit von zusammengehörigen Informationen, die auf einem Massenspeicher abgelegt werden (Datei).

Finite Elemente: Festigkeitsberechnungs-Verfahren – beruht auf der Annäherung eines Gebildes durch eine Vielzahl gleichgestalteter kleiner Elemente.

Firmware: Systemprogramme, die von der Rechenanlage in spezieller Weise (ROM's) verarbeitet werden.

Flags: „Fahne" (Marke), die als Eigenschaft einem Element zugeorndet werden kann.

Gebundenes Programm: Aus dem Binärprogramm, den Bibliotheken und Systemroutinen wird unter Berücksichtigung eventueller Segmentieranweisungen ein gebundenes Programm erzeugt, welches die aktuellen Speicheradressen des Rechners enthält.

GKS: Graphisches Kernsystem – ein nach DIN und ISO genormtes graphisches Basissystem.

Graphische Datenbank: Enthält die zur Geometriebeschreibung notwendigen Daten in numerischer Form.

Graphischer Bildschirm: Bildschirm (Elektronenstrahlröhre), der weitgehend frei positionierbare Vektoren darstellen kann. Dadurch können programmäßig beliebige Graphiken aufgebaut werden.

Graphischer Cursor: Optische Marke, die über den Bildschirm bewegt werden kann. Er dient zur graphischen Eingabe von Punkten und Identifizierung von Elementen am Schirm.

Graphisches Primitiv: Fest definiertes Symbol – benötigt sehr wenig Speicherplatz.

Graphisches Tablett: Spezielles Gerät zur punktweisen Eingabe, bestehend aus einer zeichenbrettähnlichen Fläche und einem Stift oder einer Fadenkreuzlupe, die von Hand aus positioniert werden kann.

Handling: Handhabung.

Hardware: Darunter werden vor allem die Geräte verstanden

Hard-Copy: Bleibendes Dokument einer Graphik oder eines Textes – meist durch Rasterverfahren erzeugt (im Gegensatz zum geplotteten Bild).

Hidden-Line: Englischer Ausdruck für die Sichtbarkeitskontrolle von räumlichen Gebilden (Bestimmung der unsichtbaren Linien).

Host-Computer: Zentralrechner auf höherer Ebene im Rechnerverbund.

Hybridsystem: Rechner-Verbund, bestehend aus Analog- und Digitalrechner.

IGES: Internationaler Graphik-Standard

Integriertes Gesamtsystem: Das bausteinartig aufgebaute „Ingenieur" – Gesamtsystem.

Intelligentes Terminal: Terminal mit eigenen Funktionen (meist durch Mikroprozessoren realisiert), die aber nicht frei programmierbar sind.

Intelligenter Satellit: Kleiner Rechner oder Terminal mit eingebautem eigenen Rechner (Mikroprozessor), der frei programmierbar ist.

Interaktive Arbeitsweise: Ein gestartetes Programm liefert während der Exekution sofort die Ergebnisse an der entsprechenden Stelle auf das Ausgabegerät (meist Bildschirmterminal), wartet auf Benutzereingabe, rechnet weiter, u.s.f. Ein- und Ausgaben können alphanumerisch oder graphisch sein. Man spricht auch von dialogmäßigem Arbeiten.

Interface: Schnittstelle zwischen Peripheriegerät, Leitung und weiterem Gerät (z. B. Rechner). Ein Mikroprozessor paßt meist die Datenübertragung entsprechend an. Von Bedeutung sind die genormte V24/RS232 C Schnittstelle (meist größere Computer) sowie im Bereich der Mikroprozessoren (auch Prozeßrechner) der IEC (IEFF) Bus, an den mehrere Geräte angeschlossen werden können.

Iteratives Verfahren: Lösungsverfahren, welches sich schrittweise der genauen Lösung nähert.

Joystick: Steuerknüppel zur Cursorpositionierung.

Kassette: Kleiner Massenspeicher in Form einer Tonbandkassette – Funktionsweise ähnlich Band.

Kinematik: Bewegungslehre.

Kopplungsbaustein: Verbindungsbaustein zwischen Konstruktions- und Fertigungs-System.

Korrelative Struktur: Datenstruktur, die nach verbindenden Eigenschaften ausgewertet werden kann.

Laserdrucker: Ein spezielles Ausgabegerät für Text (meist auch Grafik) auf Papier, das die Schwärzung mittels Laser- Strahl-Technik durchführt.

Laser-Technik: Verwendung von Laserstrahlen meist zur Papierschwärzung.

Layer – Technik / Layers: „Folien-Technik" – einzelne Zeichnungsteile werden auf „Folien" (Ebenen) abgelegt, die beliebig optisch ein- und ausgeschaltet werden können.

Lichtgriffel: Gerät zur Identifizierung („Picken") graphischer Segmente auf Vektor-Refresh-Bildschirmen.

Lochstreifen: Datenträger, der Information durch Loch-Codes auf einem Papierstreifen speichert.

Lokalisierer: Locator – Punktweise orientiertes, graphisches Eingabegerät.

Lokale Intelligenz: Ein Peripherie-Gerät kann einzelne programmtechnisch realisierte Funktionen selbst (ohne Zentralrechner) ausführen. Meist ist zu diesem Zweck ein Microprozessor in das Gerät eingebaut.

Macro – Technik / Macros: Spezielle „Unterprogramm" – Technik für interpretative Kommando – Sprachen.

Mannjahre: Einheit für den Arbeitsaufwand, den ein Mann in einem Jahr bewältigt.

Massenspeicher: Magnetisierte Schicht auf einem Träger (Platte, Band, etc.), die Informationen längerfristig abspeichern kann.

Mega-Byte: 1 Million Bytes

Memory: Rechnerinterne, schnell ansprechbare Speichereinheit.

Menü: Vorgegebene Funktionen werden meist graphisch durch

Symbole oder Kästchen repräsentiert. Durch Angabe des Symbols wird die Funktion aktiviert.

Meta-File: Datei, die graphische Daten in standardisierter Form beschrieben enthält.

Methodenbank: Programmbibliothek – in ihr sind Methoden (Verfahren) zur Lösung bestimmter Problemstellungen softwaremäßig realisiert.

Methodenkatalog: Enthält Beschreibungen von Methoden in methodischer, klassifizierter Form.

Methodisches Konstruieren: Methodisch, wissenschaftlich aufgebaute Konstruktionslehre.

Microprozessoren: Die zentrale Recheneinheit (CPU) der Anlage wird in Form eines speziellen Halbleiters („Chips") hergestellt.

Modem: Gerät zum Modulieren und Demodulieren von Signalen, die von Rechnern zu Peripheriegeräten gesandt oder zwischen letztgenannten ausgetauscht werden. Ab einer gewissen Entfernung (meist einige Meter, hängt von der speziellen Schnittstellenform ab), können die Signale ohne Modulation nicht mehr fehlerfrei übertragen werden. Mittels zweier Modems an beiden Leitungsenden können aber auch Telefonleitungen, Richtfunkstrecken, Glasfaserleitungen, etc. zur Datenübertragung verwendet werden.

Multi-User-Betrieb: Mehrere Benutzer arbeiten, ohne einander direkt zu beeinflussen, an der gleichen Rechenanlage im Dialog-Betrieb.

Myps: Anzahl von Millionen-Instruktionen pro Sekunde.

NC-Numerical Control: Bezeichnung für Geräte, Maschinen, etc., die sich von einem Digitalcomputer ansteuern lassen.

Netzwerke: Mehrere Rechenanlagen werden zwecks Datenaustausch zusammengehalten. Dabei soll der einzelne Benutzer kaum merken, auf welcher physikalischen Einheit er sich gerade befindet.

Octrees Analytisch in bestimmter Form beschriebener, dreidimensionaler Grundkörper, aus dem komplexere Gebilde aufgebaut werden können. Ein Verfahren zur Beschreibung räumlicher Gebilde.

Off-Line: Ein intelligentes Terminal oder Satellit wird unabhängig von einem anderen Rechner betrieben.

On-Line: Ein intelligentes Terminal oder Satellit arbeitet mit einem weiteren Rechner zusammen.

Paging: Ein umfangreiches Programmsystem, das ob seiner Größe nicht in den Zentralspeicher des Rechners paßt, wird in lauter kleine Einheiten, „Seiten" oder „Pages" genannt, unterteilt. Bei der Verarbeitung können nun diese „Pages" (Seiten) wie benötigt in verschiedener Kombination in den Zentralspeicher (Memory) geladen werden. Das Auswechseln der „Seiten" wird „Paging" genannt. Kommt es zu häufig vor, kann der Rechner zu stark belastet werden und die Antwortzeiten eines interaktiven Programmsystems werden länger.

Paning: Verschieben eines Ausschnittfensters (siehe Window) über die gesamte Bildfläche.

Parametrik: Variantenkonstruktions-Methode, die auf graphisch interaktiven Eingabe-Verfahren beruht.

Peripheriegerät: Gerät, das von einer zentralen Recheneinheit angesteuert wird, meist örtlich getrennt von dieser aufgestellt ist oder werden kann.

Pick-Device: Siehe Lichtgriffel.

Pixel: „Picture-Element" – ein ansteuer- und darstellbarer Bildpunkt bei einem Raster-Refresh-Bildschirmgerät.

Platte: Massenspeicher in Form einer magnetisierten Platte – beinhaltet kreisförmige Spuren – der Lesekopf kann die Spuren wechseln, daher rascher (zweidimensionaler) Zugriff möglich.

Plotter: Zeichnungsausgabegerät für archivierbare Unterlagen.

Plot-File: File in meist sequentieller Form, das die zur Ausgabe notwendigen graphischen Daten und Informationen enthält.

Poly – Marker: Linienzug, bestehend aus Symbolen (Markers) anstelle von Strichen.

Post-Prozessoren: Jener Programm-System-Baustein des NC-Systems, der Werkzeug-Maschinen-(steuerungs)-abhängig ist.

Precompiler: Darunter versteht man zumeist ein Programmsystem, das eine spezielle, anwenderorientierte Sprache einliest und in eine „allgemeinere" höhere Sprache (Fortran, Assembler, etc.) umformt. Dieser Code kann mittels des entsprechenden Compilers übersetzt werden.

Pre-Sales-Support: Jene Interessenten-Schulung und Beratung, die vor dem Systemkauf vom Anbieter geleistet werden muß.

Quellenprogramm: Ein in einer höheren Programmiersprache (Fortran, Pascal, Cobol, etc.) vorliegendes, auch vom Menschen lesbares Programm.

RAM: Random Acceß Memory – programmierbarer (adressierbarer) Speicher – enthält normalerweise Daten und Maschinenprogramme.

Rasterschirm: Zeilenweise abgetasteter Refresh-Bildschirm – vergleiche Video-Technik.

Rechnerverbund: Zusammenschalten mehrerer Rechner zwecks leistungsfähigem Arbeiten, Ausnutzen bestimmter Geräteeigenschaften sowie gleichmäßiger Belastung der einzelnen Anlagen.

Refresh-Schirm: Graphisches Ausgabegerät, das am Bildschirm durch oftmaliges „Auffrischen" aus einem Systemspeicher ein stehendes Bild erzeugt.

Rollkugel: In einem Gehäuse frei drehbare Kugel zur Cursor-Positionierung.

ROM: Read Only Memory – fest adressierter, nicht frei programmierbarer Speicher – das fest vorgegebene Programmsystem im ROM exekutiert sehr rasch.

Scanner: Gerät zum punktweisen Abtasten von Bildern – die entsprechende Information wird in digitaler Form dem Rechner zur Verfügung gestellt.

Schachteln: Optimales Anbringen von Blechteilen auf einer Tafel hinsichtlich gemeinsamer Fertigung.

Segment: Über bestimmte Programmfunktionen ansprechbares Teilbild.

Sequentielles File: Datei, die nur von Anfang an zeilenweise (recordweise) gelesen und beschrieben werden kann.

Skalieren: Verändern des Maß-Stabes der auszugebenden Graphik.

Software: Darunter werden Programme, letztlich die Befehle zum Laden und Abarbeiten der einzelnen Register verstanden.

Speicherbildschirm: Linien werden in die Phosphorschicht des Bildschirms eingebrannt, kein zusätzlicher Speicher notwendig. Es kann nur der gesamte Schirm gelöscht werden, wenn keine Zusatzeinrichtungen vorhanden sind.

Spoolbetrieb: „Warteschlangen-Betrieb" zur Ausgabe bestimmter Dateien (Drucker, Plotter). Diese werden in einer Warteschlange zwischengespeichert, bis das entsprechende Gerät bereit ist.

Stand-Alone-Anlage: Einzelrechneranlagen, eine zentrale Einheit mit entsprechender Peripherie ausgestattet.

Steuerknüppel: Gerät zur Positionierung einer Marke („Cursor", Fadenkreuz, Pfeil, etc.) am graphischen Bildschirm-Gerät.

Storage Tube: Englische Bezeichnung für Speicherröhre; siehe Speicherbildschirm.

Supermini: Leistungsfähige „Kleinrechenanlage" (Keine Microprozessoren).

Synchrone Datenübertragung: Die Bits der zu übertragenden Daten werden in einem festen Zeitabstand übermittelt. Das sendende und das empfangende Gerät werden mit dem gleichen Zeitsignal synchronisiert. Bei vielen Peripheriegeräten günstig, zum praktischen Arbeiten ist ein Protokoll erforderlich, welches nicht immer der Norm entspricht (viele Firmenstandards). Ein entsprechendes Interface ist in der Regel nicht standardmäßig an den Geräten vorhanden.

Syntax: Formale Regeln einer Eingabe-Sprache (vergleiche „Rechtschreibung" bei menschlicher Sprache).

Systemkern: Verwaltungsbaustein für Programme und Daten – sollte auch weitere Subsystementwicklungen unterstützen.

Technologiedatenbank: Datenbank, die Technologie-Daten zur Fertigung enthält, die nach bestimmten Kriterien ausgewählt und kombiniert werden können.

Terminal: Ein- und Ausgabeendgerät, meist mit Darstellung auf einem Bildschirm, Tastatur zur Eingabe.

Treiber: Zeichenketten, die der Rechner zwecks Ansteuerung von Peripheriegeräten an diese sendet.

Turn-Key-System: Schlüsselfertiges graphisches System – Programm-Geräte-Kombination.

Update: Auf den letzten Stand bringen.

Unix: Universelles, rechnerunabhängiges Betriebssystem.

Vektor-Bildschirm: Der Strahl zum Zeichnen eines Vektors wird am Bildschirm in dessen Richtung abgelenkt.

Vektor-Refresh-Technik: Refresh-Gerät, das die Strahlablenkung der Bildröhre in Richtung des zu darstellenden Vektors durchführt.

Viewport: Innerhalb der Zeichenfläche (Bildschirm, Plotter) wird ein kleineres, rechteckiges „Fenster" definiert. An dessen Rand werden alle Linien der Graphik geclippt. Es können auch mehrere Viewports auf der Zeichenfläche definiert werden.

Window: Die Zeichenfläche (Bildschirm, Plotter) wird als rechteckiges „Fenster" mit speziell vorgegebenen Dimensionen interpretiert (damit werden Benutzer-, bzw. Weltkoordinaten festgelegt).

Workstation: Graphischer Arbeitsplatz, bestehend aus den entsprechenden Peripheriegeräten, eventuell einem Minisatelliten für zentrale Aufgaben. Spezielle Definition im GKS, siehe Systembeschreibung.

Wort: Kleinste Einheit, mit der ein Rechner operiert. Je nach seinem Aufbau sind dies 1 Byte (8 Bit), 2 Byte (16 Bit), 4 Byte (32 Bit) oder weitere spezielle Konfigurationen. Bei 32 Bit-Rechnern wird eine Zahl mit einfacher Genauigkeit in einem Wort dargestellt.

Zoom: Programmäßig gesteuertes, mehrmaliges, schrittweises Vergrößern und Verkleinern, Hardware-Zoom ist nur bei speziellen Geräten möglich.

Literaturverzeichnis

Abeln, O.: Probleme bei der Verwendung von CAD-Systemen in der Industrie, in: Konstruktion 27 (1975), S. 374-380.
Allan, J. J.: CAD-Systeme, Amsterdam – New York – Oxford 1977.
Anderl, R., Rix, J., Wetzel, H.: GKS im Anwendungsbereich CAD. Informatik Spektrum, Bd. 6, Heft 2, April (1983).
Baatz, U.: Bildschirmunterstütztes Konstruieren, Dissertation, Aachen 1971.
Balogh, L.: Ein Beschreibungssystem für rotationssymmetrische Werkstücke unter besonderer Berücksichtigung des Rechnereinsatzes in Konstruktion und Fertigung, Dissertation, Berlin 1969.
Bargele, N.: PROREN2 – Eine Graphik-Software zur dreidimensionalen rechnerinternen Darstellung von Bauteilgeometrien, Dissertation, Bochum 1978.
Barth, W., Dirnberger, J., Purgathofer, W.: Graphisches Programmieren mit PASCAL/Bild, in: CAD-Computergraphik und Konstruktion 14 (1981), S. 2-7.
Beitz, W., Buschhaus, D.: Rechnerunterstützte Auswahl von Wellenkupplungen, in: KFK-CAD-Berichte 17, 1977.
Beitz, W., Haug, J.: Rechnerunterstützte Berechnung und Auswahl von Wellen- und Nabenverbindungen, in: Konstruktion 26 (1974), S. 407-411.
Beitz, W., Kochem, W.: Auswahl und Auslegung von Getrieben, in: KFK-CAD-Berichte 100, 1981.
Beitz, W., Krauser, D.: Gestaltung von Maschinenteilen und Maschineneinheiten im Dialog, in: KFK-CAD-Berichte 58, 1981.
Berner, J.: Verknüpfung fertigungstechnischer NC-Programmiersysteme, Berlin – Heidelberg – New York 1979.
Blume, B., Fischer, W. E.: Datenbanksysteme für CAD-Anwendungen, in: KFK-CAD-Berichte 111, 1978.
Boehm, F.: Besondere Gesichtspunkte bei der Einführung der EDV in den Konstruktionsbereich, in: VDI-Berichte 191, Düsseldorf 1973.
Borowsky, K.H.: Das Baukastensystem der Technik, in: Schriftenreihe wissenschaftliche Normung 5, Berlin – Göttingen – Heidelberg 1961.

Brauer, W. (Hrsg.): Methoden der Informatik für rechnerunterstütztes Entwerfen und Konstruieren, in: Informatikfachberichte 11, Berlin – Heidelberg – New York 1977.

Breitenstein, H.: Automatische Zeichnungserstellung, in: VDI-Berichte 191, Düsseldorf 1973.

Brodlie, K. W.: Mathematical Methods in Computer Graphics and Design, London – New York – Toronto – Sydney – San Francisco 1980.

Buschhaus, D.: Rechnerunterstützte Auswahl von Schaltkupplungen, in: Konstruktion 27 (1975), S. 100-105.

Clarke, D.: Computer Aided Structural Design, Chichester 1978.

Claussen, U.: Konstruieren mit Rechner, Konstruktionsbücher, Bd. 29, Berlin – Heidelberg – New York 1971.

Coons, S.A., Herzog, B.: Surface for Computer-Aided-Aircraft Design, in: Journal of Aircraft 4 (1968), S. 402-406.

Debler, H., Levandovsky, E.: COMVAR – Ein Programm zur komplexteilgebundenen Zeichnungserstellung, in: ZWF 70 (1975), S. 171-183.

Doepper, W.: Ein Beitrag zur Berechnung von Maschinenelementen und Gestellbauteilen von Werkzeugmaschinen mit Digitalprogrammen, Dissertation, Aachen 1968.

Donnarumma, A.: Probleme der automatisierten Zeichnungserstellung, in: CAD-Computergraphik und Konstruktion 12 (1980), S. 18-24.

Donnarumma, A.: Die Rückgabe von Bildern – Ermittlung räumlicher Koordinaten aus ebenen Projektionen, in: CAD-Computergraphik und Konstruktion 13 (1980), S. 8-13.

Dresig, H.: Methoden zur rechnergestützten Optimierung von Konstruktion, Karl-Marx-Stadt 1972.

Eglof, P.: Graphical Data Processing in Computer Networks According to the ISO Basic Reference Model Under Particular Consideration of the Graphical Kernel System (GKS), in: CAD-Computergraphik und Konstruktion 16/17 (1981), S. 39-48.

Eigner, M., Maier, H.: Einführung und Anwendung von CAD-Systemen, München 1982.

Encarnacao, J.: Computer-Graphics, München 1975.

Encarnacao, J., Schlechtendahl, E. G.: Computer Aided Design, Berlin – Heidelberg – New York 1983.

Encarnacao, J., Messina, L. A.: Eine Systemsimulationstechnik zur technischen Auswertung und wirtschaftlichen Rechtfertigung eines CAD-Systems, VDE Verlag, Berlin (1983), Tagungsband von CAMP'83, S. 965 ff.

Giloi, W. K.: Interactive Computer Graphics, New Jersey 1978.

Giloi, W. K.: Firmware Engineering, in: Informatik Fachberichte 31, Berlin – Heidelberg – New York 1980.

Gnatz, R., Samelson, W.: Methoden der Informatik für rechnerunterstütztes Entwerfen und Konstruieren, in: Informatikfachberichte 11, Berlin-Heidelberg- New York 1977.

Grabowski, H., Hettesheimer, E.: Organisatorische Aspekte bei der Einführung des rechnerunterstützten Konstruierens. VDI-Z. 125 (1983), Nr.19, S. 761-770.

Grupp, B.: Elektronische Stücklistenorganisation, Stuttgart 1975.

Gutschke, W. E., Weiss, J.: Interaktives graphisches Dialogsystem, in: ZWF 73 (1978), S. 233-235.

Herold, W. D.: PROREN1 – ein Programmsystem für den Einsatz der EDV im Bereich der Variantenkonstruktion, in: Konstruktion 26 (1974), S. 468-476.

Herold, W. D.: Die dreidimensionale Erfassung und Weiterverarbeitung von technischen Gebilden mit dem Rechner, in: Konstruktion 27 (1975), S. 55-59.

Herzner, W., Weiss, J.: Das graphische Kernsystem, in: E und M 2 (1981), S. 47-50.

Hillebrand, K.: Der Einsatz von CAD bei Verrohrungsaufgaben, in: CAD-Computergraphik und Konstruktion 11 (1980), S. 2-7.

Hubka, U.: Theorie der Maschinensysteme, Berlin – Heidelberg – New York 1973.

Hubka, U.: Theorie der Konstruktionsprozesse, Berlin – Heidelberg – New York 1977.

Kanarachos, A.: Über die Anwendung von Optimierungsverfahren bei dynamischen Problemen in der rechnerunterstützten Konstruktion, in: Konstruktion 28 (1976), S. 53-58.

Kansy K.: Normungsaktivitäten während der SIGGRAPH 1980, in: CAD-Computergraphik und Konstruktion 14 (1981), S. 8-9.

Kesselring, F.: Technische Kompositionslehre, Berlin – Göttingen – Heidelberg 1954.

Kiesow, H., Mihm, H., Rosenbusch, R.: Automatisierung von Entwurf, Konstruktion und Auftragsbearbeitung im Anlagenbau, in: IBM-Nachrichten 20 (1970), S. 147-153.

Kiesow, H., Wiendahk, H. B.: Konstruieren nach dem Variantenprinzip, in: VDI-Berichte 191, Düsseldorf 1973.

Koller, R.: Konstruktionsmethoden für den Maschinen-, Geräte- und Apparatebau, Berlin – Heidelberg – New York 1976.

Krumhauer, P.: Rechnerunterstützung für die Konzeptphase der Konstruktion, Dissertation, Berlin 1974.

Kurth, J.: COMPAC – ein System zur rechnerorientierten Werkstückbeschreibung, in: ZWF 68 (1973), S. 61-67.

Lewandowski, S.: Einführung von CAD in der industriellen Praxis mit Hilfe von Unternehmensberatern, CAD-CAM- Report Nr. 2/3, Februar/März (1983).

Loomann, J.: Zusammenstellung von EDV-Programmen auf dem Gebiet der Antriebstechnik, in: VDI-Z. 114 (1972), S. 97-107.

Luczak, E., Martin, G.: Vollmaschinelles Erstellen von Fertigungsunterlagen, in: Siemens-Z. 47 (1973), S. 113-118.

Machower, C., Blauth, R.: The CAD/CAM Handbook, Massachusetts 1980.

Militzer, O. M.: Ein Rechenmodell für die Auslegung von Wellen-Naben-Paßfederverbindungen, Dissertation, Berlin 1975.

Mollnar, B. E.: CAD/CAM-Entwicklung in Ungarn, in: CAD-Computergraphik und Konstruktion 11 (1980), S. 8-9.

Mueller, G., Schuster, R.: Aspekte der rechnerunterstützten Konstruktion (CAD/CAM) im Automobilbau, in: ZwF 76 (1981) 7, S. 327-333.

Nagler, R., Weiss, J.: Dezentrale Benutzerführung für graphische Dialogsysteme, in: Graphische Datenverarbeitung 79, OCG-Schriftenreihe 4 (1979), S. 45-58.

Nees, G.: Graphische Datenverarbeitung und die Entwicklung der Informatik, in: CAD-Computergraphik und Konstruktion 14 (1981), S. 10-30.

Newman, W. M., Sproull, R. F.: Principles of Interactive Computer Graphics, New York 1979.

Noppen, R.: Rechnerunterstütztes Entwickeln und Konstruieren im Werkzeugmaschinenbau, in: Ind.-Anzeiger 96 (1974), S. 85-89.

Opitz, H., Wessel, H. J.: Gegenüberstellung von Entwurfs- und Zeichnungserstellungssystemen im Bereich Werkzeugmaschinenbau, in: KFK-CAD-Berichte 40, 1977.

Pahl, G., Beitz, W.: Konstruktionslehre, Berlin – Heidelberg – New York 1977.

Paterson, J.: Information Methods for Design & Construction, London 1977.

Prass, P.: Berücksichtigung von Prioritätenhierarchien beim rechnerunterstützten Konstruieren durch Verwendung von Vorzugkennern, in: Konstruktion 26 (1974), S. 58-59.

Prass, P.: Einsatz von elektronischen Datenverarbeitungsanlagen für Berechnungen in der Konstruktion, in: Konstruktion 26 (1974), S. 235-242.

Prass, P.: Ein Programmsystem zur Auswahl geeigneter Wälzlager aus rechnerintern gespeicherten Lagerkatalogen, in: Konstruktion 25 (1973), S. 259-263.

Prester, F. J.: Die formatgesteuerte graphische Ein- und Ausgabe in

PEARL, in: CAD-Computergraphik und Konstruktion 8 (1980), S. 10-15.

Reinauer, G.: Der Aufbau von anwendergerechten CAD-Systemen, Schriftenreihe Österreichische Computergesellschaft, Band 13, Wien – München 1981.

Reinauer, G.: Graphische Datenverarbeitung im Maschinenbau, in: Graphische Datenverarbeitung 79. OCG- Schriftenreihe 4 (1979), S. 303-315.

Reinauer, G.: Anforderungen des Maschinenbauingenieurs an CAD-Systeme, in: Chancen und Grenzen der Informationsverarbeitung, Bd. 1 (1980), S. 727-739.

Reinauer, G.: Computer Aided Calculation and Design in Mechanical Engineering, in: Atti Del III Convegno Nazionale (1980), S. 815-824.

Reinauer, G.: Ist der CAD-Einsatz ein Ausbildungsproblem? in: OCG-Mitteilungsblatt 32 (1981), S. 19/1–19/16.

Reinauer, G.: Variantenkonstruktion von Maschinenelementen: Der Kurbeltrieb, in: CAD-Computergraphik und Konstruktion 9 (1980), S. 2-8.

Reinauer, G., Straessler, K.: Erstellung eines Entwurfsprogramms zur Auslegung einer Lamellenkupplung, in: CAD-Computergraphik und Konstruktion 13 (1980), S. 16-21.

Reinauer, G.: MEDUSA – ein anwenderorientiertes, offenes CAD-System für den praktischen Einsatz im Ingenieurbereich. CAD-Computergraphik und Konstruktion 20 (1982), S. 7-14, 21 (1982), S. 11-14 und 22 (1982).

Reinauer, G.: Die Schnittstelle zwischen CAD und CAM – Probleme – praktische Lösungen am Beispiel MEDUSA – EUROAPT. CAD-Computergraphik und Konstruktion 26 (1983), S. 2-13.

Reinauer, G.: Festlegen von Fertigungsdaten schon beim Konstruieren mit CAD/CAM-Kopplungsbaustein. MM-Maschinenmarkt, Würzburg 1984.

Reinauer G.: Praktische Erfahrung beim Einsatz von CAD/CAM-Kopplungen. ZwF – Zeitschrift für wirtschaftliche Fertigung.

Richter, A., Kranz, G.: Ein Beitrag zur nichtlinearen Optimierung und dynamischen Programmierung in der rechnergestützten Konstruktion, in: Konstruktion 26 (1974), S. 361-367.

Rodenacker, W. G.: Methodisches Konstruieren, Konstruktionsbücher, Bd. 27, Berlin – Heidelberg – New York 1970.

Roik, K., Pegels, G.: Programmsystem Konstruktion, Arbeitsvorbereitung und Fertigung im Stahlbau, in: KFK-CAD-Berichte 33, 1977.

Schlechtendahl, E.: Der Systemkern REGENT als Basis zur Entwicklung technisch-wissenschaftlicher Programmsysteme, in: CAD-Computergraphik und Konstruktion 15 (1981), S. 2-9.

Schlechtendahl, E., Bechler, K. H., Enderle, G., Leinemann, K., Olbricht, W.: REGENT-Handbuch, in: KFK-CAD-Berichte 71, 1978.

Schnelle, E.: Ein Beitrag zur Entwicklung eines Sprachsystems für das rechnerunterstützte Konstruieren, in: ZwF 66 (1971), S. 346-350.

Schoenberger, H.: Rechnerunterstützte Gestaltung und Fertigung mit dem System DUCT, in: CAD-Computergraphik und Konstruktion 15 (1981), S. 21-26.

Schrack, G.: Graphische Datenverarbeitung, Reihe Informatik, Bd. 28, Mannheim – Wien – Zürich 1978.

Seifert H.: Variantenkonstruktion mit PROREN1, ein Beispiel aus dem Druckmaschinenbau, in: Konstruktion 28 (1977), S. 483-489.

Seifert, H. Fritsche, B., Harenbrock, D., Stracke, H.: Eine Software für die Zeichnungserstellung von Variantenkonstruktion des Maschinenbaues, in: KFK-CAD-Berichte 97, 1979.

Spur, G., Feldmann, K.: Konstruktionsoptimierung von Handhabungssystemen für die Drehbearbeitung, in: VDI- Berichte 219, Düsseldorf 1974.

Spur, G., Produktionstechnik im Wandel, München – Wien 1979.

Steinchen, W.: Rechnerunterstützte Verfahren zum Entwerfen, in: Konstruktion 26 (1974), S. 447-452.

Stute, G., Debus, A., Schurr, R.: Rechnerunterstützte Konstruktion hydrostatischer Antriebe, in: KFK-CAD-Berichte 20, 1977.

Szabo, Z. J., Vogl, F. O.: Automatische Zeichnungserstellung für Werkstückvarianten mit Kleinrechnern, in: Ind.- Anzeiger 97 (1975), S. 453-457.

Toenshoff, H. K., Czeranowski, M., Hilmer, H., Filter, G.: Variantenkonstruktion und Berechnung von Werkzeugmaschineneinheiten (Vorschubschlitteneinheiten, Spindel-Mutter-Systeme, Führungen), in: KFK-CAD-Berichte 19, 1977.

Toenshoff, H. K., Meyer, K. D., Gerke, R.: Zeit- und Kostenkalkulation von Drehoperationen, in: KFK-CAD-Berichte 101, 1981.

VDI-Richtlinie 2210 (Entwurf), Datenverarbeitung in der Konstruktion – Analyse des Konstruktionsprozesses im Hinblick auf den EDV-Einsatz, Düsseldorf 1975.

VDI-Richtlinie 2211, Blatt 1 (Entwurf), Datenverarbeitung in der Konstruktion – Aufgabe, Prinzip und Einsatz von Informationssystemen, Düsseldorf 1973.

VDI-Richtlinie 2211, Blatt 2 (Entwurf), Datenverarbeitung in der Konstruktion – Methoden und Hilfsmittel, Berechnungen in der Konstruktion, Düsseldorf 1973.

VDI-Richtlinie 2211, Blatt 3 (Entwurf), Datenverarbeitung in der Konstruktion – maschinelle Herstellung von Zeichnungen, Düsseldorf 1973.

VDI-Richtlinie 2212 (Entwurf), Datenverarbeitung in der Konstruktion – systematisches Suchen und Optimieren konstruktiver Lösungen, Düsseldorf 1975.

VDI-Richtlinie 2213 (Entwurf), Datenverarbeitung in der Konstruktion – integrierte Herstellung von Fertigungsunterlagen, Düsseldorf 1975.

VDI-Richtlinie 2215 (Entwurf), Datenverarbeitung in der Konstruktion – organisatorische Voraussetzungen und allgemeine Hilfsmittel, Düsseldorf 1974.

VDI-Richtlinie 2216 (Entwurf), Datenverarbeitung in der Konstruktion – Vorgehen bei der Einführung der EDV im Konstruktionsbereich, Düsseldorf 1975.

Weck, M.: Programmsysteme zur Berechnung von Maschinenteilen, in: VDI-Berichte 219, Düsseldorf 1974.

Weck, M., Nienaber, W., Schoerner, M., Thurat, B.: Auslegung und Auswahl von Lagern, in: KFK-CAD-Berichte 79, 1981.

Weiss, J.: Normungsbestrebungen in der graphischen Datenverarbeitung, in: CAD-Computergraphik und Konstruktion 8 (1980), S. 16.

Weiss, J. (Hrsg.): Graphische Datenverarbeitung 79, OCG-Schriftenreihe 4 (1979).

Weiss, J.: Decentral graphic systems, in: Computer Graphics 80 (1980), S. 471-485.

Weiss, J.: Stand und Trend der Computergraphik unter besonderer Berücksichtigung von Österreich, in: CAD-Computergraphik und Konstruktion 16/17 (1981), S. 26-38.

Wiewelhove, W.: Werkstoffauswahl mit Hilfe der EDV, in: Konstruktion 27 (1975), S. 381-388.

Wilmersdorfer, E., Breuss, W.: Das Computerkartenwerk der Stadt Wien, in: CAD-Computergraphik und Konstruktion 12 (1980), S. 12-13.

Zienkiewicz, O. C.: Methode der Finiten Elemente, München – Wien 1975.